江苏高校优势学科建设工程

GNSS 边坡监测与变形分析

GNSS Slope Monitoring and Deformation Analysis

刘志平　著

测绘出版社

·北京·

内容简介

本书主要介绍了作者攻读博士学位期间在GNSS变形监测数据处理与高边坡变形分析方面的研究成果,主要内容包括GNSS定位数据处理基础、整周模糊度估计、单历元变形监测方法、非线性变形预测与变形稳定性分析方法,以及所阐述理论方法在高边坡工程中的应用研究。

全书以GNSS变形监测信息提取与高边坡工程变形分析为主线,采用理论分析、仿真计算和实际应用相结合的研究方式,体现了原理方法与应用实践并重的特点。本书可供地学领域相关专业科研人员和工程技术人员参考,也可作为相关专业研究生和高年级本科生学习“GNSS变形监测信息处理与分析”的教学参考书。

图书在版编目(CIP)数据

GNSS边坡监测与变形分析/刘志平著. —北京:测绘出版社,2014.7

ISBN 978-7-5030-3512-8

Ⅰ. ①G… Ⅱ. ①刘… Ⅲ. ①卫星导航—全球定位系统—应用—边坡—监测系统—研究②卫星导航—全球定位系统—应用—边坡—变形—研究 Ⅳ. ①U416.1

中国版本图书馆CIP数据核字(2014)第140384号

责任编辑 巩 岩 **封面设计** 李 伟 **责任校对** 董玉珍 **责任印制** 喻 迅

出版发行	测绘出版社	**电　　话**	010－83543956(发行部)
地　　址	北京市西城区三里河路50号		010－68531609(门市部)
邮政编码	100045		010－68531363(编辑部)
电子信箱	smp@sinomaps.com	**网　　址**	www.chinasmp.com
印　　刷	三河市世纪兴源印刷有限公司	**经　　销**	新华书店
成品规格	169mm×239mm		
印　　张	9.5	**字　　数**	190千字
版　　次	2014年7月第1版	**印　　次**	2014年7月第1次印刷
印　　数	0001－1000	**定　　价**	34.00元

书　　号 ISBN 978-7-5030-3512-8/P·728

本书如有印装质量问题,请与我社门市部联系调换。

前 言

随着我国经济的蓬勃发展和西部大开发战略的实施，西南地区迎来了大规模水利水电建设的高峰期。但我国西南地区独特而复杂的地形地质条件带来的大量高边坡稳定性问题，对工程地质、岩土力学和大地测量等相关领域工作者提出了严峻挑战。以 GNSS 技术为支撑的变形监测与高边坡变形分析方法，为大型高边坡稳定性监测提供了有效的解决方案。

本书以小湾水电站为例，介绍了高边坡 GNSS 变形监测信息提取、非线性变形分析方面的研究工作与相关成果。全书共分 6 章：第 1 章为绪论，简要总结了 GNSS 变形监测与高边坡变形分析方面的基本概况；第 2 章阐述了卫星精密定位的基本理论；第 3 章介绍了 GNSS 整周模糊度估计理论；第 4 章介绍了复杂高边坡环境下 GNSS 变形监测新算法；第 5 章介绍了时间域非线性变形分析方法；第 6 章介绍了高边坡变形稳定性变形分析方法。

这里要感谢河海大学何秀凤教授的指导与帮助；感谢清华大学过静珺教授、辽宁工程技术大学石金峰教授、中国矿业大学张华海教授审阅原稿并提出宝贵的修改意见；感谢书中参考文献的作者们。

本书的研究工作得到了国家自然科学基金重点项目(50539110)和江苏省研究生创新计划资助项目(CX07B_137z)资助，出版得到了国家自然科学基金青年项目(41204011)和江苏高校优势学科建设工程资助项目(SZBF2011-6-B35)资助，在此一并表示感谢。

作者水平有限、经验尚浅，书中存在的谬误之处，恳请同行专家与读者斧正。联系方式为 zhpliu@cumt.edu.cn 或 zhpnliu@gmail.com，作者不胜感激。

目　录

第 1 章　绪　论 ········· 1
1.1　问题的提出 ········· 1
1.2　GNSS 变形监测研究现状 ········· 4
1.3　高边坡变形分析研究进展 ········· 8
1.4　本书内容与不足 ········· 12

第 2 章　卫星精密定位基础 ········· 15
2.1　导航卫星系统 ········· 15
2.2　GNSS 时间与坐标系 ········· 19
2.3　GNSS 组合相位观测值研究 ········· 25
2.4　GNSS 定位数据处理基础 ········· 33

第 3 章　GNSS 整周模糊度估计理论 ········· 41
3.1　模糊度参数模型 ········· 41
3.2　模糊度估计及可靠性 ········· 45
3.3　模糊度降相关算法及评价 ········· 51
3.4　结果与分析 ········· 57

第 4 章　GNSS 高边坡变形监测方法 ········· 63
4.1　监测数据处理流程 ········· 64
4.2　单历元监测方法及存在问题 ········· 68
4.3　基于联合平差模型的改进单历元方法 ········· 75
4.4　基于双频宽巷/窄巷观测值的改进单历元方法 ········· 82
4.5　结果与分析 ········· 88

第 5 章　高边坡非线性变形预测 ········· 94
5.1　非线性变形预测方法分析 ········· 95
5.2　改进的灰色模型 ········· 97
5.3　改进的相空间预测方法 ········· 102
5.4　结果与分析 ········· 106

第6章 高边坡变形稳定性分析 …… 113
6.1 边坡变形稳定性判别 …… 114
6.2 边坡变形稳定性地统计分析 …… 118
6.3 边坡变形稳定性最大李雅普诺夫指数分析 …… 123
6.4 结果与分析 …… 128

参考文献 …… 135

CONTENTS

Chapter 1 Introduction ········ 1

1.1 Research Problems ········ 1

1.2 Advances in GNSS Deformation Monitoring ········ 4

1.3 Advances in Steep Slope Deformation Analysis ········ 8

1.4 Contents and Deficiencies ········ 12

Chapter 2 Principles of GNSS Precision Positioning ········ 15

2.1 Navigation Satellite Systems ········ 15

2.2 GNSS Time and Coordinate Systems ········ 19

2.3 GNSS Phase Observations Combinations ········ 25

2.4 GNSS Data Processing Tutorial ········ 33

Chapter 3 GNSS Integer Ambiguity Resolution Theory ········ 41

3.1 Ambiguity Resolution Model ········ 41

3.2 Ambiguity Resolution and Reliability ········ 45

3.3 Ambiguity Decor-relation Algorithms and Evaluation ········ 51

3.4 Results and Analysis ········ 57

Chapter 4 GNSS Steep Slope Deformation Monitoring Methods ········ 63

4.1 Data-processing Procedures for Monitoring ········ 64

4.2 Single Epoch Monitoring Method and Its Deficiencies ········ 68

4.3 Improved Single Epoch Method Using Joint Adjustment ········ 75

4.4 Improved Single Epoch Method Using Wide-lane and Narrow-lane Combinations ········ 82

4.5 Results and Analysis ········ 88

Chapter 5 Steep Slope Nonlinear Deformation Prediction ········ 94

5.1 Nonlinear Methods Analysis for Deformation Predicting ········ 95

5.2 Improved Grey Model ········ 97

5.3 Improved Phase-space Prediction Method ········ 102

5.4 Results and Analysis …… 106

Chapter 6 Steep Slope Deformation Stability Analysis …… 113

6.1 Evaluation Criterion for Slope Deformation Stability …… 114

6.2 Geostatistical Analysis for Slope Deformation Stability …… 118

6.3 Maximal Lyapunov Exponent Analysis for Slope Deformation Stability …… 123

6.4 Results and Analysis …… 128

References …… 135

第1章 绪 论

1.1 问题的提出

地质灾害是地质体在众多因素作用下变形、破坏、运动而给人类生存环境和生命财产造成危害与损失的地质现象(郑颖人 等,2007;宋俭 等,2004)。当地质体为边坡岩体时,其在重力、构造力、地震力及各种外营力的长期作用下,常有风化剥蚀、坍塌、滑坡、崩塌等边坡地质灾害发生。边坡地质灾害既包括人工边坡工程中的地质灾害,也包括天然边坡中的地质灾害。全世界有 60 多个国家和地区经常受边坡地质灾害影响。边坡地质灾害已成为同地震和火山相并列的全球性三大地质灾害之一。我国地处太平洋板块、印度洋板块和亚欧板块的交汇点,不但位于环太平洋地震带上,而且还处于地中海—喜马拉雅地震带经过的地方,地质构造活动剧烈而频繁。同时,我国山地和高原分布十分广泛,约占国土总面积的 69.3%,加上季风气候、丰富的水资源条件,以及作为一个发展中国家所面临的大规模工程建设,使我国成为世界上边坡地质灾害最广泛、危害最严重的国家之一。

边坡地质灾害虽然不及地震那样易造成广泛而强烈的社会影响,使人们"谈震色变",但由于它分布广泛、发生频率高,给人们造成的生命和财产损失并不亚于一般地震、火山喷发等地质灾害(宋俭 等,2004;中华人民共和国国家统计局,2009)。国内外在这方面经历的惨痛教训不乏其数。例如,1903 年加拿大艾伯塔省龟山发生的大滑坡,不仅导致大范围的铁路瘫痪,而且造成 70 余人伤亡。1963 年意大利瓦依昂水库边坡发生了欧洲历史上最大的灾难性滑坡,共计 2 500 余人死亡。1970 年秘鲁钦博特市西岸约 25 km 处发生 7.7 级地震,引发大量的滑坡与崩塌,此次地震共造成 6.7 万人死亡。1980 年我国成昆铁路铁西车站瓦底沟发生大滑坡,220 万立方米滑坡体完全封堵了铁西隧道口,中断行车 40 天,造成的经济损失仅滑坡工程整治费就达 0.25 亿元。1989 年我国云南漫湾水电站左岸缆机平台边坡发生 10.6 万立方米大规模滑坡,仅滑坡处理就耗资 1.2 亿元,延误工期 1 年以上,损失超过 10 亿元。2008 年我国四川汶川发生 8.0 级特大地震,失踪与伤亡 8.7 万余人,经济损失达 8 451.4 亿元。在汶川地震中,大量滑坡、崩塌等次生边坡地质灾害造成的损失约占总损失的 1/3。

不论是天然边坡的坍塌、滑坡及崩塌等地质灾害,还是水利水电开发、矿产资源开采、陆路交通建设等人类工程活动引起的人工边坡失稳地质灾害,都对经济建设和人民生命财产造成了巨大损失。尤其在大型水利工程建设和运营过程中，高边坡的稳定性涉及工程本身和整体环境的安全，其失稳破坏不仅会直接摧毁工程建设本身，还会通过环境灾难对工程和人居环境带来间接的社会性灾难，故其已成为影响国民经济及社会可持续发展的一个重大问题。因此，探求防治边坡地质灾害的方法特别是高边坡工程的稳定性研究和整治有重大意义和价值。在科学技术不发达的过去，由于边坡地质灾害的“突发”特征及其运动规律的不确定性，人们对于边坡地质灾害的认识水平仅停留在宏观现象的观察上。进入20世纪，国内外学者在边坡工程实践的基础上，对边坡体的强度稳定性评价进行了较为广泛和系统的研究，并逐渐认识到监测技术对高边坡稳定性研究的重要性。随着监测仪器设备与技术水平的不断提高，基于变形监测技术的稳定性研究受到学术界和工程界普遍关注，并形成了在高边坡稳定性评价中要开展变形稳定性评价的工作原则（黄润秋 等，2002）。

高边坡稳定性研究是从生产实践中凝练出的重要科学问题，世界各国尤其是我国修建的众多大型工程和发生的大量边坡滑坡，不但丰富了高边坡工程实践的内容，亦推动了高边坡工程的理论发展（黄润秋 等，2002）。20世纪80年代以来，我国经济的高速增长极大地刺激了自然资源和能源的开发，以及交通体系的完善和城镇的都市化进程。一系列重大工程项目相继开工建设，西部大开发、三峡工程、青藏铁路和南水北调等，其规模之大、速度之快、波及面之广和难度之高举世瞩目。随之给矿山、铁道、城建特别是水利水电部门带来了众多的高边坡工程问题，对岩土工程及相关领域工作者提出了空前严峻的挑战。例如，“十五”期间开工建设的龙滩、小湾、水布垭、构皮滩、锦屏一级、溪洛渡等大型水电站，“十一五”开工建设的向家坝、糯扎渡、锦屏二级、虎跳峡、官地、两河口等高坝枢纽工程均形成了小则百余米，大则300～1 000 m高度不等的复杂边坡工程问题。与此同时，大规模工程建设高峰期的到来也为工程地质、岩石力学和大地测量等相关学科之间的相互渗透提供了千载难逢的机遇，使得与现代科学有关的一系列新的理论方法相继被引入边坡科学研究，从而大大促进了边坡工程基础理论的深入、应用研究的更新及决策水平的提高。

由上述可见，大量的高边坡稳定性问题已成为工程地质、岩石力学和大地测量等学科的热点课题，也是我国重大水利水电工程建设的关键难题。其中，具有独特而复杂的地质环境和强烈的河谷动力学过程的我国西南地区最为突出和典型，在世界范围内也属罕见。小湾水电站位于我国云南省西部南涧县与凤庆县交界的澜沧江中游河段与支流黑惠江交汇后下游的1.5 km处，是“国家西电东送骨干电源和重点工程”和“云南省实施西部大开发战略标志性工程”，被誉为澜沧江中下游梯级电站的“龙头水库”（何秀凤，2007）。工程枢纽区河段长约2 300 m，当正常蓄水位为1 240 m时，河谷宽720～800 m；河谷呈“V”字形，两岸山坡陡峻，高程在

1 600 m以下，平均坡度为 40°～42°；两岸冲沟发育、深切，岸坡地形欠完整，边坡岩体卸荷作用强烈，深度一般为 20～50 m，在山梁部位可达 160 m；工程施工开挖过程中形成了多处人工高陡边坡，左右两岸高、低缆平台；坝基一线开挖边坡高度近 700 m，坝基上下游两侧开挖边坡不仅高度大，而且在左坝肩部位触及饮水沟堆积体。因此，高边坡稳定性问题是小湾水电站建设中的重大工程问题，其中 2 号山梁饮水沟堆积体高边坡是该电站边坡监测的重点。

2 号山梁饮水沟堆积体位于小湾水电站左岸坝前，沿饮水沟呈似舌形分布，上宽下窄，南侧为相对凸起的山脊，北侧为冲沟凹地。该堆积体平均坡度为 32°～35°，前缘高程为 1 130 m，后缘高程为 1 590 m，平均铅直厚度约 33～36 m，最大厚度为 60.63 m，长度约 700 m，平均宽 190 m，总体积为 4 000 000 m^3（何秀凤，2007）。堆积体主要由碎石质砂壤土（碎石含量 20%～40%）、块石和特大孤石（3～5 m）组成，在天然状态下是稳定的，但由于堆积体靠近左坝肩，坝肩开挖时必然触及堆积体前缘，故可能引发堆积体失稳。虽然对堆积体实施了降坡、支护等工程措施，但形成的具有 355 m 高程差的高边坡稳定性问题仍是影响左岸缆机平台及导流洞开挖等一系列工程能否顺利完成、按期截流的重要因素，成为电站建设中亟须解决的关键科学与工程技术难题之一。现场变形监测可以提供坡体稳定性动态演化的定量数据，是评价边坡稳定性及失稳预测预报的重要依据。因此，高边坡失稳破坏的发生与变形有着极为密切的联系，高边坡变形监测工作应得到广泛和高度的重视。

高边坡变形失稳的发生往往集中在气候恶劣或是施工条件恶劣的情况下，这就要求边坡变形监测要从原始数据获取、传输、管理、变形解算与预测预报向系统化、自动化方向发展。以全球定位系统（Global Positioning System，GPS）为代表的全球导航卫星系统（global navigation satellite system，GNSS）技术以其全球性、全天候、全时域、高精度、测点之间不需通视、同时测定三维变形及易于实现自动化等优点成为当今最先进的变形监测手段之一，正逐步代替常规大地测量方法应用于人工高边坡和大型滑坡变形监测（何秀凤，2007）。显然，GNSS 精密定位技术对高边坡工程的设计、施工及运营在安全稳定和经济合理的协调中具有极其重要的桥梁作用。然而，GNSS 高边坡变形监测信息处理目前还存在如下问题：①水电工程一般位于深山峡谷地区，导致 GNSS 卫星信号遮挡严重、卫星几何图形结构强度低，降低了 GNSS 基线向量、三维变形解算精度，难以达到监测精度要求；②GNSS 边坡自动化监测系统可连续获得多个测点、大样本、三维变形时间序列，而边坡变形预测与稳定性分析方法大多仅适用于单个测点、小样本、单维变形序列。鉴此，围绕 GNSS 变形监测信息的新解算模型与方法、变形预测与稳定性非线性整体分析方法，及其在小湾水电站 2 号山梁饮水沟堆积体高边坡监测中的应用开展的研究，在一定程度上拓宽了 GNSS 卫星定位方法在峡谷地区高边坡等特殊精密工程变形监测应用的范围，丰富了高边坡变形预测及稳定性分析的内容。

1.2 GNSS变形监测研究现状

1.2.1 监测方法

通过变形监测可以获取大量重复观测的数据,这些数据包含变形信息,同时也不可避免地受观测误差的影响,因此必须采用一定的平差方法正确解算变形信息。与基线向量解算模式类似,GNSS变形监测信息解算模式可分为关联解算模式与独立解算模式。关联解算模式是将基准点(拟稳点)和多个监测点统一纳入监测网平差模型进行变形求解,所得结果的精度及可靠性取决于平差模型和平差基准(黄声享 等,2003)。独立解算模式是对基准点和单个监测点采用一定的数据处理方法获得监测点相对基准点的相对变形信息。后者较前者的数学模型简单、数据处理响应速度快,故应用更加广泛。目前,独立解算模式已发展了两种变形监测信息处理方法:一是以几分钟甚至几小时作为一个时段,采用静态相对定位方式求解基—测站基线向量,通过与首期基线向量的比较得出变形序列,其处理方法称为精密基线方法,在变形监测实践中常采用该方法,其不足之处是存在周跳修复和模糊度搜索等棘手问题,且不利于GNSS实时自动化监测优越性的发挥;二是采用单历元变形监测方法建立高精度变形监测模型,直接求解三维变形,该方法避免了整周模糊度解算、周跳探测与修复等,因此在理论和应用上具有更加广阔的前景。目前,GNSS精密基线方法和单历元变形监测方法的应用研究成果主要是以GPS为技术基础。

1. GPS精密基线方法

GPS精密基线方法可以间接获取变形监测信息,其原理是利用载波相对定位原理解算基准点与监测点的基线向量,然后比较各期基线向量与首期基线向量之差,间接地获得监测点变形。采用载波相位观测值求解(首期)基—测站基线向量是该方法求解变形的基础,而获得精密基线向量的关键是周跳探测与修复、整周模糊度正确固定。

关于周跳探测与修复,已有相关研究有:利用电离层残差组合法的周跳探测(Goad,1987),基于统计检验理论的卡尔曼周跳探测修复方法(Schwarz et al,1989),基于宽巷与伪距组合的周跳检测与修复方法(Blewitt,1990),连续周跳问题的处理策略与方法(Salzmann,1995),基于小波变换技术的周跳检测方法(黄丁发 等,1997),采用卡尔曼滤波技术的连续周跳探测方法(何海波 等,1999),基于最优奇偶向量特征的周跳检测与修复方法(杨静 等,2003),基于时间相对定位理论的周跳探测方法(Yu Guorong et al,2005),基于传统的伪距/载波探测原理模拟对多种情况下周跳与粗差的探测及修复(刘旭春 等,2006),周跳在高阶差分中的时序特征及精确估计方法(王爱生 等,2008)。以上研究利用差分、组合、拟合、卡尔曼滤波和小波等方法均成功实现了较大周跳的探测与修复,但有效探测与修复小周跳的方法仍是研究难点。

关于整周模糊度固定,已有相关研究成果包括:模糊度函数法及其在静态定位、伪动态定位和动态定位中的应用研究(Mader,1992),基于双频伪距及载波相位线性组合的模糊度解算方法(Melbourne,1985),最小二乘模糊度降相关(least-squares ambiguity decorrelation adjustment,LAMBDA)的解算方法(Teunissen,1995),得到了广泛的关注与发展。为避开多历元模糊度解算方法中存在的周跳探测与修复问题,国内外学者研究并提出了单历元模糊度求解方法,如GPS双频单历元模糊度快速固定方法(陈永奇 等,1998;Corbett et al,1995)、基于先验变形约束条件的双频单历元模糊度解算方法(熊永良 等,2001)、基于概略坐标的阻尼单历元模糊度估计方法(Liu Genyou et al,2002;Wang et al,2006)。此外,模糊度固定解的可靠性研究也是国内外研究的热点和难点,主要是围绕基于假设检验理论的近似确认方法(Verhagen,2005)和基于成功率的估计方法(Teunissen,2000)两方面开展,并且仍属于开放性研究问题。

2.GPS单历元变形监测方法

GPS精密基线方法的本质是在模糊度固定之后解算基线向量,这对变形信息求解的数据处理快速响应极为不利,而且,单历元模糊度固定解易受粗差等干扰,导致其可靠性较低(胡丛玮 等,2001)。鉴此,结合首期基—测站基线向量已知条件和双频单历元模糊度方法提出了直接提取变形信息的高精度GPS变形监测方法,即单历元变形监测方法(李征航 等,2002)。该方法利用变形监测中变形量引起双差值的变化一般小于半个波长的特点,避免了模糊度固定、周跳探测与修复,实现了不解算基线向量,直接从载波相位观测值中提取变形信息,具有数据处理模型结构简单、响应速度快等优点。但是,该方法对少于4颗可见卫星的载波相位观测值无法建立变形参数模型,严重制约了单历元变形监测方法在卫星信号严重遮挡区域(如峡谷地区高边坡工程)中的应用。为解决该问题,余学祥等(2004)提出了用2颗GPS卫星进行变形监测的单历元似单差方法,以适用于深山峡谷地区卫星信号遮挡严重的监测环境。然而,与单历元方法相比,似单差方法在最不利情况下要求测点实际变形量不超过0.144倍波长,同时增加了针对非差相位观测值的卫星钟差、大气延迟、相对论效应等多项误差改正工作,且需要估计接收机钟差,不利于数据处理响应速度和结果可靠性的提高。此外,似单差方法对同步卫星数要求的理论依据有待商榷。

由上可见,单历元变形监测方法是在已获得首期基—测站基线向量的前提下,利用基于载波相对定位原理建立单历元变形监测模型,直接求解三维变形,避免了模糊度固定、周跳探测与修复等难题,不仅适用于定期重复监测模式,而且适用于固定连续监测模式和动态实时监测模式，从而在变形监测领域比精密基线方法更具应用前景。但是，单历元变形监测方法在峡谷地区高边坡变形监测中还存在诸如卫星信号遮挡、几何图形强度不佳对监测精度的影响、允许实际变形量范围偏小等问题，需要进一步研究。

1.2.2 监测应用

在20世纪80年代及以前，变形监测工作主要是采用以经纬仪、水准仪、测距仪和全站仪等仪器为主的大地测量手段。这些利用传统仪器的变形监测方法虽然技术成熟，精度较高，但其对施测环境要求高，不适合在地形地貌起伏大、气候复杂多变、施工干扰大等复杂环境下工作。此外，常规大地测量方法在连续性、实时性和自动化程度等方面越来越难以满足精密变形监测的要求。进入20世纪90年代以后，GPS以其精度高、站间无需通视、不受天气限制、同时测定三维坐标和易于实现自动化等优越性，为精密变形监测提供了一种先进的有效手段(何秀凤，2007；余学祥 等，2004)。目前，以GPS为代表的卫星定位技术已在大坝、高边坡及地壳运动监测中得到了应用(李征航 等，2000；吴云 等，2003；徐绍铨 等，2003；Frei et al，1994；Hudnut et al，1998)。

1.GPS在大坝监测中的应用

对施工与运营期间大坝及其构筑物的GPS监测工作，国内外均进行了有益的尝试与应用。在国外，Frei等(1994)在瑞士南部地区的马贾(Maggia)谷地纳雷特(Naret)大坝进行了GPS网的观测和重复测量试验，将WILD200双频GPS接收机观测结果与ME5000精密测距仪和T3000精密电子经纬仪的观测结果进行了比较，表明GPS观测精度可以达到1 mm左右，从而开创了GPS大坝监测的先河。Hudnut等(1998)在美国加利福尼亚帕科伊马(Pacoima)大坝建立了GPS自动化变形监测系统，该GPS连续监测系统由距坝2.5 km的1个基准点、距坝约30 km的南加利福尼亚综合GPS网中的3个点和坝上2个监测点组成，数据处理采用麻省理工学院的GAMIT软件和GPS精密星历进行，每6小时的观测数据作为一个测段。2年的观测数据处理结果表明，几个月的观测数据可以探测大坝毫米级变形，单天解精度为4～6 mm。在国内，我国湖北清江隔河岩大坝于1998年建成了外观变形GPS自动化监测系统，它由2个基准点和5个监测点构成，包括数据采集、传输、处理与分析等子系统，其6小时监测数据解算的精度优于±1.0 mm，2小时解算精度优于±1.5 mm，成功将GPS定位技术应用于大坝观测。我国河南小浪底大坝于2002年进行了GPS一机多天线监测试验，将一机多天线与常规GPS监测结果进行对比，结果表明，监测成本大幅度下降的同时保证了与常规GPS监测精度相当，为大范围精密变形监测开辟了一种新思路。

2.GPS 在高边坡地质灾害监测中的应用

高边坡地质灾害监测主要包括滑坡体变形、滑坡体内应力应变、降雨量及地下水位等外部环境监测。其中,变形是尤为重要的监测信息,也是判断边坡是否发生滑坡的重要依据。1999 年,在三峡库区新滩至巴东段 9 个滑坡体和 3 处边坡进行了 GPS 监测试验,结果表明,GPS 较常规大地测量方法在成果精度、响应速度、时效性、效益等方面都有明显的优势,验证了 GPS 代替常规大地测量方法进行三峡库区边坡监测的可行性。2000 年,三峡工程万州区开始建设 GPS 监测网,将库区 30 余处滑坡纳入监测之中,各个滑坡上有 3～6 个不等的变形监测点,建成了由 120 个流动站组成的 GPS 滑坡变形监测网,且监测数据采集、处理和分析均基于万州库区滑坡灾害信息系统。近两年的定期监测资料表明,大多数 GPS 控制点的坐标变化均小于±(3～4) mm。2006 年,在雅砻江卡拉水电站近坝址河段内分布的田镇、田三、岗尖、下马鸡店和草坪五处特大型滑坡建立了由 6 个基准点和 36 个监测点组成 GPS 监测网,Bernese 软件处理结果较好地反映了各滑坡体的变形情况。2007 年,郑万模等人建立了四川丹巴县甲居、干桥沟、红军桥和亚喀则四个典型滑坡的 GPS 监测网,共布设了 60 个 GPS 监测站,利用 GAMIT/GLOBK 软件进行数据处理并计算了各 GPS 监测站的速度矢量,结果较为准确地反映了四个滑坡体的变形趋势。

3.GPS 在地壳运动监测中的应用

GPS 地壳运动监测包括全球板块大构造运动、亚板块和板块内地块的构造运动及小尺度活动构造带的地壳变形监测研究与工作,已在国内外得到了广泛的开展。美国航空与航天局(NASA)喷气动力实验室、斯克里普斯海洋研究所及南加州地震中心(SCEC)共同建立了南加州综合 GPS 观测网络(Southern California integrated GPS network,SCIGN),该网络由约 250 个 GPS 站组成,在区域上每 30 km一个站。其中,在主要活动断层上设置两条密集型测线,沿两条测线每 3 km 一个站,主要为地震预测服务。日本提出建立平均站间距30 km的全面覆盖国土的密集 GPS 观测台阵,拥有 1 000 多个参考站,目的在于监测太平洋板块和菲律宾海板块的消减运动造成的日本列岛的应变场,监测板块运动伴有地壳应变积累的地震活动和火山爆发,研究 GPS 与验潮站联测海平面变化及大气层变化。我国于 1997 年正式启动了国家重大科学工程——中国地壳运动观测网络(crustal movement observation network of China,CMONOC),由中国地震局牵头,总参测绘局、中国科学院和国家测绘局共同建设,于 2000 年通过国家验收并投入使用。CMONOC 由基准网(25 个连续观测站)、基本网(56 个定期复测站)、区域网(1 000个不定期复测站)和数据传输与分析处理系统四大部分组成,是一个综合性、多用途、连续观测、数据共享、全国统一的观测网络,以地震预测预报为主,兼顾大地测量和国防建设的需要,可服务于广域差分定位、气象预报、电离层监测等领域。

在以上提及的大坝监测、边坡滑坡监测及地壳运动监测应用中，绝大多数采用定期重复监测方式获取变形监测数据。因此，一般是基于精密数据处理软件通过精密基线方法获得监测对象的变形信息。要广泛应用单历元变形监测方法直接获取变形信息，需采用固定连续监测方式，并结合监测工程环境特点深入研究新的变形监测数学模型与方法。

1.3 高边坡变形分析研究进展

1.3.1 变形预测分析

变形序列的建模与预测分析，即基于监测对象的多期或连续变形监测时间序列数据利用一定的数学方法建模得到变形规律并对监测对象作出变形预测与解释（何秀凤 2007；黄声享 等，2003），是充分发挥监测作用的核心工作。由于变形监测手段的日益丰富、变形监测方法的日益精密，以及工程监测需求的日益增多，变形时间序列的预测分析研究也得到了较为全面的开展。近年来，取得的研究成果主要包括以下两方面。

1.线性变形预测分析

线性变形预测分析的方法主要有多元线性回归、时间序列分析和卡尔曼滤波。

多元线性回归是研究一个变量（变形）与多个因子（影响因素）之间非确定关系（相关关系）的最基本方法。当变形的影响因素已知且可得到其观测值时，便能够应用多元线性回归方程描述变形与影响因素之间的关系。但在高边坡工程中，某些因素与变形间的关系是不确定的，复杂的现场情况往往使得确定影响因素非常困难。即使确定了变形的多个影响因素，由于客观条件的限制，也很难通过测量得到其序列值，因而无法建立变形与各因素间的多元线性回归方程。

时间序列分析是20世纪20年代后期开始出现的一种动态数据处理方法，其代表性模型包括自回归（autoregression，AR）模型、滑动平均（moving average，MA）模型和自回归滑动平均（autoregression moving average，ARMA）模型，并在变形监测领域得到了应用研究（黄声享 等，2003）。徐培亮（1988）较早将时间序列分析用于大坝变形预测；刘志平等（2007a）将时间序列分析应用于边坡变形预测；尚岳全等（2000）分别利用AR模型和MA模型描述滑坡变形趋势和波动性；许国辉等（2004）研究了AR模型定阶的改进F检验法；陈廷武等（2008）将时间序列分析应用于非线性变形预测分析。但是，时间序列分析本质上属于线性方法范畴，因而需要结合其他方法先剔除时间序列的非线性趋势项。

卡尔曼滤波模型是20世纪60年代发展起来的动态实时数据处理方法。将变形体视为一个动态系统，其状态可用卡尔曼滤波模型即状态方程和观测方程描述。

若状态方程中含监测点的位置、速率和加速率等状态向量参数，则为典型的动力学模型。卡尔曼滤波方法的优点是无须保留历史观测值序列，按照线性递推算法把参数估计和预测有机地结合起来。徐晖等(1997)较早将卡尔曼滤波应用于高层建筑物变形监测数据处理；Mastelic-Ivic(2001)给出了一种改进的卡尔曼滤波变形分析方法；王利等(2006)基于卡尔曼滤波研究了大坝动态变形监测数据处理；陆付民等(2008)基于指数趋势模型提出了改进的卡尔曼滤波并应用于岩体变形分析；戴吾蛟等(2009)分析比较了四种卡尔曼滤波状态模型，得到了不同模型在变形监测应用中的优缺点，并指出随机游走模型适用于描述缓慢变形。

2.非线性变形预测分析

非线性理论的迅速发展，特别是灰色系统、分形论、混沌动力学及人工神经网络模型等的提出与应用，为变形预测分析研究带来了新方法。近年来，许多学者围绕灰色预测、混沌时间序列预测、支持向量机及神经网络预测等进行了大量的研究。

关于灰色预测，柳治国等(2004)研究了基于非等时间步长 GM(1,1)模型的边坡变形预测；唐天国等(2005)通过分析灰色模型递推式存在的初始条件缺陷，给出了改进的 GM(1,1)模型；何文章等(2005)探讨了不同差商形式对 GM(1,1)模型的影响；岳东杰等(2000)在分析灰关联度的基础上建立了常规灰关联模型 GM(1,M)；何习平等(2007)对 GM(1,M)模型中灰导数及其最佳背景值的生成进行了改进研究，并给出了生成因子的经验计算公式；吉培荣等(2000)在分析 GM(1,1)模型常规建模方法有偏性的基础上，提出了 GM(1,1)模型无偏建模方法。需指出的是，由于边坡监测点演化系统包括多维变量如三维变形、应力及渗压等状态量，且这些系统状态量往往密切关联，因此应深入研究多变量灰色建模方法以更加客观地描述边坡变形规律(刘志平 等，2008a)。

关于基于混沌时间序列分析的相空间预测模式，Farmer 等(1987)较早研究了基于混沌动力学系统理论的多维空间向量预测方法；付义祥等(2003)基于混沌时间序列的相空间重构得到了反映边坡变形特性的关联维数，为研究边坡位移预测奠定了基础；陈益峰等(2001)研究了基于相空间重构的李雅普诺夫指数(Lyapunov)预测法，并得出基于相空间重构的预测方法具有比非平稳时间序列更高预测精度和更广适应性的结论；蒋斌松等(2005)研究了深部岩体变形混沌预测方法；盛松涛等(2006)基于水利工程高边坡历史变形数据的相空间重构，建立了加权一阶局域法多步预报模型，并取得了较好的预测效果；王创业等(2008)对边坡位移预测中的相空间重构方法进行了综述，并指出相空间预测模式是目前边坡变形预测中较有前途的方法。

关于支持向量机和神经网络预测，赵洪波等(2003)提出了一种新的岩土结构位移预测的进化支持向量机方法，工程应用结果表明该方法具有可靠和实时的优点；董辉等(2007)针对滑坡变形时序非线性与少数据的特点建立了支持向量机预测模型,并比较了不同核函数所建模型的性能;关秦川等(2004)在分析干坞边坡变形影响因素的基础上,结合典型实测数据建立了干坞边坡变形的神经网络预测模型,并得到了较好的预测效果;刘健等(2006)基于遗传算法具有较强全局搜索能力研究了遗传神经网络模型,实例表明所建模型具有良好的预测性能及泛化能力;潘国荣等(2007)将小波分析与人工神经网络相结合的小波神经网络应用于变形监测数据处理。需指出的是,对于支持向量机方法中核函数及超参数等的选取和人工神经网络中网络结构、隐含层层数及节点数等的确定,目前大多是基于经验准则,导致结果的主观性较强。

由于边坡变形受岩土体工程地质条件、河流冲刷、地下水活动、地震等多种因素的综合影响,故表现为多因素、多层次和多阶段等特点,是一个复杂的非线性系统。因此,上述非线性变形预测分析方法较线性变形预测分析方法能够更加合理有效地描述边坡变形在多种内外因素综合作用下的复杂非线性特征,从而备受人们关注。

1.3.2 边坡稳定性分析

从20世纪至今,高边坡稳定性分析与评价一直是国内外学术界和工程界关注的重大课题(黄润秋 等,2002)。其研究工作也经历了由表及里、由浅入深、由经验到理论及由传统理论技术到新理论技术的发展过程,期间各种边坡稳定性分析与评价方法应运而生。依据分类角度的不同,稳定性分析方法可以分为基于评价方法物理意义的确定性分析方法与不确定性分析方法、基于评价手段的物理模型方法与现场监测分析方法和基于评价指标描述方式的定性分析方法与定量分析方法。不同分类角度的稳定性分析方法在概念上互有交叉。但由于发展阶段及历史的原因,人们将稳定性分析方法有区别地分为定性分析方法、定量分析方法、不确定性分析方法、物理模型分析方法和现场监测分析方法(黄润秋 等,2002;赵志峰,2007;郑颖人 等,2007)。

1. 定性分析方法

定性分析方法是通过工程地质勘察,对影响边坡稳定性的主要因素、可能的变形破坏方式及失稳力学机制、已变形地质体的成因及其演化史进行分析,从而给出被评价边坡一个稳定性状况及其可能发展趋势的定性说明和解释。该类方法主要有自然(成因)历史分析法、工程类比法、图解法和边坡质量评价法(slope mass rating,SMR),优点是能综合考虑影响边坡稳定性的多种因素,快速地对边坡的稳定状况及其发展趋势做出评价。但是,定性分析方法属于经验性的分析方法,不同经验水平的人在相同的环境地质等条件下可能会得出完全不同的结论,因而结论的正确性和准确性受主观因素影响较大。

2. 定量分析方法

定量分析方法的基本思想是在地质分析的基础上将复杂的问题通过合理的假

设得到适宜的模型，选取合适的参数进行边坡稳定性的定量计算，最后将结果图形化，进而进行稳定性分析。定量分析模型又分两个方向：基于极限平衡理论的极限平衡分析法及基于弹塑性力学理论和数值计算方法的数值分析法。其中，前者假定坡体为刚体，只研究滑面的受力状况和滑面强度，而不涉及滑坡内部应力状态和变形情况，因此不适用于主滑面不确定或滑面性质变化较大的复杂高边坡稳定性分析；后者在一定程度上克服了极限平衡分析法将滑体视为刚体而过于简化的缺点，但由于岩土体非连续、非均匀、各向异性和非弹性特征（discontinuous，inhomogeneous，anisotropic and non-elastic，DIANE），只能近似地从应力应变去分析边坡的变形破坏机制。此外，数值分析方法与极限平衡分析法一样，受力学参数的可靠性及网格划分的随意性等的影响较大。

3. 不确定性分析方法

由于影响岩质边坡工程稳定性的力学特性、结构面分布规律、工程性质等因素常具有一定的随机性和不确定性，导致确定性分析方法常难以进行精确描述，因此其研究方法从确定性分析方法发展到不确定性分析方法。例如，以概率论与数理统计为基础的可靠性分析方法、以模糊数学为基础的模糊综合评价方法、以突变理论为基础的突变级数评价方法、以可拓理论和聚类分析为基础的多层次评价体系等。这些评价方法在边坡稳定性分析与评价中均取得了较好的应用成果，推动了边坡稳定性研究的发展。但是，不确定性分析方法在指标值或方法本征参数的计算或选取上，存在较大的人为性与经验性成分。

4. 物理模型分析方法

物理模型分析方法是一种发展较早、形象直观的边坡稳定性分析方法，主要有光弹模型试验、底摩擦试验、地质力学模型试验、离心模型试验等。这些方法通常能够形象地模拟边坡岩土体中的应力大小及其分布、边坡岩土体的变形破坏机制及其发展过程、加固措施的加固效果等，为深化对边坡失稳破坏机制的认识，解决复杂工程地质问题提供了有效手段。物理模型分析方法可以较真实地反映边坡应力应变场，但在保持试验模型与原型的一致性、工程复杂性、特殊性等方面还存在比较大的困难。

5. 现场监测分析方法

流体力学认为岩土体变形破坏是一个过程，现场监测分析法正是据此认识加以重视和发展的。岩质边坡工程由稳定状态向不稳定状态的突变往往具有前兆信息，如变形、应力、声发射率、氡气、脉冲频率和地下水等有关特征及其变化。在这些边坡前兆信息中，边坡变形是在内外影响因素综合作用下，岩土体结构演化过程中反馈的显著参量和重要信息，最为直观和具体地表征了边坡稳定性演化状况和发展趋势。因此，基于现代变形监测技术（如 GPS 获取的变形监测信息），通过引入现代数据处理理论与方法进行分析和解释，可以合理有效地对边坡岩土体的稳定性做出评价和预测，并将逐渐成为目前边坡工程中稳定性分析与评价极其重要的一种手段。

上述所提及的稳定性分析方法中，定量分析方法、不确定性分析方法和物理模型分析方法共同的特点是，基于强度理论并利用“岩土体样本”近似模拟真实坡体的物理力学特性，从而进行稳定性分析与评价，而现场变形监测分析方法能够动态客观地反映边坡变形破坏的产生过程、孕育阶段和演化规律，因此更具实时性、真实性和可靠性。尤其是GNSS的发展，为高边坡现场安全监测提供了新的有效方法。总而言之，开展基于GNSS精密定位方法的高边坡变形稳定性研究，对发展边坡地质灾害预测预报理论，以及推动工程地质、岩石力学和大地测量学科交叉融合研究具有重要的学术价值和现实意义。

1.4 本书内容与不足

本书以小湾水电站2号山梁高边坡GNSS精密定位、变形监测与变形稳定性分析为主线，以理论分析、仿真计算和实际应用为研究手段，以整数最小二乘、最优估计、灰色预测、相空间理论和地统计学等为研究方法，围绕深山峡谷环境下GNSS变形监测信息提取和高边坡变形分析中的若干关键问题，开展了相应的研究工作。研究技术路线如图1.1所示。

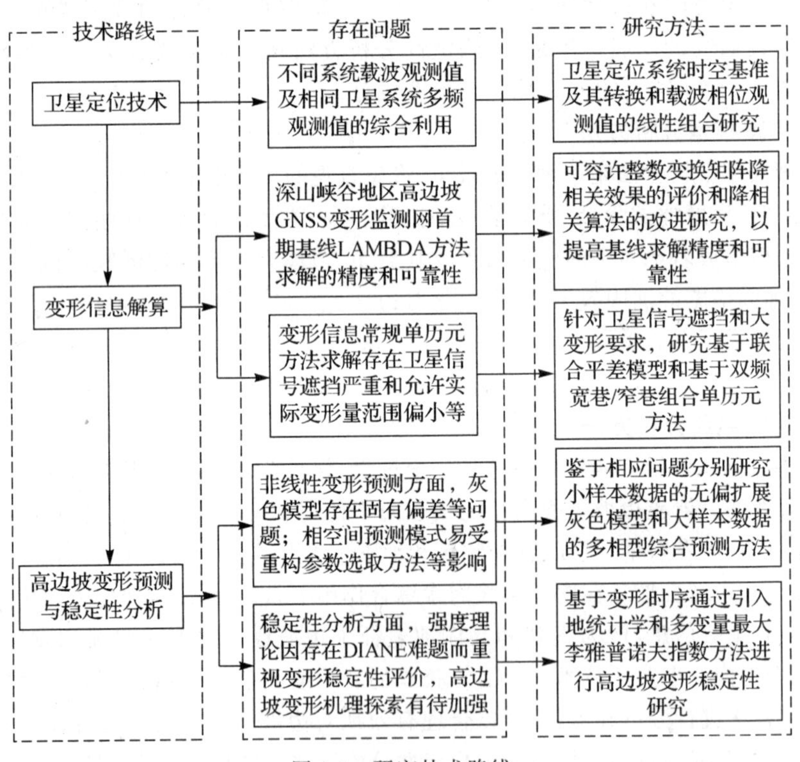

图1.1 研究技术路线

1.主要内容

（1）比较研究了 GNSS 中各导航定位系统的时间系统、坐标系及其转换关系；在定义线性表达、非线性表达和非表达三种误差分类的基础上，研究了物理意义明确的同距异频、同频异距和异距异频组合相位观测值；在介绍最小二乘平差基础上，分别推导并汇总了序贯平差方法、部分参数序贯平差、卡尔曼滤波的各两套递推算法（n 阶与 t 阶算法）。

（2）在总结 LAMBDA 方法和可靠性理论基础上，从实数矩阵元素计算顺序和实数阵逆整顺序两方面研究了高斯（Gauss）、楚列斯基（Cholesky）和 LLL（Lenstra，Lenstra，Lovasz）降相关算法及其改进算法；顾及评价指标应具有数学上的严密性、不同维数和个别模糊度相关系数变化的区分性及敏感性，基于分析谱条件数、降相关系数和平均相关系数提出了等效相关系数。

（3）分析指出了两种单历元变形监测方法适用条件及其存在的问题；针对卫星信号遮挡严重和几何图形强度不佳等问题，从地面测站、状态方程和增强卫星系统三方面提出了基于双测站、卡尔曼滤波和 GPS/Galileo 联合平差模型的单历元方法；针对允许变形量范围偏小，基于允许变形量范围与载波观测值波长成正比的关系提出了基于 GPS、Galileo、GPS-Ⅲ/Galileo 双频宽巷/窄巷组合的单历元方法。

（4）针对灰因子关联性、灰模型初始条件特点和灰色生成因子选取问题，提出了顾及多变量整体建模、新息初始条件和生成因子混沌优化的扩展灰色模型；在此基础上顾及常规灰色建模方法的病态性和固有偏差问题建立了无偏扩展灰色模型，并推导出了灰色模型的最大可预测时间计算式；通过分析相空间嵌入维的非唯一性、重构参数选取方法和数据噪声影响，结合适用于大样本数据要求的单相型近邻等距预测模式及其加权预测模式，提出了多相型综合预测方法。

（5）分析了在地统计变异分析中采用单一距离测度刻画区域化变量的空间结构性和随机性存在的问题，利用曼哈顿（Manhattan）、欧几里得（Euclidean）及切比雪夫（Chebyshev）三种常用距离测度在检测数据子集结构的互补性，基于最小方差准则提出了多测度加权克里金法（Kriging）；在分析最大李雅普诺夫指数（maximal Lyapunov exponent，MLE）准确性和可靠性影响因素的基础上，顾及多变量时间序列较单变量时间序列蕴含了系统动力学信息和相空间中相点演化的时间轨道特性，提出了多变量时序 MLE 双向搜索修正方法，并结合高边坡监测实践给出了变形稳定性 MLE 分区准则。

2.存在的问题

（1）在研究降相关算法时，均采用了单位矩阵的迭代终止准则，而实际上这不利于最佳可容许整数变换矩阵的构造，因而需要深入研究新的有效迭代终止准则。此外，目前的降相关算法在对 20 维以上的高维模糊度方差矩阵的降相关效果均不够理想，因此有待进一步研究适用于高维模糊度方差矩阵的高效降相关算法。

(2)在研究单历元变形监测模型时,采用对流层改正模型消除中性大气误差影响,但高山峡谷地区雾气大,会导致较大的对流层残差,故若通过精化局部地区对流层湿延迟改正模型可期望更高的监测精度。此外,GLONASS、北斗卫星导航系统(Compass)等在小湾高边坡监测工程实施之初未能有效运营,在应用中仅采用GPS监测数据,因而改进单历元方法有待更广泛的工程实践检验。

(3)在研究灰色模型时,灰色生成序列目前均由一次累加方法得到。但一次累加生成的序列在提高了变形序列指数规律性的同时,也增强了变形序列的随机性,书中未对该影响进行探讨。此外,采用李雅普诺夫指数计算相空间预测模式最大可预测时间,其结果均为100多天,但实际上多相型综合方法一周预测误差已达3 mm,因而该定量指标存在显著的不合理性,需要进一步讨论。

(4)在研究多测度克里金法时,仅对普通克里金法应用了多测度加权准则,但若将多测度定权准则推广至克里金法的其他变种(如协克里金法),则可以更广泛深入地检验多种测度距离描述区域化变量结构性和随机性的互补性,以及定权准则的正确性。此外,由于边坡体的高度复杂性,变形稳定性MLE分区准则过于单一,应融合边坡内外多种监测手段获取的数据和资料建立基于综合指标的分区准则。

第 2 章　卫星精密定位基础

以 GPS 为代表的 GNSS 作为一种先进的空对地观测手段，给测绘科学与技术带来了革命性的变化。在精密定位及变形监测领域，GNSS 载波观测与多频组合定位得到了广泛应用。本章针对卫星精密定位基础展开研究，主要内容如下：

(1)介绍了目前世界上主要的导航卫星系统概况，包括美国 GPS、俄罗斯 GLONASS、欧盟 Galileo、中国 Compass、印度 IRNSS(Indian regional navigational satellite system)和日本 QZSS(quasi-zenith satellite system)等系统。在此基础上着重介绍了 GPS 和 GLONASS 的现代化进程，并简要分析了 GNSS 发展新方向。

(2)简述了卫星导航定位系统中的时间与坐标系的基本概念，包括世界时、原子时、地球动力学时及协调世界时的时间系统和空间固定、地球固联、卫星固联的坐标系。在此基础上分别研究了四大全球导航卫星系统的时间系统、坐标系及其转换模型。

(3)介绍了观测质量指标和载波观测模型，并在探讨模型误差分类与削弱方法的基础上阐明了组合观测值研究的意义。以不同测站、卫星、频率或历元的基本相位观测值定义线性组合观测值，进而将线性组合分为物理意义明确的同距异频组合、同频异距组合和异频异距组合，并在保持组合模糊度整周特性的前提下结合其他标准，筛选典型组合相位观测值。

(4)讨论了 GNSS 观测模型(精密定位与变形监测)中常用的测量平差方法，包括最小二乘平差、序贯平差、部分序贯平差和卡尔曼滤波原理，以及在静态和动态 GNSS 数据处理中的适用情况。此外，重点推导并汇总了序贯平差和卡尔曼滤波的各两套递推算法(n 阶和 t 阶递推算法)，并比较分析了两套递推算法的适用特点。

2.1　导航卫星系统

2.1.1　系统概况

随着通信技术、计算机技术和空间技术的迅猛发展，无线电导航定位技术、导航定位系统及导航定位设备的发展也日新月异。卫星无线电导航定位系统较传统陆基无线电导航定位系统，在精度、覆盖面积和响应速度等方面具有无法比拟的优势，可为地表、近地表和地球空间任意地点用户提供全天候、实时、高精度的三维位置、速度和时间信息。事实上,第二代导航卫星系统已成为快速获取高精度导航定位信息的空间基础设施,具有极高的军民利用价值,备受世界各国青睐。目前,世界上主要的导航卫星系统见表 2.1。

表 2.1 世界主要导航卫星系统

名称	开发国家	开放用户	覆盖范围	信号体制	备注
GPS	美国	军民	全球	CDMA	运营
GLONASS	俄罗斯	军民	全球	FDMA	运营
Galileo	欧盟	民用	全球	CDMA	在建
Compass	中国	军民	全球	CDMA	运营
IRNSS	印度	军民	区域	CDMA	在建
QZSS	日本	军民	区域	CDMA	在建

表 2.1 所列的美国 GPS、俄罗斯 GLONASS、欧盟 Galileo 系统和中国的北斗系统 Compass,为全球卫星导航系统国际委员会(ICG)公布的四大全球导航卫星系统。正在建设的印度 IRNSS 和日本的 QZSS 主要是服务于本土及相邻地区的区域性导航卫星系统,在国际导航与定位领域受关注度要逊于全球性导航卫星系统。

GPS 是美国国防部批准陆海空三军联合研制、继子午导航卫星系统之后的第二代全球导航卫星系统,也是第一个具有全能性(陆地、海洋、航空)、全球性、全天候、实时性、高精度的导航定位和时间传递系统(党亚民 等,2007;李征航 等,2010;周忠谟 等,1997)。空间部分由 24 颗卫星组成,卫星高度约 20 200 km,分布在倾角为 55°的 6 个轨道平面内,运行周期约为 11 小时 58 分,于 1994 年宣告部署完成;地面监控部分包括 1 个主控站、3 个注入站和 5 个监测站;用户部分包括用户组织系统和根据要求安装相应的设备,其核心设备是 GPS 接收机。GPS 是目前最完善、应用最广泛的全球导航卫星系统,但是 GPS 由美国军方控制,由于系统设计和政策等原因,对于民间用户和他国军方用户的安全性无法保障。GPS 的这些缺陷已经成为 GPS 进一步扩展应用领域的障碍,也成为竞争者建设其他导航卫星定位系统的重要理由。在保护军方利益的前提下,为让 GPS 能够发挥更大的效益,继续保持在市场上的领导优势,原美国副总统戈尔提出了 GPS 现代化的概念。

GLONSSS 是俄罗斯国防部(最早开发于原苏联时期)独立研制和控制的第二代全球导航卫星系统(党亚民 等,2007;赵爽,2012),作用类似于美国的 GPS,可为全球海陆空及近地空间的各种军、民用户全天候、连续地提供高精度的三维位置、三维速度和时间信息。按照设计,GLONASS 星座由中轨道的 24 颗卫星组成,包括 21 颗工作星和 3 颗备份星,轨道高度约 19 100 km,分布在倾角为 64.8°的 3 个轨道平面内,运行周期约为 11 小时 15 分。由于卫星寿命短,加之从 20 世纪 90 年代起俄罗斯经济不景气,失效卫星得不到及时补充,以至于到 2001 年可用卫星数下降到 6 颗,导致 GLONASS 研究工作与应用推广情况远不及 GPS。2005 年前后，随着俄罗斯经济的蓬勃发展，俄罗斯政府加快了 GLONASS 升级改造。《GLONASS 2002—2011 年发展计划》已经于 2011 年 12 月 31 日终止，俄罗斯于 2011 年底成功实现 GLONASS 的满星座运行，此后《GLONASS 2012—2020 年维护、发展及应用计划》草案已于 2012 年 1 月 28 日递交俄罗斯政府申请批准。

GPS 与 GLONASS 本质上均是一种军用系统，首要目的是服务于国家安全，其次才服务于民用，而 Galileo 系统是由欧盟建设的全球第一个完全向民用开放的卫星导航系统(陈秀万 等，2005；刘基余，2012)。但由于美国的阻挠和欧盟内部分歧等，该系统计划进展缓慢，曾几乎流产。2008 年 4 月，欧盟会议通过了 Galileo 系统最终部署方案，此后在 2010 年 1 月欧盟委员会报告中，又调整了 Galileo 系统正式运营时间节点。根据该报告安排，2005 年至 2011 年为在轨验证阶段，2011 年至 2014 年为全面部署阶段，2014 年形成一个具有开放服务功能的初步系统，并于 2018 年前后建成完备的全球导航卫星系统。然而，由于欧盟内部分歧与资金问题，系统完成及运营时间尚不能确定。Galileo 系统采用了空间段、地面段(包括星座监控和完好性监测两大功能)和用户段三大组成部分的新模式。其中，空间段由 30 颗卫星组成(27 颗工作卫星和 3 颗备用卫星)，轨道高度约为 23 616 km，分布在倾角为 56°的 3 个轨道平面内，运行周期约为 14 小时 22 分钟。用户设备为 Galileo 信号接收机，只有需要全球搜救功能的用户，设备才应具有收发功能。

Compass 是中国自行研制、独立运行的全球卫星定位与通信系统，与美国的 GPS、俄罗斯的 GLONASS、欧盟的 Galileo 系统兼容共用(纪龙蛰 等，2012；中国卫星导航系统管理办公室，2013)。Compass 以“先有源、后无源”和“先区域、后全球”为发展思路，按照“三步走”总体规划稳步推进。第一步，2000 年建成了区域有源卫星导航试验系统(北斗一号)。第二步，2012 年建成了区域无源卫星导航系统。2012 年 12 月 27 日，在继续保留北斗卫星导航试验系统有源定位、双向授时和短报文通信服务基础上，向亚太大部分地区正式提供连续无源定位、导航、授时等服务。第三步，2020 年全面建成 Compass，形成全球覆盖能力。系统建成后，空间段由 27 颗中轨道(middle earth orbit，MEO)地球卫星、5 颗地球静止轨道(geostationary orbit，GEO)卫星和 3 颗倾斜同步轨道(inclined geosynchronous satellite orbit，IGSO)卫星组成。MEO 卫星轨道高度为 21 528 km，分布在轨道倾角为 55°的 3 个轨道平面上；GEO 卫星轨道高度 35 786 km，分别定点于东经 58.75°、80°、110.5°、140°和 160°；IGSO 卫星轨道高度为 35 786 km，分布在轨道倾角为 55°的 3 个轨道平面上。

2.1.2　GNSS 现代化

GPS 现代化(GPS-Ⅲ)是 1999 年 1 月 25 日美国副总统以文告形式发表的。GPS-Ⅲ主要目标是加强 GPS 对美军现代化战争中的保障作用和通过对民用 GPS

导航技术的改进以保持其在全球民用导航领域中的主导地位。其实质内涵包括：一是保护，即 GPS-Ⅲ是为了更好地保护美方及其友好方的使用，发展军码和强化军码的保密性能，加强抗干扰能力；二是阻止，即阻扰敌对方使用，施加反电子欺骗政策(anti-spoofing，AS)等；三是保持，即保持在威胁地区以外的民用用户能更好地使用。GPS-Ⅲ的分阶段计划进程和当前进展如下(唐云 等，2012；伍岳，2005)：

(1)GPS-Ⅲ第一阶段。计划发射 12 颗 GPS BLOCK-ⅡR-M 型卫星(实际发射 8 颗)，该型号卫星具有一些新的功能，如发射第二民用码，即在 L2 上加载 CA 码；在 Ll 和 L2 上播发 P(Y)码的同时，在这两个频率上还试验性地加载新的军码(M 码)。ⅡR 型的信号发射功率，不论在民用通道还是军用通道上都有很大提高。

(2)GPS-Ⅲ第二阶段。计划发射 12 颗 GPS BLOCK-ⅡF 型卫星，该型号卫星除了具有 BLOCK-ⅡR-M 型卫星的功能外，还进一步强化了发射 M 码的功率和增加发射第三民用 L5 频率。2010 年 5 月发射第一颗 BLOCK-ⅡF 型卫星(GPS ⅡF-1)。计划到 2020 年，GPS 应全部以 BLOCK-ⅡF 卫星运行，在轨 BLOCK-ⅡF 卫星至少为 24＋3 颗。

(3)GPS-Ⅲ第三阶段。发射 GPS BLOCK-Ⅲ型卫星，完成代号为 GPS-Ⅲ的 GPS 完全现代化计划设计工作。2014 年将发射首颗 GPS-Ⅲ卫星(GPS ⅢA-1)。目前，正在研究未来 GPS 卫星导航的需求，讨论制定 GPS-Ⅲ的系统结构、系统安全性、可靠程度和各种可能的风险。计划用近 20 年时间完成 GPS-Ⅲ计划，取代目前运营的 GPS-Ⅱ。

(4)GPS-Ⅲ建设进展。目前，GPS 共有 31 颗组网工作卫星，包括 11 颗 Block-ⅡA 卫星、12 颗 Block-ⅡR 卫星、7 颗 Block-ⅡR-M 卫星和 1 颗 Block-ⅡF 卫星。正在建造新的 GPS-Ⅲ运控段(operational control segment)以替代传统的 GPS 控制段。与此同时，计划以高椭圆轨道和静止轨道相结合的 3 轨道面新型混合星座替代现行 6 轨道面中轨道星座。

GLONASS 的不足主要有：GLONASS 卫星在轨工作寿命过短，增加系统维护成本，在经济困难时期使系统处于降效运行状态；定位观测网面积过小，广播星历精度低，难以实现较高精度的实时导航定位；载波频段宽，被迫改变部分卫星的载波频率。近年来，随着经济的恢复发展，俄罗斯政府颁布了多项 GLONASS 的发展计划和措施，并陆续发射了多颗布网卫星，正步入加速 GLONASS 现代化进程。其现代化内容主要如下(刘基余，2010；秦士琨 等，2010)：

(1)空间段现代化。2003 年开始发射 GLONASS-M 型卫星，其设计工作寿命增长为 7 年，并在 GLONASS-MⅡ卫星上增发 L2 第二民用信号；2010 年开始发射 GLONASS-K 型卫星，其设计工作寿命增长为 10 年，且在该型卫星上拟增设 L3 第三民用信号；2015 年开始发射 GLONASS-KM 型卫星，该型卫星在时钟稳定性、载荷质量和功耗等方面将进一步优化，增强系统的整体功能。

(2)地面控制段现代化。在俄罗斯境内外增设 GLONASS 卫星监测站和监控站,包括改进控制中心用于开发轨道监测和控制的现代化测量设备、改进控制站和控制中心之间的通信设备、提高卫星自主完好性和使用的可靠性功能。完成后可使星历精度提高 30% ～40%,可使导航信号相位同步的精度提高 1～2 倍。

(3)信号体制现代化。为改善与其他卫星系统的兼容性,在 GLONASS 频分多址(frequency division multiple access,FDMA)信号体制基础上,将增设码分多址(code division multiple access,CDMA)信号体制。2011 年 2 月 26 日成功发射的 GLONASS-K1 卫星在 L3 频率上增加了 CDMA 导航信号(针对生命安全服务),正在研制之中的 GLONASS-KM 除了在 L1、L2 频率上发送 FDMA 信号,还将在 L1、L2、L3 和 L5 频率上发送 CDMA 信号。

(4)配置差分增强系统。建立广域差分系统,包括在俄罗斯境内建立 3～5 个地面站,可为离站 1 500～2 000 km 内的用户提供 5～15 m 的位置精度;建立区域差分系统,可在离站 400～600 km 内的用户提供 3～10 m 的位置精度;建立局域差分系统,采用载波相位测量校正伪距,可为离站 40 km 以内的用户提供 10 cm 量级的位置精度。

目前,四大全球导航卫星系统中,GPS 与 GLONASS 处于稳定运行状态并逐步深化其现代化进程,Galileo 系统处于在轨测试验证与组网筹备状态,Compass 处于区域运营并向全球扩展组网状态。综合分析 GPS 与 GLONASS 现代化部署及进展发现,卫星导航系统兼容性互操作、组合导航定位、广域与区域增强系统、星座自主导航与运行管理及导航与通信一体化等正成为 GNSS 技术发展新方向。这将为正在建设中的 Compass、Galileo 系统提供有益启示,也为 GNSS 组合导航定位研究提供了难得的机遇(崔立鲁 等,2007;胡自全 等,2012)。

2.2　GNSS 时间与坐标系

2.2.1　基本概念

对任何事物特性进行定量描述均离不开基准。基准是一组用于描述其他量的量,用于描述时间过程的基准称为时间系统,用于描述空间位置的基准称为坐标系。在卫星导航定位系统中,时间与坐标系是精确描述人造卫星运行位置及其相互关系的重要基准,也是卫星系统提供用户高精度的位置、速度和时间服务的关键。下面对其基本概念略做介绍。

1.时间系统

时间包括时刻和时间间隔两个概念,分别与时间系统中的时间原点、时间尺度关联。时间原点可以根据实际应用加以选定,时间尺度必须以物质的运动为依据。

选取的物质运动形式不同,就会有不同的时间系统。一般来说,凡符合连续性、周期性、稳定性和复现性的可观察的物质运动现象均可用作时间系统的确定。

在卫星导航定位应用中,主要有以地球自转运动为基础的世界时(universal time 1,UT1)、以物质内部原子运动特征为基础的国际原子时(international atomic time,TAI)和以相对地球质心的天体动力学方程为基础的地球动力学时(terrestrial dynamical time,TDT)(国际大地测量协会于 1991 年将 TDT 改名为地球时 TT)(党亚民 等,2007;李征航 等,2010;周忠谟 等,1997)。GPS 时间系统与 Galileo 时间系统均属于原子时系统。应说明的是,UT1 时间尺度不均匀;TAI 与 TT 时间尺度为均匀的原子时秒长,但两者时间原点不同。为得到既有准确时刻,又有精确秒长的时间系统,国际上规定了协调世界时(coordinated universal time,UTC)。UTC 的秒长与原子时秒长一致,在时刻上通过引入跳秒尽量与 UT1 接近。上述四种基本时间系统及关系如图 2.1 所示。

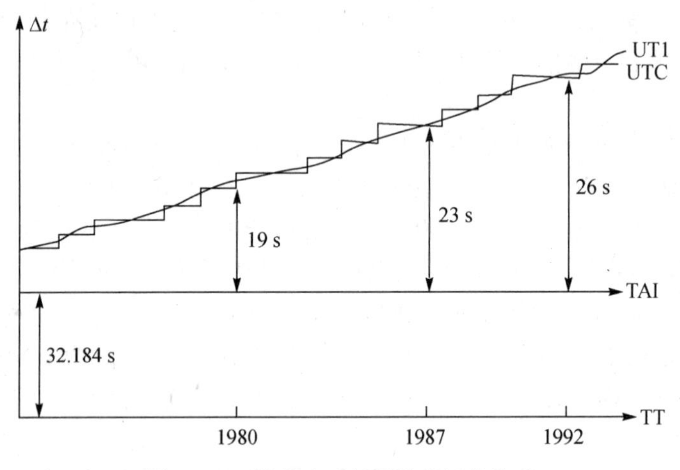

图 2.1　四种基本时间系统之间的关系

2.坐标系

与坐标系(coordinate system)有关的基本概念包括坐标框架(coordinate frame)、参考框架(reference frame)和参考系(reference system)。坐标系是一个坐标框架(由三个互相垂直的坐标轴或其他几何结构构成的框架)和相对于该坐标框架确定某一点位置方法的总称。坐标系提供了精确描述任意一点空间位置及其与其他点相互关系的基准,是一切测量数据处理的基础。

在卫星导航定位应用中,通常采用三类坐标系(边少锋 等,2005;党亚民 等,2007;李征航 等,2010;周忠谟 等,1997)。第一类是在空间固定的坐标系,也称惯性坐标系或空固坐标系。这类坐标系与地球自转无关,对于描述卫星的运动位置和状态极为方便。第二类是与地球固联的坐标系,也称地固坐标系。该类坐标系对于表达地面观测站的位置和处理卫星定位数据尤为方便,GPS、GLONASS、

Galileo 和 Compass 坐标系即属于地固坐标系。第三类是与卫星固联的坐标系，也称星固坐标系。

不同国家建立的地固坐标系是不相同的，为了确立与使用公用的地固坐标系，国际上约定统一采用国际地球参考框架(international terrestrial reference frame，ITRF)。ITRF 是国际地球参考系(international earth reference system，IERS)的实现，其原点定义为包括大气在内的地球质心，长度单位为米，定向与 BIH 1984.0 一致，且定向的时间演变相对于地壳不产生残余的全球性旋转。ITRF 的建立是基于甚长基线干涉测量(very long baseline interferometry，VLBI)、激光测月(lunar laser ranging，LLR)、卫星激光测距(satellite laser ranging，SLR)、GPS(始于 1991 年)和多里斯系统(doppler orbitograph and radio positioning integrated by satellite，DORIS)(始于 1994 年)等空间大地测量技术观测计算得到的一系列全球分布的站坐标和站速度实现的。已有 ITRF 框架包括：ITRF88、89、90、91、92、93、94、96、97，以及 ITRF2000、ITRF2005、ITRF2008，名称“ITRF”之后的数字表示用于形成该框架时所用数据的最后年份。最新发布的 ITRF2008 是对四种空间大地测量技术 VLBI、SLR、GPS 和 DORIS 的不同年份观测数据进行重新处理后的国际地球参考框架精化版本。

不同年份的 ITRF 框架可以通过三维坐标转换模型进行相互转换。三维坐标转换模型较多，如布尔沙—沃尔夫(Bursa-Wolf)、莫洛坚斯基(Molodensky)和武测模型，已证明它们在数学上是等价的。一般地，在全球或较大范围的坐标系转换常采用布尔沙模型，并用作 ITRF 联合处理的标准模型(McCarthy et al，2010)，即

$$\begin{bmatrix} X \\ Y \\ Z \end{bmatrix}_{\mathrm{ITRF1}} = \begin{bmatrix} \mathrm{d}X \\ \mathrm{d}Y \\ \mathrm{d}Z \end{bmatrix} + (1+\mathrm{d}m) \begin{bmatrix} 1 & \theta_Z & -\theta_Y \\ -\theta_Z & 1 & \theta_X \\ \theta_Y & -\theta_X & 1 \end{bmatrix} \begin{bmatrix} X \\ Y \\ Z \end{bmatrix}_{\mathrm{ITRF2}} \tag{2.1}$$

式中，$(\mathrm{d}X, \mathrm{d}Y, \mathrm{d}Z)$ 为平移向量，$\mathrm{d}m$ 为尺度因子，$(\theta_X, \theta_Y, \theta_Z)$ 为旋转参数。

2.2.2　时间系统及转换

1.GPS 时间系统

GPS 时间系统(GPS time，GPST)属于原子时系统，采用美国海军天文台(USNO)发布的 UTC(记为 $\mathrm{UTC_{USNO}}$ 作为时间量度基准)。时间起算的原点定义在 1980 年 1 月 6 日 UTC 0 时，启动后不跳秒，保持时间的均匀连续。GPST 与 $\mathrm{UTC_{USNO}}$ 时的关系式为(McCarthy et al，2010；Michael et al，2012)

$$\mathrm{GPST} = \mathrm{TAI} - 19^{\mathrm{s}} = \mathrm{UTC_{USNO}} + (n^{\mathrm{s}} - 19^{\mathrm{s}}) \tag{2.2}$$

式中，n^{s} 表示协调时与国际原子时之间的跳秒调整参数，其值由 IERS 发布。

2.GLONASS 时间系统及转换

GLONASS 时间系统(GLONASST)采用原苏联(SU)建立、俄罗斯维持的

UTC(记为 UTC_{SU})作为时间量度基准,与国际计量局(BIMP)规定的 UTC 相差数微秒。GLONASST 与 UTC_{SU}之间存在 3 个小时的整数差(Russian Institute of Space Device Engineering,2008),即

$$GLONASST = UTC_{SU} - 3^{h}0^{m} \tag{2.3}$$

式中,$3^{h}0^{m}$ 表示 3 个小时的整数差。

但是,在实测的 GLONASS 星历文件(G 文件)中,采用的时间系统并非 GLONASST,而是 UTC。因此,在与 GPS 组合定位应用中,若忽略 UTC_{USNO}与 UTC_{SU}的差异(亚微秒水平),综合式(2.2)和式(2.3)可得 GLONASST 与 GPST 的时间转换关系,即

$$GLONASST = GPST - (n^{s} - 19^{s}) \tag{2.4}$$

3.Galileo 时间系统及转换

Galileo 时间系统(Galileo system time,GST)相对 TAI 是一个连续的时间轴,两者之间的时间偏差不超过 30 ns(陈秀万 等,2005)。GST 与 TAI、UTC 及 GPST 之间的偏差,由 Galileo 系统的地面部分进行监测并最终播发给用户,这种差值也可以由高精度接收机通过卫星观测进行估计。其中,GPS 和 Galileo 系统的时间偏差记为 GGTO(GPS-Galileo time offset)。因此,在与 GPS 组合定位中,基于式(2.2)可得 GST 与 GPST 的时间转换关系,即

$$GST = GPST - GGTO \approx GPST + 19^{s} \tag{2.5}$$

4.Compass 时间系统及转换

Compass 时间系统(BD time,BDT)采用中国科学院国家授时中心(NTSC)发布的 UTC(记为 UTC_{NTSC})作为时间量度基准。BDT 从 2006 年 1 月 1 日的00 时 00 分 00 秒开始起算,采用周和周内秒计数。因此,BDT 与 UTC 时的关系式为(中国卫星导航系统管理办公室,2013)

$$BDT = UTC_{NTSC} - UTC_{2006.1.1} \tag{2.6}$$

由 GPST 和 BDT 的定义可知,两者均采用原子秒长,但时间起算点不同。两者除了相差 1 356 周,还保持一个整数秒偏差。需说明的是,在实测的 Compass 星历文件(C 文件)中,采用的时间系统并非 BDT,而是 UTC。因此,在与 GPS 组合定位中,若忽略 UTC_{USNO}与 UTC_{NTSC}的差异(亚微秒水平),综合式(2.2)和式(2.6)可得 BDT 与 GPST 的时间转换关系为

$$BDT = GPST - (n^{s} - 19^{s}) \tag{2.7}$$

需要说明的是,在 Compass 设计之初,已考虑到 BDT 与 GPST、GST 和 GLONASST 的互操作问题,并将监测和发播 BDT 与 GPST、GST、GLONASST 的时差。

2.2.3　坐标系及转换

1.GPS 坐标系

GPS 目前所采用的坐标系是基于 World Geodetic System 1984 框架的 WGS-84 大地坐标系。其几何定义为：原点位于地球质心，Z 轴指向 BIH 1984.0 协议地球极(conventional terrestrial pole，CTP)方向，X 轴指向 BIH 1984.0 零子午面和 CTP 赤道的交点，Y 轴与 Z、X 轴构成右手坐标系(李征航 等，2010；McCarthy et al，2010)。WGS-84 椭球基本参数如表 2.2 所示(程鹏飞 等，2009)。

表 2.2　WGS-84 椭球基本常数

参数	符号	值
长半轴	a	6 378 137.0 m
扁率倒数	$1/f$	298.257 223 563
地球角速度	ω	$7.292\,115\times10^{-5}$ rad/s
地球引力常数	GM	$3.986\,004\,418\times10^{14}$ m^3/s^2

WGS-84 坐标系由美国国防制图局(NIMA)于 20 世纪 80 年代中期建立，并在 1987 年取代了此前 GPS 所采用的 WGS-72 坐标系，正式成为 GPS 的新坐标系。之后，曾在 1994 年、1996 年和 2001 年分别进行了三次改进，研究成果标号分别为 WGS-84(G730)、WGS-84(G873)和 WGS-84(G1150)(Merrigan et al，2002)。名称后缀“G”表示坐标框架完全由 GPS 确定，数字表示在 NIMA 精密星历估计中启用时刻对应的 GPS 周。

2.GLONASS 坐标系及转换

GLONASS 系统采用的坐标系为 PZ-90 大地坐标系，其几何定义为：原点位于地球质心，Z 轴指向 IERS 推荐的 CTP 方向，即 1900 年至 1905 年的平均北极，X 轴指向地球赤道与 BIH 定义的零子午线交点，Y 轴指向与 Z 轴、X 轴满足右手坐标系(党亚民 等，2007；Russian Institute of Space Device Engineering，2008)。2007 年 6 月 20 日，俄罗斯官方正式确定对 GLONASS 系统的 PZ-90 坐标系进行精化，决定启用 PZ-90.02 坐标系。PZ-90.02 椭球基本参数如表 2.3 所示。

表 2.3　PZ-90.02 椭球基本常数

参数	符号	值
长半轴	a	6 378 136.0 m
扁率倒数	$1/f$	298.257 84
地球角速度	ω	$7.292\,115\times10^{-5}$ rad/s
地球引力常数	GM	$3.986\,004\,418\times10^{14}$ m^3/s^2

在与 GPS 组合定位中，需要顾及坐标系转换。目前，主要有俄罗斯、德国、美

国的机构分别求解的 WGS-84 与 PZ-90 坐标系转换参数，转换精度处于分米级至米级水平。当前，我国学者使用的转换参数均是上述机构在本国区域范围内求解所得，其适用性有待讨论。此外，PZ-90.02 坐标系相对 ITRF 参考框架无旋转，与 ITRF 差异保持在分米量级，且与 ITRF2000 的差异只存在原点平移，三轴平移向量(dX,dY,dZ)为(−36 cm，+8 cm，+18 cm)(Vasily et al,2008)。因此，若忽略 ITRF2000 与 WGS-84 的差异，2007 年 6 月 20 日以后的 GLONASS 与 GPS 坐标转换可以采用平移模型转换，即

$$\begin{bmatrix} X \\ Y \\ Z \end{bmatrix}_{PZ90.02} = \begin{bmatrix} -0.360 \\ 0.080 \\ 0.180 \end{bmatrix} + \begin{bmatrix} X \\ Y \\ Z \end{bmatrix}_{WGS\text{-}84} \tag{2.8}$$

3.Galileo 坐标系及转换

Galileo 系统所采用的坐标系是基于 Galileo 地球参考框架(Galileo terrestrial reference frame，GTRF)的 ITRF96 大地坐标系(陈俊勇 等，1998；陈秀万 等，2005)。自 ITRF94 以来，ITRF 的联合解算对每种单一技术计算的完全方差矩阵都予以采用。ITRF94 基准定义为：原点采用某些 SLR 和 GPS 解的加权平均值；尺度采用 VLBI、SLR 和 GPS 解的加权平均值，以符合国际大地测量学和地球物理学联合会(IUGG)和国际天文学联合会(IAU)的要求；定向与 ITRF92 保持一致；定向的时变采用 7 个速率转换参数与 NR-NUVEL-1A 模型保持一致。Galileo 所采用的 ITRF96 与 ITRF94 的主要区别是前者在解算中顾及了以下两个方面(陈俊勇 等，1998)：一是 1994 年至 1996 年间 GPS 和 DORIS 数据；二是各空间站(GPS、SLR 和 VLBI 站)中坐标和速度的相关性。

在与 GPS 组合定位中，Galileo 系统可以通过外部参考服务向用户提供 Galileo 地球参考框架(Galileo terrestrial reference frame，GTRF)与 WGS-84 坐标系的转换参数，但目前尚无计划把这些参数加入导航电文。基于这种情况，应考虑通过多个坐标系传递得到 Galileo 和 GPS 坐标系的转换参数。表 2.4 列出了坐标系 ITRF96(GTRF)至 ITRF94 的转换参数(IGS Central Bureau，1999)和 WGS-84 至 ITRF94 的转换参数(李建文 等，2002)。

表 2.4 坐标系转换参数

坐标框架	(dX,dY,dZ)/m	$dm/(1\times10^{-9})$	(θ_X,θ_Y,θ_Z)
WGS-84 至 ITRF94	(−0.020,0.010,−0.010)	9	$(0.015,0.003,-0.017)/10^{-6}$
GTRF 至 ITRF94	(0.000,0.001,−0.001)	0.4	$(-0.10,-0.01,-0.22)/10^{-3}('')$

基于表 2.4 坐标系的转换参数通过消去 ITRF94 坐标系，可得到 Galileo 与 GPS 坐标系转换参数为

$$\begin{bmatrix} X \\ Y \\ Z \end{bmatrix}_{\mathrm{GTRF}} = \begin{bmatrix} -0.020 \\ 0.009 \\ -0.009 \end{bmatrix} + (1+8.6\times10^{-9}) \cdot \begin{bmatrix} 1 & -15.9\times10^{-9} & -3.0\times10^{-9} \\ 15.9\times10^{-9} & 1 & 15.5\times10^{-9} \\ 3.0\times10^{-9} & -15.5\times10^{-9} & 1 \end{bmatrix} \begin{bmatrix} X \\ Y \\ Z \end{bmatrix}_{\mathrm{WGS\text{-}84}} \tag{2.9}$$

需要说明的是，若转换精度要求不高，则可以仅采用平移模型（−0.020，0.009，−0.009）。此外，GPS 已于 2002 年开始采用 WGS-84（G1150）坐标框架，因此更精确的结果应考虑 WGS-84 与 GPS 当前使用的修订 WGS-84 坐标框架的差别。

4.Compass 坐标系及转换

Compass 所采用的坐标系为 2000 国家大地坐标系（China Geodetic Coordinate System 2000，CGCS2000）（中国卫星导航系统管理办公室，2013），其几何定义为：原点为包括海洋和大气的整个地球的质心；Z 轴指向与 IERS 参考极的指向一致，它与 BIH1984.0 的指向相差在±5 mas 以内；X 轴为 IERS 的参考子午面与过地球质心且与 Z 轴垂直的平面的交线，IRM 与 BIH 的零子午面相差±5 mas以内（历元 1984.0）；Y 轴与 Z 轴、X 轴构成右手正交坐标系。CGCS2000 椭球基本参数如表 2.5 所示。

表 2.5　CGCS2000 椭球基本常数

参数	符号	值
长半轴	a	6 378 137 m
扁率倒数	$1/f$	298.257 222 101
地球角速度	ω	$7.292\,115\times10^{-5}$ rad/s
地球引力常数	GM	$3.986\,004\,418\times10^{14}$ $\mathrm{m^3/s^2}$

Compass 与 GPS 坐标系在原点、尺度、定向及定向的定义都是相同的。比较表 2.2 与表 2.5 可知，CGCS2000 与 WGS-84 参考椭球相应的 4 个参数，唯有扁率倒数存在微小差异，而由此导致的同一点在两坐标系中坐标值的变化，不会超过 0.11 mm（程鹏飞 等，2009）。因此，在与 GPS 组合定位中，在当前测量精度条件下可以忽略 CGCS2000 与 WGS-84 坐标系的差异。

2.3　GNSS 组合相位观测值研究

2.3.1　载波相位观测模型

1. 观测质量指标

在 GNSS 精密定位领域，一般采用载波相位观测值。GPS 卫星上均调制了位于L波段的L1和L2载波，且GPS-Ⅲ将增设L5载波；GLONASS卫星上调制了L′1和L′2载波；Galileo卫星则占用了E2-Ll-El(简记为E2)、E5a、E5b和E6共4个频段；Compass卫星上调制了B1、B2和B3载波，其当前区域系统(Ⅰ)与建成后全球系统(Ⅱ)的载波频率中心不同。上述四大卫星载波信号的详细信息如表2.6所示。

表2.6 GNSS载波信号

载波	GPS-Ⅲ		GLONASS		Galileo		Compass		
	信号	频率	信号	频率	信号	频率	信号	频率-Ⅰ	频率-Ⅱ
f_1	L1	$154f_0$	L′1	$9f_{K0}$	E2	$154f_0$	B1	$152.6f_0$	$154f_0$
f_2	L2	$120f_0$	L′2	$7f_{K0}$	E5a E5b	$115f_0$ $118f_0$	B2	$118f_0$	$116.5f_0$
f_3	L5	$115f_0$	—	—	E6	$125f_0$	B3	$124f_0$	$124f_0$

表2.6中，各系统基本频率 $f_0=10.23$ MHz，$f_{K0}=(178+0.0625K)$ MHz。其中，K 取值为 $-7\sim6$，表示GLONASS卫星信号频率通道(Russian Institute of Space Device Engineering，2008)。在测量原理上，当GNSS接收机锁定卫星后，可以获得从卫星传到接收机经过延迟的载波信号，将载波信号与接收机内产生的基准信号进行比相即得载波相位观测值。在实际载波相位测量中，接收机提供给用户的基本相位观测值 $\tilde{\varphi}$ 是由整周计数 $\mathrm{Int}(\varphi)$ 和不足一周的部分 $F_r(\varphi)$ 组成。首次观测时 $\mathrm{Int}(\varphi)$ 值一般为零，随后跟踪观测时 $\mathrm{Int}(\varphi)$ 值可以是正或负整数连续增加，而完整的相位观测值应该由三部分构成，即

$$\varphi=N_0+\mathrm{Int}(\varphi)+F_r(\varphi) \tag{2.10}$$

式中，N_0 称为初始整周模糊度，无法由接收机直接测定，需通过其他方法求解。

目前，衡量非差载波相位观测值的质量指标主要包括三类：等权随机模型、高度角随机模型及信噪比随机模型(戴吾蛟 等，2008；李征航 等，2010；Gardan，1995)。

1) 等权随机模型

对于某一历元同步观测 n 颗卫星，不考虑非差相位观测值的任何相关性，并认为所有卫星非差相位观测值的方差相等，则可得非差相位观测值的等权随机模型为

$$\boldsymbol{D}_{\lambda\varphi}=\sigma_0^2\boldsymbol{I}_n \tag{2.11}$$

式中，σ_0^2 表示非差观测值方差，$\boldsymbol{I}_n$ 表示 n 阶单位矩阵。

2) 高度角随机模型

高度角随机模型与等权随机模型相同的是，不考虑非差相位观测值的任何相关性；不同的是，认为所有卫星非差相位观测值的方差不尽相等。该类随机模型利

用以卫星高度角为变量的函数模型对非差相位观测值的方差进行估计。当然，不同的函数模型形式，可以得到不同的高度角随机模型。常用的有高度角正弦函数模型和指数函数模型，即

$$\boldsymbol{D}_{\lambda\varphi}=\mathrm{diag}(a^2+b^2\,[\sin^{-2}E^1 \quad \cdots \quad \sin^{-2}E^n\,]) \tag{2.12}$$

$$\boldsymbol{D}_{\lambda\varphi}=\mathrm{diag}(\bar{a}^2+\bar{b}^2\,[e^{-E^1/\bar{c}} \quad \cdots \quad e^{-E^n/\bar{c}}\,]) \tag{2.13}$$

式中，a、b 为经验值，可取 $a=3$ mm，$b=5$ mm；E^n 为卫星高度角；$\bar{a}$、$\bar{b}$、$\bar{c}$ 为经验值，可取 $\bar{a}=6$ mm，$\bar{b}=50$ mm，$\bar{c}=9°$。

3）信噪比随机模型

信噪比(signal-to-noise ratio，SNR)是指接收的载波信号强度与噪声强度的比值。SNR 较好地反映了接收卫星信号的质量，当 SNR 越高，则相应信号质量越好，观测精度越高。鉴此，Brunner 提出了的载波 SNR 随机模型，即

$$\boldsymbol{D}_{\lambda\varphi}=\mathrm{diag}(\tilde{a}\,[10^{-\mathrm{SNR}^1/10} \quad \cdots \quad 10^{-\mathrm{SNR}^n/10}\,]) \tag{2.14}$$

式中，$\tilde{a}$ 为经验值，Brunner 给出的参考值为 1.61×10^{-4} mm^2。

但是，不是所有接收机都强制输出 SNR，而是统一输出信号强度 S(RINEX 2.1 以上版本，相位观测值第5位小数)。信号强度可由 SNR 计算而来，但不同接收机所给出的转换计算式并不一定相同。TRIMBLE NETRS 1.1-2 型接收机给出的信号强度计算式为

$$S=\begin{cases}9, & \mathrm{Int}(\mathrm{SNR}/6)>9\\ \mathrm{Int}(\mathrm{SNR}/6), & \mathrm{Int}(\mathrm{SNR}/6)\leqslant 9\end{cases} \tag{2.15}$$

2. 观测模型及分析

为深入分析非差载波观测值的信息构成，将载波相位测量的基本观测方程表述为(党亚民 等，2007；李征航 等，2010；周忠谟 等，1997)

$$\varphi_i^j(t_r)=\rho_i^j(t_s,t_r)/\lambda+f\,[\delta t_i(t_r)-\delta t^j(t_s)]+\delta\varphi_{\mathrm{rel}}^j(t_r)+\delta\varphi_{i,\mathrm{ion}}^j(t_r)+\delta\varphi_{i,\mathrm{tro}}^j(t_r)+N_i^j+\delta\varphi_{i,\mathrm{n}}^j(t_r) \tag{2.16}$$

式中，λ、f 分别表示载波信号的波长(m)和频率(Hz)，且有光速 $c=\lambda\cdot f=$ 299 792 458 m/s，t_s、t_r 分别表示卫星发射信号时刻(s)和接收机接收信号时刻(s)，$\varphi_i^j(t_r)$ 表示在接收机 t_r 时刻测站 T_i 与卫星 s^j 之间的载波相位观测值(周)，$\rho_i^j(t_s,t_r)=\|\boldsymbol{X}^j(t_s)-\boldsymbol{X}_i(t_r)\|$ 表示卫星 s^j 发射信号时刻 t_s 的位置矢量 $\boldsymbol{X}^j$ 与测站 T_i 处接收机接收信号时刻 t_r 的待定位置参数 $\boldsymbol{X}_i$ 之间的几何距离(m)，$\delta t_i(t_r)$、$\delta t^j(t_s)$ 分别表示接收机钟差(s)和卫星钟差(s)，$\delta\varphi_{\mathrm{rel}}^j(t_r)$ 表示相对论效应(主要取决于卫星的运动速度和重力位，因此表现为卫星钟的误差形式)引起的卫星钟和接收机钟之间的相对钟差影响(周)，$\delta\varphi_{i,\mathrm{ion}}^j(t_r)$、$\delta\varphi_{i,\mathrm{tro}}^j(t_r)$ 分别表示载波信号传播过程中产生的电离层延迟和对流层延迟(周)，N_i^j 表示初始整周模糊度(周)，$\delta\varphi_{i,\mathrm{n}}^j(t_r)$ 表示包括多路径效应在内的观测噪声(周)。

应该指出，$\boldsymbol{X}^j$ 是经过卫星天线相位中心偏差（天线相偏）、星历误差和地球自转影响改正后的位置矢量，待定位置参数 $\boldsymbol{X}_i$ 须顾及接收机天线相偏、测站固体潮和海潮负荷改正。

由观测模型式(2.16)可知，在地固坐标系中需考虑的GNSS载波定位误差源主要包括与测站有关的误差、与信号传播有关的误差和与卫星有关的误差。与测站有关的误差包括接收机钟差、天线相偏、固体潮和海潮负荷，与信号传播有关的误差包括电离层延迟、对流层延迟和多路径效应，与卫星有关的误差包括卫星钟差、天线相偏、轨道误差、相对论效应和地球自转影响。

为深入分析模型误差的消除或削弱方法，将上述误差分为在观测模型中线性显示且可由改正模型精确表达的误差（简称“线性表达误差”）、在观测模型中非线性显示且可由改正模型精确表达的误差（简称“非线性表达误差”）和不可由改正模型精确表达的误差（简称“非表达误差”）三类。从式(2.16)可以看出，线性表达误差包括卫星钟差、接收机钟差、相对论效应、电离层延迟和对流层延迟，非线性表达误差包括卫星天线相偏、轨道误差、地球自转影响、接收机天线相偏、固体潮和海潮负荷，非表达误差包括多路径效应在内的观测噪声。

线性表达误差和非线性表达误差均可通过精确的改正模型消除，非表达误差难以消除或削弱。线性表达误差由于其在模型中的线性显示特征，也可通过同一几何距离的多频载波相位观测值的线性组合进行消除，而非线性表达误差因其在模型中的非线性显示特征则不能通过线性组合进行消除。此外，由于线性表达误差和非线性表达误差均是时空变化的，因而通过不同站星几何距离上的同频载波相位观测值线性组合（差分）能削弱时空相关误差，且时空相关性越强误差削弱越彻底。由此可见，观测值的线性组合可以削弱非线性表达误差、消除线性表达误差，因而组合观测值理论研究有重要的意义。

2.3.2 载波相位观测值线性组合

对于多个测站 T_i、多颗卫星 s^j、多种频率 f_k 和多个历元 t_l 的共计 C 个基本相位观测值的线性组合，其一般性定义为

$$\varphi_{\{i\}}^{\{j\}}(f_{\{k\}}, t_{\{l\}}) = \sum_{z'=1}^{Z'} [\beta_{z'} \cdot \varphi_i^j(f_k, t_l)] \tag{2.17}$$

式中，$\beta_{z'}$ 表示组合相位观测值中的线性组合系数，且 $\beta_{z'}$ 取整数以保持组合模糊度整周特性。

根据式(2.17)可知，基本相位观测值可以是不同测站、不同卫星、不同频率和不同历元，甚至可以是不同导航卫星系统的基本相位观测值，如分别属于GPS-Ⅲ/Galileo系统，因此可将组合观测值按如下具有不同物理意义的三种形式分别讨论。

(1)在多种频率测量的同一测站、同一卫星和同一历元基本相位观测值之间进

行线性组合，即对相同站星几何距离的不同频率观测的基本相位观测值进行组合，简称同距异频组合观测值，其数学定义为

$$\varphi(f_{\{k\}})=\sum_{k=1}^{K}[\beta_k\cdot\varphi(f_k)] \tag{2.18}$$

(2)在单种频率测量的多个测站、多颗卫星和多个历元基本相位观测值之间进行线性组合，即对相同频率观测的不同站星几何距离的基本相位观测值进行组合，简称同频异距组合观测值，其数学定义为

$$\varphi_{\{i\}}^{\{j\}}(t_{\{l\}})=\sum_{k'=1}^{K'}[\beta_{k'}\cdot\varphi_i^j(t_l)] \tag{2.19}$$

(3)基于多种频率测量的多个测站、多颗卫星和多个历元基本相位观测值在不同频率观测的同频异距组合之间进行再次组合，简称异频异距组合观测值，其数学定义为

$$\varphi_{\{i\}}^{\{j\}}(t_{\{l\}}\mid f_{\{k\}})=\sum_{k=1}^{K}[\beta_k\cdot\varphi_{\{i\}}^{\{j\}}(t_{\{l\}}\mid f_k)] \tag{2.20}$$

式中，$\varphi_{\{i\}}^{\{j\}}(t_{\{l\}}\mid f_k)$表示频率为$f_k$时的同频异距组合观测值。

应该指出的是，上述三种组合形式中，同距异频组合的基本相位观测值只适用于某单模导航卫星系统，同频异距和异频异距组合的基本相位观测值可适用于多个导航卫星系统，但不同导航卫星系统的基本相位观测值需要统一时间与坐标系后才能进行组合。为讨论方便，下文不同导航卫星系统的基本相位观测值进行线性组合时默认已进行时间与坐标系转换。

2.3.3　典型的组合相位观测值

1. 同距异频组合

同距异频组合是在相同站星几何距离的不同频率观测值之间进行，因此组合观测值在数学意义上的频率特性已发生改变，其整周模糊度$N(f_{\{k\}})$、频率$f_{\{k\}}$和波长$\lambda_{\{k\}}$分别为

$$\left.\begin{aligned}N(f_{\{k\}})&=\sum_{k=1}^{K}[\beta_k\cdot N(f_k)]\\ f_{\{k\}}&=\sum_{k=1}^{K}(\beta_k\cdot f_k)\\ \lambda_{\{k\}}&=\frac{c}{f_{\{k\}}}\end{aligned}\right\} \tag{2.21}$$

根据同一站星几何距离的不同频率观测的基本载波相位观测值电离层延迟与频率成反比、对流层延迟与频率成正比及观测噪声与频率无关的性质，可以计算得到组合观测值的电离层延迟、对流层延迟和观测噪声为

$$\left.\begin{aligned}\delta\varphi_{\text{ion}}(f_{\{k\}}) &= \alpha_{\text{ion}}(f_{\{k\}})\cdot\delta\varphi_{\text{ion}}(f_1)\\ &= \left(\sum_{k=1}^{K}\beta_k\frac{f_1}{f_k}\right)\cdot\delta\varphi_{\text{ion}}(f_1)\\ \delta\varphi_{\text{tro}}(f_{\{k\}}) &= \alpha_{\text{tro}}(f_{\{k\}})\cdot\delta\varphi_{\text{tro}}(f_1)\\ &= \left(\sum_{k=1}^{K}\beta_k\frac{f_k}{f_1}\right)\cdot\delta\varphi_{\text{tro}}(f_1)\\ \delta\varphi_{\text{n}}(f_{\{k\}}) &= \alpha_{\text{n}}(f_{\{k\}})\cdot\delta\varphi_{\text{n}}(f_1)\\ &= \sqrt{\sum_{k=1}^{K}\beta_k^2}\cdot\delta\varphi_{\text{n}}(f_1)\end{aligned}\right\}\tag{2.22}$$

式中，$\delta\varphi_{\text{ion}}(\cdot)$、$\delta\varphi_{\text{tro}}(\cdot)$、$\delta\varphi_{\text{n}}(\cdot)$分别表示相应频率载波相位观测值的电离层延迟、对流层延迟和观测噪声(周)，α_{ion}、α_{tro}、α_{n}分别表示组合相位观测值误差相对L1观测值误差(频率f_1对应载波L1)的比例系数。

α_{ion}、α_{tro}、α_{n}反映了组合相位观测值与L1在整周模糊度估计能力上的差异，比例系数越大对组合相位观测值的整周模糊度估计越不利。为比较组合相位观测值相对L1在定位误差(m)上的值，可基于α_{ion}、α_{tro}、α_{n}得到以米为单位的比例系数，即

$$\left.\begin{aligned}\tilde{\alpha}_{\text{ion}}(f_{\{k\}}) &= \frac{\lambda_{\{k\}}}{\lambda_1}\cdot\alpha_{\text{ion}}(f_{\{k\}})\\ \tilde{\alpha}_{\text{tro}}(f_{\{k\}}) &= \frac{\lambda_{\{k\}}}{\lambda_1}\cdot\alpha_{\text{tro}}(f_{\{k\}})\\ \tilde{\alpha}_{\text{n}}(f_{\{k\}}) &= \frac{\lambda_{\{k\}}}{\lambda_1}\cdot\alpha_{\text{n}}(f_{\{k\}})\end{aligned}\right\}\tag{2.23}$$

式中，$\tilde{\alpha}_{\text{ion}}$、$\tilde{\alpha}_{\text{tro}}$、$\tilde{\alpha}_{\text{n}}$反映了组合相位观测值与L1在定位精度上的差异，比例系数越大则组合相位观测值的定位误差越大。

在保持组合观测值波长整周特性的前提下，筛选不同应用需求的典型组合观测值是多频数据处理理论的重要研究内容(刘志平 等，2006；王泽民 等，2003；伍岳，2005；杨元喜，2006；Tiberins et al，2002)。由于电离层延迟是影响组合观测值模糊度整数估计能力和定位精度的主要误差源，因此可设置组合相位观测值筛选的约束函数为

$$\left.\begin{aligned}|\alpha_{\text{ion}}(f_{\{k\}})| &\leqslant 5\\ |\tilde{\alpha}_{\text{ion}}(f_{\{k\}})| &\leqslant 20\end{aligned}\right\}\tag{2.24}$$

式中，两公式均满足条件$\beta_k\in\{0,\pm1,\cdots,\pm25\}$。

基于式(2.24)通过大量计算得到多组满足条件的组合观测值。在此具有一定模糊度整数估计能力和定位精度的组合观测值集中，依据组合频率个数并以宽波长、窄波长、弱电离层延迟、弱观测噪声为标准分别取一组具有较小定位误差的典

型组合观测值如表 2.7 所示。

表 2.7　GPS-Ⅲ系统典型的组合相位观测值

组合相位观测值				组合系数			误差比例系数		
标准		f/MHz	λ/cm	L1	L2	L5	$\tilde{\alpha}_{ion}$	$\tilde{\alpha}_{tro}$	$\tilde{\alpha}_{n}$
双频	宽波长	$5f_0$	586.10	0	1	−1	−1.72	1	43.56
	窄波长	$274f_0$	10.70	1	1	0	1.28	1	0.79
	弱电离	$235f_0$	12.47	0	24	−23	0	1	21.78
	弱噪声	$39f_0$	75.14	1	0	−1	−1.34	1	5.58
三频	宽波长	$1f_0$	2 930.52	−1	8	−7	−16.52	1	1 644.30
	窄波长	$389f_0$	7.53	1	1	1	1.43	1	0.68
	弱电离	$9f_0$	325.61	1	−6	5	−0.07	1	134.73
	弱噪声	$29f_0$	101.05	1	−2	1	−1.21	1	13.01

分析表 2.7 可知，各种组合值均顾及了弱电离延迟和弱噪声的要求，同时各种组合观测值对流层延迟的误差比例系数 $\tilde{\alpha}_{tro}$ 保持不变。除窄波长组合观测值外，其他组合观测值均考虑了宽波长的要求。其中，GPS-Ⅲ双频宽波长组合观测值电离层误差比例系数很小，组合观测值噪声也不及组合波长的 1/10（设 L1 观测噪声为 2 mm），可以用于整周模糊度的快速固定，双频窄波长组合观测值可用于短基线精密定位，双频弱电离组合由于完全消除了电离层延迟误差可显著提高中长基线解的精度，弱噪声组合观测值也可用于整周模糊度的快速确定。此外，三频组合较双频组合获得的宽波长组合观测值的波长更长、窄波长组合观测值的波长更短，表明多频组合可以有效提高整周模糊度估计能力和定位精度。

同理，采用上述组合观测值的选取标准，通过大量计算也可得到不同应用需要和类似规律的 Galileo 系统典型的组合相位观测值，如表 2.8 所示。需要说明的是，Galileo 系统对频率 E6 实行加密限制，因此对于表 2.8 所列的四频组合观测值，只有得到授权的 Galileo 用户才能使用。

表 2.8　Galileo 系统典型的组合相位观测值

组合相位观测值				组合系数				误差比例系数		
标准		f/MHz	λ/cm	E2	E5a	E5b	E6	$\tilde{\alpha}_{ion}$	$\tilde{\alpha}_{tro}$	$\tilde{\alpha}_{n}$
双频	宽波长	$3f_0$	976.84	0	−1	1	0	−1.75	1	72.60
	窄波长	$279f_0$	10.50	1	0	0	1	1.23	1	0.78
	弱电离	$480f_0$	6.10	0	−23	0	25	0	1	10.90
	弱噪声	$7f_0$	418.65	0	0	−1	1	−1.61	1	31.11
三频	宽波长	$1f_0$	2 930.52	0	2	−3	1	−0.77	1	576.22
	窄波长	$394f_0$	7.44	1	1	0	1	1.40	1	0.68
	弱电离	$262f_0$	11.18	3	−5	0	3	0.00	1	3.85
	弱噪声	$4f_0$	732.63	0	1	−2	1	−1.50	1	94.30

续表

组合相位观测值				组合系数				误差比例系数		
标准		f/MHz	λ/cm	E2	E5a	E5b	E6	$\tilde{\alpha}_{ion}$	$\tilde{\alpha}_{tro}$	$\tilde{\alpha}_{n}$
四频	宽波长	$2f_0$	1 465.26	1	2	1	−4	4.26	1	361.16
	窄波长	$512f_0$	5.72	1	1	1	1	1.47	1	0.60
	弱电离	$801f_0$	3.66	11	−10	−1	3	−0.00	1	2.92
	弱噪声	$46f_0$	63.71	1	−1	−1	1	−1.38	1	6.70

2. 同频异距组合

相同频率观测的多个测站、多颗卫星和多个历元的不同站星几何距离的同频异距组合较为复杂，实践中最为常用和简便的情况是对两个测站、两颗卫星和两个历元的不同站星几何距离的八个同频基本相位观测值进行差分组合。目前，普遍应用包括单差、双差和三差在内的三种差分线性组合形式。

两个测站同步观测相同卫星的同频基本相位观测值之差即为单差，其表达式为

$$\varphi_{12}^{j}(t)=\varphi_{2}^{j}(t)-\varphi_{1}^{j}(t) \tag{2.25}$$

两颗卫星间的单差观测值之差即为双差，其表达式为

$$\varphi_{12}^{jk}(t)=\varphi_{12}^{k}(t)-\varphi_{12}^{j}(t) \tag{2.26}$$

两个历元间的双差观测值之差即为三差，其表达式为

$$\delta\varphi_{12}^{jk}(t_{i+1})=\varphi_{12}^{jk}(t_{i+1})-\varphi_{12}^{jk}(t_{i}) \tag{2.27}$$

在各种学科领域的研究中，对基本观测值进行差分组合均是希望从差分观测值中提取更为规律和更加有用的信息特征。同频异距组合正是基于该思想利用观测模型误差的相关性特征消除或削弱相关误差项，以获得更为准确的观测值，其缺点是差分观测值相关性增强和冗余观测值减少。此外，由于同频异距组合采用相同频率的基本观测值，因此组合观测值在数学意义上的频率特性不变。

3. 异频异距组合

异频异距组合观测值是在不同频率观测的同频异距组合观测值基础上再次进行线性组合，而同频异距组合观测值中应用最为普遍的是单差、双差和三差，因此异频异距组合观测值一般也仅基于这三种差分观测值略作展开讨论。由式(2.20)和式(2.25)至式(2.27)可以得出分别基于三种常用差分观测值的三种异频异距组合观测值，即

$$\left.\begin{aligned}
\varphi_{12}^{j}(t\,|\,f_{\{k\}})&=\sum_{k=1}^{K}[\beta_k\cdot\varphi_{12}^{j}(t\,|\,f_k)]\\
\varphi_{12}^{jk}(t\,|\,f_{\{k\}})&=\sum_{k=1}^{K}[\beta_k\cdot\varphi_{12}^{jk}(t\,|\,f_k)]\\
\delta\varphi_{12}^{jk}(t_i\,|\,f_{\{k\}})&=\sum_{k=1}^{K}[\beta_k\cdot\delta\varphi_{12}^{jk}(t_i\,|\,f_k)]
\end{aligned}\right\} \tag{2.28}$$

由于双差较单差能够更好地削弱相关误差项、较三差能够更有效地保持位置参数的可辨性，从而在精密相对定位中得到深入应用。因此，对式(2.28)中基于双差的异频异距组合研究更具理论和实用价值。对于单模导航卫星系统(如 GPS)的异频双差组合观测值研究可参见已有成果(伍岳，2005)。实际上，异频双差组合也可应用于组合系统(如 GPS/Galileo)，且这种组合观测值能很好地从多系统融合数据处理的角度出发开展组合导航定位的研究。由于 GPS-Ⅲ和 Galileo 系统有两个载波的中心频率相同(L1/E2，L5/E5a)，GPS-Ⅲ/Galileo 异频双差组合观测值即是基于 GPS 和 Galileo 卫星的同频双差值在 L1/E2 和 L5/E5a 双频之间进行线性组合。由于异频双差组合观测值与 L1 载波相位观测值的双差电离层延迟、双差对流层延迟和双差观测噪声均存在与式(2.22)至式(2.23)相同的关系，因此仍采用式(2.24)作为组合相位观测值筛选的约束函数。以宽波长、窄波长、弱电离层延迟、弱观测噪声为标准分别取一组具有较小定位误差的典型组合相位观测值如表 2.9 所示。

表 2.9　GPS-Ⅲ/Galileo 系统典型的组合相位观测值

组合相位观测值			组合系数		误差比例系数		
标准	f/MHz	λ/cm	L1 或 E2	L5 或 E5a	$\tilde{\alpha}_{ion}$	$\tilde{\alpha}_{tro}$	$\tilde{\alpha}_{n}$
宽波长	$37f_0$	79.20	−2	3	8.40	1	15.01
窄波长	$269f_0$	10.89	1	1	1.34	1	0.81
弱电离	$503f_0$	5.82	7	−5	0.09	1	2.63
弱噪声	$232f_0$	12.63	3	−2	0.21	1	2.39

2.4　GNSS 定位数据处理基础

2.4.1　最小二乘平差

设第 k 历元的观测值向量为 $\boldsymbol{L}_k$，其权矩阵为 $\boldsymbol{P}_k$。若将第 $k-1$ 历元观测值平差值 $\hat{\boldsymbol{X}}_{k-1}$ 取为第 k 历元平差参数初值 $\boldsymbol{X}_k^0=\hat{\boldsymbol{X}}_{k-1}$，则该历元观测方程为

$$\boldsymbol{V}_k=\boldsymbol{B}_k\hat{\boldsymbol{x}}_k-\boldsymbol{l}_k \tag{2.29}$$

式中，$\boldsymbol{B}_k=f(\hat{\boldsymbol{X}}_{k-1})$，$\boldsymbol{l}_k=g(\hat{\boldsymbol{X}}_{k-1},\boldsymbol{L}_k)$。

由最小二乘原理，可得第 k 历元观测方程的参数及其协因数矩阵估计分别为

$$\hat{\boldsymbol{X}}_k=\boldsymbol{X}_k^0+\hat{\boldsymbol{x}}_k=\hat{\boldsymbol{X}}_{k-1}+\boldsymbol{Q}_{\hat{X}_k}\boldsymbol{B}_k^{\mathrm{T}}\boldsymbol{P}_k\boldsymbol{l}_k \tag{2.30}$$

$$\boldsymbol{Q}_{\hat{X}_k}=(\boldsymbol{B}_k^{\mathrm{T}}\boldsymbol{P}_k\boldsymbol{B}_k)^{-1} \tag{2.31}$$

必须说明的是，单历元观测方程的求解需迭代求解，建议取“$\boldsymbol{B}_k^{\mathrm{T}}\boldsymbol{P}_k\boldsymbol{l}_k$ 接近为零”作为迭代停止条件。此外，第 k 历元观测值平差的单位权方差估计式为

$$\hat{\sigma}_{0,k}^2=\frac{\boldsymbol{V}_k^{\mathrm{T}}\boldsymbol{P}_k\boldsymbol{V}_k}{n_k-t}=\frac{\boldsymbol{l}_k^{\mathrm{T}}\boldsymbol{P}_k\boldsymbol{R}_k\boldsymbol{l}_k}{n_k-t} \tag{2.32}$$

式中,平差因子 $\boldsymbol{R}_k=\boldsymbol{I}-\boldsymbol{B}_k\boldsymbol{Q}_{\hat{X}_k}\boldsymbol{B}_k^{\mathrm{T}}\boldsymbol{P}_k$,$\boldsymbol{R}_k$ 为幂等矩阵,在可靠性研究中也称帽子矩阵。

在GNSS动态最小二乘数据处理应用中,常需用到上述单历元观测值平差方法。

2.4.2 序贯平差原理

设第 $k-1$、k 历元的观测值向量分别为 $\boldsymbol{L}_{k-1}$、$\boldsymbol{L}_k$,它们的权矩阵分别为 $\boldsymbol{P}_{k-1}$、$\boldsymbol{P}_k$,两组观测值不相关,即

$$\left.\begin{aligned}\boldsymbol{L}&=\begin{bmatrix}\boldsymbol{L}_{k-1}\\ \boldsymbol{L}_k\end{bmatrix}\\ \boldsymbol{P}&=\begin{bmatrix}\boldsymbol{P}_{k-1} & 0\\ 0 & \boldsymbol{P}_k\end{bmatrix}\end{aligned}\right\} \tag{2.33}$$

当位置参数不随时间变化、参数之间不存在约束条件时,把第 $k-1$ 历元单组平差值 $\hat{\boldsymbol{X}}_{k-1}$ 取为整体平差参数初值 $\boldsymbol{X}_k^0=\hat{\boldsymbol{X}}_{k-1}$,则第 $k-1$、k 历元观测值整体平差的误差方程分别为

$$\boldsymbol{V}_{k-1}=\boldsymbol{B}_{k-1}\hat{\boldsymbol{x}}-\boldsymbol{l}_{k-1} \tag{2.34}$$

$$\boldsymbol{V}_k=\boldsymbol{B}_k\hat{\boldsymbol{x}}-\boldsymbol{l}_k \tag{2.35}$$

式中,$\boldsymbol{B}_{k-1}=f_{k-1}(\hat{\boldsymbol{X}}_{k-1})$,$\boldsymbol{l}_{k-1}=g_{k-1}(\hat{\boldsymbol{X}}_{k-1},\boldsymbol{L}_{k-1})$,$\boldsymbol{B}_k=f_k(\hat{\boldsymbol{X}}_{k-1})$,$\boldsymbol{l}_k=g_k(\hat{\boldsymbol{X}}_{k-1},\boldsymbol{L}_k)$。

若将第 $k-1$ 历元单组平差的观测值改正数记为 $\bar{\boldsymbol{V}}_{k-1}$,则式(2.34)可改化为

$$\boldsymbol{V}_{k-1}=\boldsymbol{B}_{k-1}\hat{\boldsymbol{x}}+\bar{\boldsymbol{V}}_{k-1} \tag{2.36}$$

基于最小二乘原理建立第 $k-1$、k 历元观测值的整体平差目标函数(杨元喜,2006)

$$\Omega=\boldsymbol{V}_{k-1}^{\mathrm{T}}\boldsymbol{P}_{k-1}\boldsymbol{V}_{k-1}+\boldsymbol{V}_k^{\mathrm{T}}\boldsymbol{P}_k\boldsymbol{V}_k \tag{2.37}$$

进而,求解目标函数并顾及 $\boldsymbol{B}_{k-1}^{\mathrm{T}}\boldsymbol{P}_{k-1}\bar{\boldsymbol{V}}_{k-1}=0$,可得第 $k-1$、k 历元观测值整体平差的参数及其精度估计分别为

$$\hat{\boldsymbol{x}}=\boldsymbol{Q}_{\hat{X}_k}\boldsymbol{B}_k^{\mathrm{T}}\boldsymbol{P}_k\boldsymbol{l}_k \tag{2.38}$$

$$\boldsymbol{Q}_{\hat{X}_k}=(\boldsymbol{Q}_{\hat{X}_{k-1}}^{-1}+\boldsymbol{B}_k^{\mathrm{T}}\boldsymbol{P}_k\boldsymbol{B}_k)^{-1} \tag{2.39}$$

$$\sigma_k^2=\frac{\Omega}{n_{k-1}+n_k-t} \tag{2.40}$$

式中,$\boldsymbol{Q}_{\hat{X}_{k-1}}^{-1}=\boldsymbol{B}_{k-1}^{\mathrm{T}}\boldsymbol{P}_{k-1}\boldsymbol{B}_{k-1}$,$n_k$ 表示第 k 个历元的观测值个数,t 表示参数个数。

上面介绍了第 $k-1$、k 历元观测值整理平差的相关结论,下文将据此探讨前

$k-1$个历元与 k 个历元序贯平差的递推式。

令仿观测权矩阵 $\boldsymbol{P}_{\boldsymbol{B}_k}$、增益矩阵 $\boldsymbol{J}_k$ 分别为

$$\boldsymbol{P}_{\boldsymbol{B}_k}=(\boldsymbol{P}_k^{-1}+\boldsymbol{B}_k\boldsymbol{Q}_{\hat{\boldsymbol{X}}_{k-1}}\boldsymbol{B}_k^{\mathrm{T}})^{-1} \tag{2.41}$$

$$\boldsymbol{J}_k=\boldsymbol{Q}_{\hat{\boldsymbol{X}}_{k-1}}\boldsymbol{B}_k^{\mathrm{T}}\boldsymbol{P}_{\boldsymbol{B}_k} \tag{2.42}$$

若对式(2.39)、式(2.42)及式(2.41)分别应用矩阵反演公式并化简，则分别可得 $\boldsymbol{Q}_{\hat{\boldsymbol{X}}_k}$、$\boldsymbol{P}_{\boldsymbol{B}_k}$、$\boldsymbol{J}_k$ 的另一等价表达式，即

$$\boldsymbol{Q}_{\hat{\boldsymbol{X}}_k}=\boldsymbol{Q}_{\hat{\boldsymbol{X}}_{k-1}}-\boldsymbol{Q}_{\hat{\boldsymbol{X}}_{k-1}}\boldsymbol{B}_k^{\mathrm{T}}\boldsymbol{P}_{\boldsymbol{B}_k}\boldsymbol{B}_k\boldsymbol{Q}_{\hat{\boldsymbol{X}}_{k-1}}=(\boldsymbol{I}-\boldsymbol{J}_k\boldsymbol{B}_k)\boldsymbol{Q}_{\hat{\boldsymbol{X}}_{k-1}} \tag{2.43}$$

$$\boldsymbol{P}_{\boldsymbol{B}_k}=\boldsymbol{P}_k-\boldsymbol{P}_k\boldsymbol{B}_k\boldsymbol{Q}_{\hat{\boldsymbol{X}}_k}\boldsymbol{B}_k^{\mathrm{T}}\boldsymbol{P}_k=\boldsymbol{P}_k(\boldsymbol{I}-\boldsymbol{B}_k\boldsymbol{J}_k) \tag{2.44}$$

$$\begin{aligned}\boldsymbol{J}_k&=\boldsymbol{Q}_{\hat{\boldsymbol{X}}_{k-1}}\boldsymbol{B}_k^{\mathrm{T}}(\boldsymbol{P}_k-\boldsymbol{P}_k\boldsymbol{B}_k\boldsymbol{Q}_{\hat{\boldsymbol{X}}_k}\boldsymbol{B}_k^{\mathrm{T}}\boldsymbol{P}_k)\\&=(\boldsymbol{Q}_{\hat{\boldsymbol{X}}_{k-1}}-\boldsymbol{Q}_{\hat{\boldsymbol{X}}_{k-1}}\boldsymbol{B}_k^{\mathrm{T}}\boldsymbol{P}_k\boldsymbol{B}_k\boldsymbol{Q}_{\hat{\boldsymbol{X}}_k})\boldsymbol{B}_k^{\mathrm{T}}\boldsymbol{P}_k\\&=\boldsymbol{Q}_{\hat{\boldsymbol{X}}_k}\boldsymbol{B}_k^{\mathrm{T}}\boldsymbol{P}_k\end{aligned} \tag{2.45}$$

结合式(2.38)与式(2.45)，可得前 $k-1$ 个历元与 k 个历元序贯平差的参数递推计算式为

$$\hat{\boldsymbol{x}}=\boldsymbol{J}_k\boldsymbol{l}_k \tag{2.46}$$

$$\hat{\boldsymbol{X}}_k=\hat{\boldsymbol{X}}_{k-1}+\hat{\boldsymbol{x}} \tag{2.47}$$

此外，在序贯平差的精度估计式中，一般不保留 $\boldsymbol{V}_{k-1}$，故需要对式(2.37)进行等量变换。将式(2.46)分别代入式(2.36)、式(2.35)，并顾及式(2.44)可得

$$\boldsymbol{V}_{k-1}=(\boldsymbol{B}_{k-1}\boldsymbol{J}_k)\boldsymbol{l}_k+\bar{\boldsymbol{V}}_{k-1} \tag{2.48}$$

$$\boldsymbol{V}_k=(-\boldsymbol{P}_k^{-1}\boldsymbol{P}_{\boldsymbol{B}_k})\boldsymbol{l}_k \tag{2.49}$$

进一步将式(2.48)、式(2.49)代入式(2.37)，并顾及 $\boldsymbol{B}_{k-1}^{\mathrm{T}}\boldsymbol{P}_{k-1}\bar{\boldsymbol{V}}_{k-1}=0$ 和式(2.41)、式(2.42)，可导出以 $\bar{\boldsymbol{V}}_{k-1}$、$\boldsymbol{l}_k$ 表示的目标函数(改正数平方和)，即

$$\Omega=\bar{\boldsymbol{V}}_{k-1}^{\mathrm{T}}\boldsymbol{P}_{k-1}\bar{\boldsymbol{V}}_{k-1}+\boldsymbol{l}_k^{\mathrm{T}}\boldsymbol{P}_{\boldsymbol{B}_k}\boldsymbol{l}_k \tag{2.50}$$

鉴于此，若已知前 $k-1$ 个历元序贯平差的单位权方差 $\hat{\sigma}_{0,k-1}^2$，则由式(2.50)可得前 $k-1$ 个历元与 k 个历元的单位权方差序贯递推式为

$$\hat{\sigma}_{0,k}^2=\frac{\hat{\sigma}_{0,k-1}^2\left(\sum_{i=1}^{k-1}n_i-t\right)+\boldsymbol{l}_k^{\mathrm{T}}\boldsymbol{P}_{\boldsymbol{B}_k}\boldsymbol{l}_k}{\sum_{i=1}^{k}n_i-t} \tag{2.51}$$

式中，n_i 表示第 i 个历元的观测方程数。

至此，序贯平差的递推计算式已推导完成。鉴于协因数矩阵 $\boldsymbol{Q}_{\hat{\boldsymbol{X}}_k}$、增益矩阵 $\boldsymbol{J}_k$ 和仿观测权矩阵 $\boldsymbol{P}_{\boldsymbol{B}_k}$ 均给出了两种计算方法，下文根据求逆阶数的不同汇总了两套序贯平差递推算法，分别如表 2.10、表 2.11 所示，便于读者选用。

表 2.10 n 阶序贯平差递推算法

已知量	观测信息	$\boldsymbol{L}_k$、$\boldsymbol{Q}_k$
初值条件	参数初值	$\hat{\boldsymbol{X}}_1$、$\boldsymbol{Q}_{\hat{\boldsymbol{X}}_1}$、$\sigma_{0,1}^2$、$n_1-t\geqslant 0$
过程量	设计矩阵	$\boldsymbol{B}_k=f_k(\hat{\boldsymbol{X}}_{k-1})$
	自由常量	$\boldsymbol{l}_k=g_k(\hat{\boldsymbol{X}}_{k-1},\boldsymbol{L}_k)$
	仿观测权矩阵	$\boldsymbol{P}_{\boldsymbol{B}_k}=(\boldsymbol{B}_k\boldsymbol{Q}_{\hat{\boldsymbol{X}}_{k-1}}\boldsymbol{B}_k^{\mathrm{T}}+\boldsymbol{Q}_k)^{-1}$
	增益矩阵	$\boldsymbol{J}_k=\boldsymbol{Q}_{\hat{\boldsymbol{X}}_{k-1}}\boldsymbol{B}_k^{\mathrm{T}}\boldsymbol{P}_{\boldsymbol{B}_k}$
估计量	参数	$\hat{\boldsymbol{X}}_k=\hat{\boldsymbol{X}}_{k-1}+\boldsymbol{J}_k\boldsymbol{l}_k$
	参数协因数矩阵	$\boldsymbol{Q}_{\hat{\boldsymbol{X}}_k}=(\boldsymbol{I}-\boldsymbol{J}_k\boldsymbol{B}_k)\boldsymbol{Q}_{\hat{\boldsymbol{X}}_{k-1}}$
	单位权方差	$\hat{\sigma}_{0,k}^2=\dfrac{\hat{\sigma}_{0,k-1}^2\left(\sum_{i=1}^{k-1}n_i-t\right)+\boldsymbol{l}_k^{\mathrm{T}}\boldsymbol{P}_{\boldsymbol{B}_k}\boldsymbol{l}_k}{\sum_{i=1}^{k}n_i-t}$

表 2.11 t 阶序贯平差递推算法

已知量	观测信息	$\boldsymbol{L}_k$、$\boldsymbol{P}_k$
初值条件	参数初值	$\hat{\boldsymbol{X}}_1$、$\boldsymbol{P}_{\hat{\boldsymbol{X}}_1}$、$\sigma_{0,1}^2$、$n_1-t\geqslant 0$
过程量	设计矩阵	$\boldsymbol{B}_k=f_k(\hat{\boldsymbol{X}}_{k-1})$
	自由常量	$\boldsymbol{l}_k=g_k(\hat{\boldsymbol{X}}_{k-1},\boldsymbol{L}_k)$
	增益矩阵	$\boldsymbol{J}_k=\boldsymbol{P}_{\hat{\boldsymbol{X}}_k}^{-1}\boldsymbol{B}_k^{\mathrm{T}}\boldsymbol{P}_k$
	仿观测权矩阵	$\boldsymbol{P}_{\boldsymbol{B}_k}=\boldsymbol{P}_k(\boldsymbol{I}-\boldsymbol{B}_k\boldsymbol{J}_k)$
估计量	参数	$\hat{\boldsymbol{X}}_k=\hat{\boldsymbol{X}}_{k-1}+\boldsymbol{J}_k\boldsymbol{l}_k$
	参数权矩阵	$\boldsymbol{P}_{\hat{\boldsymbol{X}}_k}=\boldsymbol{P}_{\hat{\boldsymbol{X}}_{k-1}}+\boldsymbol{B}_k^{\mathrm{T}}\boldsymbol{P}_k\boldsymbol{B}_k$
	单位权方差	$\hat{\sigma}_{0,k}^2=\dfrac{\hat{\sigma}_{0,k-1}^2\left(\sum_{i=1}^{k-1}n_i-t\right)+\boldsymbol{l}_k^{\mathrm{T}}\boldsymbol{P}_{\boldsymbol{B}_k}\boldsymbol{l}_k}{\sum_{i=1}^{k}n_i-t}$

表 2.10 与表 2.11 总结的两套算法，其平差结果应完全相同，但它们的计算量不同。在平差计算过程中，求逆将占用主要运算时间，尤其是高阶求逆。对于表 2.10，仿观测权矩阵 $\boldsymbol{P}_{\boldsymbol{B}_k}$ 采用了需 n_i 阶求逆的计算式，故称为 n 阶序贯平差递推式；对于表 2.11，增益矩阵 $\boldsymbol{J}_k$ 采用了需 t 阶求逆的估计式（参数权矩阵 $\boldsymbol{P}_{\hat{\boldsymbol{X}}_k}$ 和协因数矩阵 $\boldsymbol{Q}_{\hat{\boldsymbol{X}}_k}$ 互为逆矩阵），故称为 t 阶序贯平差递推式。显然，当 $n_i<t$ 时，n 阶序贯平差少于 t 阶序贯平差的计算量；反之，t 阶序贯平差少于 n 阶序贯平差的计算量。此外，n 阶序贯平差以协因数矩阵 $\boldsymbol{Q}_{\hat{\boldsymbol{X}}_k}$ 为递推特点，而 t 阶序贯平差以权矩阵 $\boldsymbol{P}_{\hat{\boldsymbol{X}}_k}$ 为递推特点。在 GNSS 静态数据处理或者可近似当作静态数据处理的应用中，可根据实际情况（求逆计算复杂度）选用表 2.10 或表 2.11 中的序贯平差递推算法。

2.4.3 部分序贯平差

在 2.4.2 节介绍的序贯平差原理中，要求所有模型参数不随时间变化。但在

GNSS 测量等应用中，平差函数模型常包括两类参数，不随时间变化的参数（如模糊度参数）和随时间变化的参数（如位置、变形参数）。换言之，需讨论模型中仅有部分参数可进行序贯平差的递推方法，称为部分序贯平差。

若将时不变参数记为 $\boldsymbol{x}_k$，时变参数记为 $\boldsymbol{y}_k$，第 k 历元的观测值及其权矩阵分别记为 $\boldsymbol{L}_k$、$\boldsymbol{P}_k$，则包括时变和时不变两类参数的平差函数模型可表示为

$$\boldsymbol{V}_k=\boldsymbol{A}_k\cdot\underset{u_1\times 1}{\boldsymbol{y}_k}+\boldsymbol{B}_k\cdot\underset{u_2\times 1}{\boldsymbol{x}_k}-\boldsymbol{L}_k \tag{2.52}$$

若前 $k-1$ 个历元观测值整体平差所得时不变参数估计及协因数矩阵分别记为 $\hat{\boldsymbol{x}}_{k-1}$、$\boldsymbol{Q}_{\hat{x}_{k-1}}$，则虚拟观测方程为

$$\bar{\boldsymbol{V}}_{\hat{x}_{k-1}}=\boldsymbol{x}_k-\hat{\boldsymbol{x}}_{k-1} \tag{2.53}$$

因此，若同时顾及第 k 个历元的观测信息和前 $k-1$ 个历元的时不变参数解估计信息 $\hat{\boldsymbol{x}}_{k-1}$、$\boldsymbol{Q}_{\hat{x}_{k-1}}^{-1}$，则可建立部分序贯平差准则为

$$\boldsymbol{V}_k^{\mathrm{T}}\boldsymbol{P}_k\boldsymbol{V}_k+\bar{\boldsymbol{V}}_{\hat{x}_{k-1}}^{\mathrm{T}}\boldsymbol{Q}_{\hat{x}_{k-1}}^{-1}\bar{\boldsymbol{V}}_{\hat{x}_{k-1}}=\min \tag{2.54}$$

由最小二乘原理可得法方程为

$$\begin{bmatrix}\boldsymbol{N}_{a,k} & \boldsymbol{N}_{ab,k}\\ \boldsymbol{N}_{ba,k} & \bar{\boldsymbol{N}}_{b,k}\end{bmatrix}\begin{bmatrix}\boldsymbol{y}_k\\ \boldsymbol{x}_k\end{bmatrix}=\begin{bmatrix}\boldsymbol{L}_{a,k}\\ \bar{\boldsymbol{L}}_{b,k}\end{bmatrix} \tag{2.55}$$

式中，$\boldsymbol{N}_{a,k}=\boldsymbol{A}_k^{\mathrm{T}}\boldsymbol{P}_k\boldsymbol{A}_k$，$\boldsymbol{N}_{b,k}=\boldsymbol{B}_k^{\mathrm{T}}\boldsymbol{P}_k\boldsymbol{B}_k$，$\boldsymbol{N}_{ab,k}=\boldsymbol{A}_k^{\mathrm{T}}\boldsymbol{P}_k\boldsymbol{B}_k$，$\boldsymbol{N}_{ba,k}=\boldsymbol{B}_k^{\mathrm{T}}\boldsymbol{P}_k\boldsymbol{A}_k$；$\boldsymbol{L}_{a,k}=\boldsymbol{A}_k^{\mathrm{T}}\boldsymbol{P}_k\boldsymbol{L}_k$，$\boldsymbol{L}_{b,k}=\boldsymbol{B}_k^{\mathrm{T}}\boldsymbol{P}_k\boldsymbol{L}_k$。

若在求解法方程时，先求时不变参数 $\hat{\boldsymbol{x}}_k$ 并通过回代解算时变参数 $\hat{\boldsymbol{y}}_k$，可得参数的序贯平差估计为

$$\left.\begin{aligned}\hat{\boldsymbol{x}}_k&=\boldsymbol{Q}_{x_k}(\bar{\boldsymbol{L}}_{b,k}-\boldsymbol{N}_{ba,k}\boldsymbol{N}_{a,k}^{-1}\boldsymbol{L}_{a,k})\\ \boldsymbol{Q}_{\hat{x}_k}^{-1}&=\bar{\boldsymbol{N}}_{b,k}-\boldsymbol{N}_{ba,k}\boldsymbol{N}_{a,k}^{-1}\boldsymbol{N}_{ab,k}\end{aligned}\right\} \tag{2.56}$$

$$\left.\begin{aligned}\hat{\boldsymbol{y}}_k&=\boldsymbol{N}_{a,k}^{-1}(\boldsymbol{L}_{a,k}-\boldsymbol{N}_{ab,k}\hat{\boldsymbol{x}}_k)\\ \boldsymbol{Q}_{\hat{y}_k}&=\boldsymbol{N}_{a,k}^{-1}+\boldsymbol{N}_{a,k}^{-1}\boldsymbol{N}_{ab,k}\boldsymbol{Q}_{\hat{x}_k}\boldsymbol{N}_{ba,k}\boldsymbol{N}_{a,k}^{-1}\end{aligned}\right\} \tag{2.57}$$

式中，$\bar{\boldsymbol{L}}_{b,k}=\boldsymbol{L}_{b,k}+\boldsymbol{Q}_{\hat{x}_{k-1}}^{-1}\hat{\boldsymbol{x}}_{k-1}$，$\bar{\boldsymbol{N}}_{b,k}=\boldsymbol{N}_{b,k}+\boldsymbol{Q}_{\hat{x}_{k-1}}^{-1}$。

若在求解法方程时，先求时变参数 $\hat{\boldsymbol{y}}_k$，并通过回代解算时不变参数 $\hat{\boldsymbol{x}}_k$，可得参数的序贯平差估计为

$$\left.\begin{aligned}\hat{\boldsymbol{x}}_k&=\bar{\boldsymbol{N}}_{b,k}^{-1}(\bar{\boldsymbol{L}}_{b,k}-\boldsymbol{N}_{ba,k}\hat{\boldsymbol{y}})\\ \boldsymbol{Q}_{\hat{x}_k}&=\bar{\boldsymbol{N}}_{b,k}^{-1}+\bar{\boldsymbol{N}}_{b,k}^{-1}\boldsymbol{N}_{ba,k}\boldsymbol{Q}_{\hat{y}_k}\boldsymbol{N}_{ab,k}\bar{\boldsymbol{N}}_{b,k}^{-1}\end{aligned}\right\} \tag{2.58}$$

$$\left.\begin{aligned}\hat{\boldsymbol{y}}_k&=\boldsymbol{Q}_{\hat{y}_k}(\boldsymbol{L}_{a,k}-\boldsymbol{N}_{ab,k}\bar{\boldsymbol{N}}_{b,k}^{-1}\bar{\boldsymbol{L}}_{b,k})\\ \boldsymbol{Q}_{\hat{y}_k}^{-1}&=\boldsymbol{N}_{a,k}-\boldsymbol{N}_{ab,k}\bar{\boldsymbol{N}}_{b,k}^{-1}\boldsymbol{N}_{ba,k}\end{aligned}\right\} \tag{2.59}$$

结合估计准则式(2.54)和相应估计结果，可得单位权方差的部分序贯估计为

$$\hat{\sigma}_{0,k}^2=\frac{\boldsymbol{V}_k^{\mathrm{T}}\boldsymbol{P}_k\boldsymbol{V}_k+\overline{\boldsymbol{V}}_{\hat{x}_{k-1}}^{\mathrm{T}}\boldsymbol{Q}_{\hat{x}_{k-1}}^{-1}\overline{\boldsymbol{V}}_{\hat{x}_{k-1}}}{n_k-u_1} \tag{2.60}$$

式中，n_k 表示第 k 个历元的观测值个数。

式(2.56)至式(2.60)给出了两套逐历元递推算法，当已知观测信息 $\boldsymbol{A}_k$、$\boldsymbol{B}_k$、$\boldsymbol{L}_k$、$\boldsymbol{P}_k$ 和时不变参数先验信息 $\hat{\boldsymbol{x}}_{k-1}$、$\boldsymbol{Q}_{\hat{x}_{k-1}}^{-1}$ 时，均实现了时不变参数 $\boldsymbol{x}_k$ 的序贯平差，称为部分参数的序贯平差方法。其中，式(2.56)和式(2.57)是以 $\boldsymbol{N}_{a,k}^{-1}$ 为特点的序贯算法，式(2.58)和式(2.59)以 $\overline{\boldsymbol{N}}_{b,k}^{-1}$ 为特点的序贯算法。该算法较多历元整体平差法降低了求逆维数，可方便地用于含有两类参数的实时动态或事后动态数据处理。

显然，在上述递推算法中需要传递的先验信息为 $\hat{\boldsymbol{x}}_{k-1}$、$\boldsymbol{Q}_{\hat{x}_{k-1}}^{-1}$。因此，当第 $k-1$ 与 k 历元参数 $\hat{\boldsymbol{x}}$ 不发生变化时，可直接采用协因数矩阵的逆矩阵 $\boldsymbol{Q}_{\hat{x}_{k-1}}^{-1}$ 进行序贯平差。然而，在 GNSS 测量等应用中，周跳、失锁及卫星的升降都会导致参数 $\hat{\boldsymbol{x}}$(模糊度)发生变化，导致 $\hat{\boldsymbol{x}}_{k-1}$、$\boldsymbol{Q}_{\hat{x}_{k-1}}^{-1}$ 与 $\hat{\boldsymbol{x}}_k$、$\boldsymbol{Q}_{\hat{x}_k}^{-1}$ 不一致，不能按上述算法直接启用第 k 历元的序贯平差。对此，需通过以下两步对 $\hat{\boldsymbol{x}}_{k-1}$、$\boldsymbol{Q}_{\hat{x}_{k-1}}$ 进行变参数处理，构造新的 $\hat{\boldsymbol{x}}_{k-1}^a$、$\boldsymbol{Q}_{\hat{x}_{k-1}^a}^{-1}$ 以实现第 k 历元的序贯平差。

1.去参数处理

若有 i 颗卫星在第 k 历元发生失锁或降落地平线以下等情况，则表明需要去除卫星在 $\hat{\boldsymbol{x}}_{k-1}$、$\boldsymbol{Q}_{\hat{x}_{k-1}}$ 中相应的内容。一般地，该过程可以通过变换矩阵 $\boldsymbol{T}_d$ 实现，即

$$\left.\begin{aligned}\hat{\boldsymbol{x}}_{k-1}^d&=\boldsymbol{T}_d\hat{\boldsymbol{x}}_{k-1}\\ \boldsymbol{Q}_{\hat{x}_{k-1}^d}&=\boldsymbol{T}_d\boldsymbol{Q}_{\hat{x}_{k-1}}\boldsymbol{T}_d^{\mathrm{T}}\end{aligned}\right\} \tag{2.61}$$

式中，$\boldsymbol{T}_d$ 构造方法是先取与 $\boldsymbol{Q}_{\hat{x}_{k-1}}$ 同维单位矩阵，然后删除 i 颗卫星对应的行向量，即

$$\underset{(u_{2,k-1}-i)\times u_{2,k-1}}{\boldsymbol{T}_d}=\begin{bmatrix}\boldsymbol{I}_1 & & \\ & \not{\boldsymbol{I}}_i & \\ & & \boldsymbol{I}_2\end{bmatrix}$$

$$\boldsymbol{T}_d\boldsymbol{T}_d^{\mathrm{T}}=\underset{(u_{2,k-1}-i)\times(u_{2,k-1}-i)}{\boldsymbol{I}}$$

2.增参数处理

在去参数处理基础上，若有 j 颗卫星在第 k 历元发生周跳或从地平线升起等情况，则表明需在 $\hat{\boldsymbol{x}}_{k-1}^d$、$\boldsymbol{Q}_{\hat{x}_{k-1}^d}^{-1}$ 基础上增加卫星相应的内容。一般地，其过程可通过变换矩阵 $\boldsymbol{T}_a$ 实现，即

$$\left.\begin{aligned}\hat{\boldsymbol{x}}_{k-1}^a&=\boldsymbol{T}_a\hat{\boldsymbol{x}}_{k-1}^d\\ \boldsymbol{Q}_{\hat{x}_{k-1}^a}^{-1}&=\boldsymbol{T}_a\boldsymbol{Q}_{\hat{x}_{k-1}^d}^{-1}\boldsymbol{T}_a^{\mathrm{T}}\end{aligned}\right\} \tag{2.62}$$

式中，$\boldsymbol{T}_a$ 构造方法是先取与 $\boldsymbol{Q}_{\hat{x}_{k-1}^d}$ 同维单位矩阵，在 j 颗卫星对应处增加 j 行零向量，即

$$\underset{u_{2,k}\times(u_{2,k-1}-i)}{\boldsymbol{T}_a}=\begin{bmatrix}\boldsymbol{I}'_1 & & \\ & \underset{j}{0} & \\ & & \boldsymbol{I}'_2\end{bmatrix}$$

$$\boldsymbol{T}_a^{\mathrm{T}}\boldsymbol{T}_a=\underset{(u_{2,k-1}-i)\times(u_{2,k-1}-i)}{\boldsymbol{I}}$$

经过上述去参数和增参数两步处理后，可使得新构造的 $\hat{\boldsymbol{x}}_{k-1}^a$、$\boldsymbol{Q}_{\hat{x}_{k-1}^a}^{-1}$ 与 $\hat{\boldsymbol{x}}_k$、$\boldsymbol{Q}_{\hat{x}_k}^{-1}$ 维数一致，且有 $u_{2,k}=u_{2,k-1}-i+j$。此时，以变参数构造的 $\hat{\boldsymbol{x}}_{k-1}^a$、$\boldsymbol{Q}_{\hat{x}_{k-1}^a}^{-1}$ 代替 $\hat{\boldsymbol{x}}_{k-1}$、$\boldsymbol{Q}_{\hat{x}_{k-1}}^{-1}$，便可继续采用部分序贯平差进行第 k 历元的递推处理。

2.4.4 卡尔曼滤波

设卡尔曼滤波方程为

$$\left.\begin{aligned}\boldsymbol{X}_k&=\boldsymbol{\Phi}_k\boldsymbol{X}_{k-1}+\boldsymbol{W}_k\\ \boldsymbol{B}_k\boldsymbol{X}_k&=\boldsymbol{L}_k+\boldsymbol{V}_k\end{aligned}\right\}\tag{2.63}$$

式中，$\boldsymbol{X}_k\in\mathbb{R}^{u\times1}$，为 t_k 时刻状态向量；$\boldsymbol{\Phi}_k\in\mathbb{R}^{u\times u}$，为状态转移矩阵；$\boldsymbol{W}_k$ 为状态噪声向量；$\boldsymbol{L}_k\in\mathbb{R}^{n\times1}$，为观测向量；$\boldsymbol{B}_k\in\mathbb{R}^{n\times u}$，为设计矩阵；$\boldsymbol{V}_k$ 为残差向量。设 $\boldsymbol{\Sigma}_{W_k}$、$\boldsymbol{\Sigma}_k$ 分别为 $\boldsymbol{W}_k$、$\boldsymbol{L}_k$ 的协方差矩阵，且 $\boldsymbol{W}_k$、$\boldsymbol{W}_j$、$\boldsymbol{V}_k$、$\boldsymbol{V}_j$ 相互独立（下标 j、k 分别表示 t_j、t_k 时刻）。

记状态预测值及其方差矩阵分别为

$$\bar{\boldsymbol{X}}_k=\boldsymbol{\Phi}_k\hat{\boldsymbol{X}}_{k-1}\tag{2.64}$$

$$\boldsymbol{\Sigma}_{\bar{X}_k}=\boldsymbol{\Phi}_k\boldsymbol{\Sigma}_{\hat{X}_{k-1}}\boldsymbol{\Phi}_k^{\mathrm{T}}+\boldsymbol{\Sigma}_{W_k}\tag{2.65}$$

基于式(2.64)、式(2.65)，可建立卡尔曼滤波准则（杨元喜，2006），即

$$\boldsymbol{V}_k^{\mathrm{T}}\boldsymbol{\Sigma}_k^{-1}\boldsymbol{V}_k+(\boldsymbol{X}_k-\bar{\boldsymbol{X}}_k)^{\mathrm{T}}\boldsymbol{\Sigma}_{\bar{X}_k}^{-1}(\boldsymbol{X}_k-\bar{\boldsymbol{X}}_k)=\min\tag{2.66}$$

在上述滤波准则下，可得状态向量及其方差矩阵的最小二乘估计为

$$\hat{\boldsymbol{X}}_k=(\boldsymbol{B}_k^{\mathrm{T}}\boldsymbol{\Sigma}_k^{-1}\boldsymbol{B}_k+\boldsymbol{\Sigma}_{\bar{X}_k}^{-1})^{-1}(\boldsymbol{B}_k^{\mathrm{T}}\boldsymbol{\Sigma}_k^{-1}\boldsymbol{L}_k+\boldsymbol{\Sigma}_{\bar{X}_k}^{-1}\bar{\boldsymbol{X}}_k)\tag{2.67}$$

$$\boldsymbol{\Sigma}_{\hat{X}_k}=(\boldsymbol{B}_k^{\mathrm{T}}\boldsymbol{\Sigma}_k^{-1}\boldsymbol{B}_k+\boldsymbol{\Sigma}_{\bar{X}_k}^{-1})^{-1}\tag{2.68}$$

进一步地，由矩阵反演公式可得卡尔曼滤波增益矩阵、状态估计及其方差矩阵

$$\boldsymbol{K}_k=\boldsymbol{\Sigma}_{\bar{X}_k}\boldsymbol{B}_k^{\mathrm{T}}(\boldsymbol{B}_k\boldsymbol{\Sigma}_{\bar{X}_k}\boldsymbol{B}_k^{\mathrm{T}}+\boldsymbol{\Sigma}_k)^{-1}\tag{2.69}$$

$$\hat{\boldsymbol{X}}_k=\bar{\boldsymbol{X}}_k-\boldsymbol{K}_k(\boldsymbol{B}_k\bar{\boldsymbol{X}}_k-\boldsymbol{L}_k)\tag{2.70}$$

$$\begin{aligned}\boldsymbol{\Sigma}_{\hat{X}_k}&=(\boldsymbol{I}-\boldsymbol{K}_k\boldsymbol{B}_k)\boldsymbol{\Sigma}_{\bar{X}_k}(\boldsymbol{I}-\boldsymbol{K}_k\boldsymbol{B}_k)^{\mathrm{T}}+\boldsymbol{K}_k\boldsymbol{\Sigma}_k\boldsymbol{K}_k^{\mathrm{T}}\\&=(\boldsymbol{I}-\boldsymbol{K}_k\boldsymbol{B}_k)\boldsymbol{\Sigma}_{\bar{X}_k}\end{aligned}\tag{2.71}$$

综上所述，式(2.64)、式(2.65)、式(2.69)至式(2.71)形成了卡尔曼滤波算法。由于滤波增益矩阵 $\boldsymbol{K}_k$ 需 n 阶求逆计算，且以方差—协方差矩阵 $\boldsymbol{\Sigma}_{\bar{X}_k}$、$\boldsymbol{\Sigma}_{\hat{X}_k}$ 为特点，

故称为 n 阶卡尔曼滤波算法，其详细步骤如表 2.12 所示。

表 2.12 n 阶卡尔曼滤波算法

已知量	观测信息	$\boldsymbol{B}_k$、$\boldsymbol{L}_k$、$\boldsymbol{\Sigma}_k$
	状态信息	$\boldsymbol{\Phi}_k$、$\boldsymbol{\Sigma}_{W_k}$
初值条件	参数初值	$\hat{\boldsymbol{X}}_1$、$\boldsymbol{\Sigma}_{\hat{X}_1}$
预测量	状态预测	$\bar{\boldsymbol{X}}_k=\boldsymbol{\Phi}_k\hat{\boldsymbol{X}}_{k-1}$
	预测方差矩阵	$\boldsymbol{\Sigma}_{\bar{X}_k}=\boldsymbol{\Phi}_k\boldsymbol{\Sigma}_{\hat{X}_{k-1}}\boldsymbol{\Phi}_k^{\mathrm{T}}+\boldsymbol{\Sigma}_{W_k}$
	增益矩阵	$\boldsymbol{K}_k=\boldsymbol{\Sigma}_{\bar{X}_k}\boldsymbol{B}_k^{\mathrm{T}}(\boldsymbol{B}_k\boldsymbol{\Sigma}_{\bar{X}_k}\boldsymbol{B}_k^{\mathrm{T}}+\boldsymbol{\Sigma}_k)^{-1}$
估计量	状态估计	$\hat{\boldsymbol{X}}_k=\bar{\boldsymbol{X}}_k-\boldsymbol{K}_k(\boldsymbol{B}_k\bar{\boldsymbol{X}}_k-\boldsymbol{L}_k)$
	估计方差矩阵	$\boldsymbol{\Sigma}_{\hat{X}_k}=(\boldsymbol{I}-\boldsymbol{K}_k\boldsymbol{B}_k)\boldsymbol{\Sigma}_{\bar{X}_k}$

与序贯平差同理，利用矩阵反演公式可以导出以权矩阵 $\boldsymbol{P}_{\bar{X}_k}$、$\boldsymbol{P}_{\hat{X}_k}$ 为特点的 t 阶卡尔曼滤波算法，如表 2.13 所示。显然，当 $n<t$ 时，n 阶卡尔曼滤波少于 t 阶卡尔曼滤波的计算量；反之，t 阶卡尔曼滤波少于 n 阶卡尔曼滤波的计算量。在 GNSS 动态数据处理应用中，可根据实际情况（求逆计算复杂度）选用表 2.12 或表 2.13 中的卡尔曼滤波算法。

表 2.13 t 阶卡尔曼滤波算法

已知量	观测信息	$\boldsymbol{B}_k$、$\boldsymbol{L}_k$、$\boldsymbol{P}_k$
	状态信息	$\boldsymbol{\Phi}_k$、$\boldsymbol{P}_{W_k}$
初值条件	参数初值	$\hat{\boldsymbol{X}}_1$、$\boldsymbol{P}_{\hat{X}_1}$
预测量	状态预测	$\bar{\boldsymbol{X}}_k=\boldsymbol{\Phi}_k\hat{\boldsymbol{X}}_{k-1}$
	预测权矩阵	$\boldsymbol{P}_{\bar{X}_k}=\boldsymbol{P}_{W_k}-\boldsymbol{P}_{W_k}\boldsymbol{\Phi}_k(\boldsymbol{P}_{\hat{X}_{k-1}}+\boldsymbol{\Phi}_k^{\mathrm{T}}\boldsymbol{P}_{W_k}\boldsymbol{\Phi}_k)^{-1}\boldsymbol{\Phi}_k^{\mathrm{T}}\boldsymbol{P}_{W_k}$
	增益矩阵	$\boldsymbol{K}_k=\boldsymbol{P}_{\hat{X}_k}^{-1}\boldsymbol{B}_k^{\mathrm{T}}\boldsymbol{P}_k$
估计量	状态估计	$\hat{\boldsymbol{X}}_k=\bar{\boldsymbol{X}}_k-\boldsymbol{K}_k(\boldsymbol{B}_k\bar{\boldsymbol{X}}_k-\boldsymbol{L}_k)$
	估计权矩阵	$\boldsymbol{P}_{\hat{X}_k}=\boldsymbol{P}_{\bar{X}_k}+\boldsymbol{B}_k^{\mathrm{T}}\boldsymbol{P}_k\boldsymbol{B}_k$

第 3 章　GNSS 整周模糊度估计理论

利用 GNSS 相对定位原理进行变形监测信息提取，其关键问题之一是整周模糊度的正确固定。模糊度估计方法和可靠性理论的研究，一直都是国际 GNSS 学术研究的热点和难点。本章针对 GNSS 整周模糊度估计理论展开相关研究，主要内容安排如下：

（1）在分析非差载波相位观测模型的基础上，阐述了相对定位较非差精密单点定位在 GNSS 高精度变形监测领域的优势，并详细讨论了包括站际单差与站星际双差的相对定位方程及模糊度参数估计模型。

（2）回顾了相对定位模型的整周模糊度估计方法和可靠性理论，从序贯条件搜索和可容许整数变换两方面深入剖析了最为关注的 LAMBDA 方法，并较为全面地总结了基于传统假设检验和模糊度成功率的模糊度可靠性理论。

（3）探讨了构造可容许整数变换矩阵的高斯、楚列斯基和 LLL 降相关算法，从实数阵元素计算顺序和实数矩阵逆整顺序两方面对这三种常用降相关算法进行了改进研究，并在分析谱条件数、降相关系数和平均相关系数三种降相关评价指标的基础上提出了等效相关系数。

（4）对降相关算法及其评价指标进行仿真比较研究，结合改进降相关算法将 LAMBDA 方法应用于小湾水电站 2 号山梁高边坡 GPS 变形监测的基线向量求解，进而分析所提出算法的正确性和有效性。

3.1　模糊度参数模型

3.1.1　非差模型分析

假设接收机（测站）T_i 在接收信号时刻 t_r（接收机钟）的近似坐标为 $\boldsymbol{X}_{i,0}(t_r)$，卫星 s^j 在发射信号时刻 t_s（卫星钟）的近似坐标为 $\boldsymbol{X}_0^j(t_s)$，它们的坐标改正数向量分别记为 $\delta\boldsymbol{X}_i(t_r)$、$\delta\boldsymbol{X}^j(t_s)$，且有符号表达式为

$$\left.\begin{aligned}
\boldsymbol{X}_0^j(t_s) &= [x_0^j(t_s)\quad y_0^j(t_s)\quad z_0^j(t_s)]^{\mathrm{T}}\\
\boldsymbol{X}_{i,0}(t_r) &= [x_{i,0}(t_r)\quad y_{i,0}(t_r)\quad z_{i,0}(t_r)]^{\mathrm{T}}\\
\delta\boldsymbol{X}^j(t_s) &= [\delta x^j(t_s)\quad \delta y^j(t_s)\quad \delta z^j(t_s)]^{\mathrm{T}}\\
\delta\boldsymbol{X}_i(t_r) &= [\delta x_i(t_r)\quad \delta y_i(t_r)\quad \delta z_i(t_r)]^{\mathrm{T}}
\end{aligned}\right\}\tag{3.1}$$

在式(3.1)的符号约定下，将式(2.16)中站星几何距离 $\rho_i^j(t_s, t_r)$ 展开为一阶泰勒级数为

$$\begin{aligned}\rho_i^j(t_s, t_r) &= \rho_{i,0}^j(t_s, t_r) + \left.\frac{\partial \rho_i^j(t_s, t_r)}{\partial \boldsymbol{X}^j(t_s)}\right|_{\boldsymbol{X}_0^j} \cdot \delta \boldsymbol{X}^j(t_s) + \left.\frac{\partial \rho_i^j(t_s, t_r)}{\partial \boldsymbol{X}_i(t_s)}\right|_{\boldsymbol{X}_{i,0}} \cdot \delta \boldsymbol{X}_i(t_r) \\ &= \rho_{i,0}^j(t_s, t_r) + [l_i^j \quad m_i^j \quad n_i^j]_{(t_s, t_r)}^{\mathrm{T}} \cdot [\delta \boldsymbol{X}^j(t_s) - \delta \boldsymbol{X}_i(t_r)]\end{aligned} \tag{3.2}$$

式中，$\rho_{i,0}^j(t_s, t_r)$ 为坐标向量 $\boldsymbol{X}_0^j(t_s)$、$\boldsymbol{X}_{i,0}(t_r)$ 之间的几何距离，$[l_i^j \quad m_i^j \quad n_i^j]$ 称为测站至卫星的方向余弦向量，即有

$$\begin{bmatrix} l_i^j(t_s, t_r) \\ m_i^j(t_s, t_r) \\ n_i^j(t_s, t_r) \end{bmatrix} = \begin{bmatrix} \dfrac{x_0^j(t_s) - x_{i,0}(t_r)}{\rho_{i,0}^j(t_s, t_r)} \\ \dfrac{y_0^j(t_s) - y_{i,0}(t_r)}{\rho_{i,0}^j(t_s, t_r)} \\ \dfrac{z_0^j(t_s) - z_{i,0}(t_r)}{\rho_{i,0}^j(t_s, t_r)} \end{bmatrix}$$

将式(3.2)代入式(2.16)，同时将时刻 t_s、t_r 均记为观测历元 t，以简化符号，可得载波相位基本观测方程的线性化形式(李征航 等，2010；Teunissen et al，1998)，即

$$\begin{aligned}\varphi_i^j(t) = &\frac{\rho_{i,0}^j(t)}{\lambda} + \begin{bmatrix} l_i^j(t) \\ m_i^j(t) \\ n_i^j(t) \end{bmatrix}^{\mathrm{T}} \frac{\delta \boldsymbol{X}^j(t) - \delta \boldsymbol{X}_i(t)}{\lambda} + f[\delta t_i(t) - \delta t^j(t)] + \\ &\delta \varphi_{\mathrm{rel}}^j(t) + \delta \varphi_{i,\mathrm{ion}}^j(t) + \delta \varphi_{i,\mathrm{tro}}^j(t) + N_i^j + \delta \varphi_{i,\mathrm{n}}^j(t)\end{aligned} \tag{3.3}$$

分析线性化模型式(3.3)可知，对于静态精密定位，测站坐标改正数向量 $\delta \boldsymbol{X}_i(t)$ 和初始整周模糊度 N_i^j 固定不变，其他项均为时变项。这样，在平差计算中必然存在着大量并非实际需要的未知参数，用以模拟观测值模型中的一些系统性误差影响。然而，在平差过程中引入过多的参数往往导致法方程严重病态，降低解的精度和可靠性。此外，模型中很多时变项都难以精确参数化(包括接收机的绝对钟差、电离层延迟误差和对流层湿延迟误差等)，加之卫星轨道误差 $\delta \boldsymbol{X}^j(t)$(包括卫星天线相偏、星历误差和地球自转影响)和测站坐标改正数向量 $\delta \boldsymbol{X}_i(t)$ 完全无法分离，极大地影响了定位精度。

目前，高精度载波相位定位的数据处理方式及相应理论方法包括两种，即非差精密单点定位和精密相对定位(李征航 等，2009；Teunissen et al，1998)。前者通过同距异频组合观测值或者同距码频组合观测值消除一些难以精确参数化的误差项，后者通过同频异距组合观测值(差分)或者异频异距组合观测值消除或削弱难以精确参数化的误差项，亦即通常的相对定位。两者的难点均是模糊度参数的正确固定。此外，就当前精度水平而言，非差精密单点定位可达厘米级精度，低于相

对定位的毫米级精度，因而后者在高精度变形监测领域中应用尤为广泛。

3.1.2　站际单差模型

若测站 T_1、T_2 在观测历元 t 同步观测卫星 s^j，则对不同测站与卫星的载波相位观测值求差即为站际单差观测方程，并以 T_1 为已知点，由式(3.3)可得(李征航 等，2010)

$$\varphi_{12}^{j}(t)=\frac{\rho_{12,0}^{j}(t)}{\lambda}+\begin{bmatrix} l_{12}^{j}(t)\\ m_{12}^{j}(t)\\ n_{12}^{j}(t)\end{bmatrix}^{\mathrm{T}}\frac{\delta \boldsymbol{X}^{j}(t)}{\lambda}-\begin{bmatrix} l_{2}^{j}(t)\\ m_{2}^{j}(t)\\ n_{2}^{j}(t)\end{bmatrix}^{\mathrm{T}}\frac{\delta \boldsymbol{X}_{2}(t)}{\lambda}+ f\cdot\delta t_{12}(t)+\delta\varphi_{12,\mathrm{ion}}^{j}(t)+\delta\varphi_{12,\mathrm{tro}}^{j}(t)+N_{12}^{j}+\delta\varphi_{12,\mathrm{n}}^{j}(t) \tag{3.4}$$

式中，$*_{12}^{j}(t)$表示站际单差算子，其中第一个下标为基站编号，$\delta t_{12}(t)=\delta t_2(t)-\delta t_1(t)$。

比较式(3.3)和式(3.4)可知，站际单差消除了卫星钟差和相对论效应影响，大大削弱了卫星轨道误差，减小了电离层和对流层延迟误差。当基线较短时(一般以 20 km 作为短基线限制，变形监测领域普遍在 10 km 以内)，误差削弱效果更为明显(Teunissen et al，1998)。

如果电离层延迟误差利用模型或同距异频组合观测值进行了改正，同时对流层延迟误差也根据实测大气资料利用模型进行了改正，则模型改正后残差影响在短基线情况下具有很强的相关性，站际单差可以将它们基本消除，即

$$\left.\begin{aligned}\delta\varphi_{12,\mathrm{ion}}^{j}(t)&\approx-\Delta\varphi_{12,\mathrm{ion}}^{j}(t)\\ \delta\varphi_{12,\mathrm{tro}}^{j}(t)&\approx-\Delta\varphi_{12,\mathrm{tro}}^{j}(t)\end{aligned}\right\} \tag{3.5}$$

式中，$\Delta\varphi_{12,*}(t)$表示相应模型改正量的站际单差。

此外，对于短基线精密定位情况，式(3.4)可允许 20 m 左右的卫星轨道误差。因此，当测站同步观测 n 颗卫星，在静态短基线单差模式下可得含有模糊度参数的误差方程组，即

$$\overline{\boldsymbol{V}}=\overline{\boldsymbol{B}}\cdot\overline{\boldsymbol{X}}_b+\overline{\boldsymbol{A}}\cdot\overline{\boldsymbol{X}}_a+\overline{\boldsymbol{L}} \tag{3.6}$$

式中

$$\left.\begin{aligned}\underset{1\leqslant j\leqslant n}{\overline{\boldsymbol{B}}}(j,:)&=[l_2^j(t)\quad m_2^j(t)\quad n_2^j(t)\quad -1]\\ \overline{\boldsymbol{A}}&=-\boldsymbol{I}_n\\ \overline{\boldsymbol{X}}_b&=[\delta x_2\quad \delta y_2\quad \delta z_2\quad \delta t_{12}(t)]^{\mathrm{T}}\\ \overline{\boldsymbol{X}}_a&=[N_{12}^1\quad N_{12}^2\quad \cdots\quad N_{12}^n]^{\mathrm{T}}\\ \underset{1\leqslant j\leqslant n}{\overline{\boldsymbol{L}}}(j,:)&=\frac{\varphi_{12}^j(t)+\Delta\varphi_{12,\mathrm{ion}}^j(t)+\Delta\varphi_{12,\mathrm{tro}}^j(t)-\rho_{12,0}^j(t)}{\lambda}\end{aligned}\right\}$$

其中，$\underset{1\leqslant j\leqslant n}{\overline{\boldsymbol{B}}}(j,:)$表示矩阵 $\overline{\boldsymbol{B}}$ 的第 j 行行向量。

误差方程组式(3.6)是单个历元的情况。若基线两端测站对 n 颗卫星同步观

测的历元数为n_t，则待求参数为$n+n_t+3$，观测值误差方程数为$n\cdot n_t$。当同步观测4颗卫星时，至少需要3个观测历元才有冗余载波相位观测值以确定模型参数的平差值。此外，与常规最小二乘求解不同，平差过程中因顾及模糊度参数$\boldsymbol{X}_a$的整数约束需采用整数最小二乘理论。

3.1.3 站星际双差模型

若测站T_1、T_2在观测历元t同步观测两颗卫星s^j、s^k，则对不同卫星的站际载波相位单差观测模型进行星际求差即为站星际双差观测方程，由式(3.4)可得(李征航 等，2010)

$$\varphi_{12}^{jk}(t)=\begin{bmatrix} l_{12}^{k}(t) \\ m_{12}^{k}(t) \\ n_{12}^{k}(t) \end{bmatrix}^{\mathrm{T}} \frac{\delta\boldsymbol{X}^{k}(t)}{\lambda}-\begin{bmatrix} l_{12}^{j}(t) \\ m_{12}^{j}(t) \\ n_{12}^{j}(t) \end{bmatrix}^{\mathrm{T}} \frac{\delta\boldsymbol{X}^{j}(t)}{\lambda}-\begin{bmatrix} l_{2}^{jk}(t) \\ m_{2}^{jk}(t) \\ n_{2}^{jk}(t) \end{bmatrix}^{\mathrm{T}} \frac{\delta\boldsymbol{X}_{2}(t)}{\lambda}+ \frac{\rho_{12,0}^{jk}(t)}{\lambda}+\delta\varphi_{12,\mathrm{ion}}^{jk}(t)+\delta\varphi_{12,\mathrm{tro}}^{jk}(t)+N_{12}^{jk}+\delta\varphi_{12,\mathrm{n}}^{jk}(t) \tag{3.7}$$

式中，$*_{12}^{jk}(t)$表示站星际双差算子，其中第一个下标为基站编号，第一个上标为参考星编号。

比较式(3.4)和式(3.7)可知，站星际双差在站际单差的基础上进一步消除了接收机钟差影响，减小了电离层延迟和对流层延迟误差影响。对于短基线情况，认为不同卫星的大气折射延迟站际单差具有较强的相关性，进一步的星际单差可将它们基本消除，即

$$\left.\begin{aligned} \delta\varphi_{12,\mathrm{ion}}^{jk}(t)\approx 0 \\ \delta\varphi_{12,\mathrm{tro}}^{jk}(t)\approx 0 \end{aligned}\right\} \tag{3.8}$$

此外，由于短基线情况下不同卫星的方向余弦站际单差具有较强的相关性，式(3.7)中第一项和第二项之差可使卫星轨道的系统性误差进一步得到削弱。因此，当测站同步观测n颗卫星且参考卫星记为s^n时，在静态短基线双差模式下可得含有模糊度参数的误差方程组为

$$\widetilde{\boldsymbol{V}}=\widetilde{\boldsymbol{B}}\cdot\widetilde{\boldsymbol{X}}_b+\widetilde{\boldsymbol{A}}\cdot\widetilde{\boldsymbol{X}}_a+\widetilde{\boldsymbol{L}} \tag{3.9}$$

式中

$$\left.\begin{aligned} \underset{1\leqslant j\leqslant n-1}{\widetilde{\boldsymbol{B}}}(j,:)&=\begin{bmatrix} l_{2}^{nj}(t) & m_{2}^{nj}(t) & n_{2}^{nj}(t) \end{bmatrix} \\ \widetilde{\boldsymbol{A}}&=-\boldsymbol{I}_{n-1} \\ \widetilde{\boldsymbol{X}}_b&=\delta\boldsymbol{X}_2^{\mathrm{T}} \\ \widetilde{\boldsymbol{X}}_a&=\begin{bmatrix} N_{12}^{n1} & N_{12}^{n2} & \cdots & N_{12}^{n(n-1)} \end{bmatrix}^{\mathrm{T}} \\ \underset{1\leqslant j\leqslant n-1}{\widetilde{\boldsymbol{L}}}(j,:)&=\frac{\varphi_{12}^{nj}(t)-\rho_{12,0}^{nj}(t)}{\lambda} \end{aligned}\right\}$$

误差方程组式(3.9)是单个历元的情况。若基线两端测站对 n 颗卫星同步观测的历元数为 n_t，待求参数数量为 $n+2$，观测值误差方程数量为 $(n-1)\cdot n_t$。当同步观测 4 颗卫星时，至少需要 3 个观测历元才有冗余载波相位观测值以确定模型参数的平差值。与单差模型一样，双差模型也需采用整数最小二乘理论，以顾及模糊度参数 $\widetilde{\boldsymbol{X}}_a$ 的整周特性。

3.2　模糊度估计及可靠性

3.2.1　现有方法回顾

在站际单差模型和站星际双差模型中，模糊度参数的准确和快速求解对于获得高精度基线向量解、缩短观测时间以提高作业效率和开拓精密定位应用的领域等都极其重要。因此，对整周模糊度解算方法的研究得到接收机制造厂家、高校和科研机构工作人员及广大接收机用户的广泛重视，发展极为迅速。

模糊度估计理论包括估计方法和可靠性评价两部分。对于可靠性的评价，目前有假设检验和成功率两种方法。从数据处理方法和结果分析，整周模糊度固定解的可靠性主要取决于观测值的数据冗余度、站星几何图形强度和使用的估计方法。在数据冗余度和几何图形强度足够佳的情况下，复杂多变环境下的大气折射影响残余和多路径效应等是影响整周模糊度正确估计的重要因素。在相同数据冗余度和几何图形强度的情况下，不同估计方法得到的整周模糊度固定解的可靠性则充分体现了相应方法的优劣。目前，国内外学者提出的各种整周模糊度估计方法可分为两大类，如表 3.1 所示。

表 3.1　整周模糊度估计方法

类别	直接求解			间接求解
	基于坐标域	基于观测域	基于模糊度域	
代表方法	模糊度函数法	异频异距组合法	LAMBDA	天线交换法
搜索技术特点	独立搜索	无搜索	相关搜索	无搜索

间接求解是先通过一定的方法消除整周模糊度参数，然后估计余下的实数特性参数的基线向量，进而确定整周模糊度。可实现这一目的的方法主要有三差法和交换天线法，后者较前者能够更为有效地保障解算基线向量的精度，因而得到了实际应用，其不足是外业数据采集需要人工干预。

直接求解是基于已知信息通过一定的数学方法直接求解整周模糊度，根据对已知信息利用方式的不同可细分为基于坐标域、基于观测域和基于模糊度域的解算方法(Kim et al，2000)。基于坐标域的代表方法是模糊度函数法(ambiguity function method,AFM),AFM利用正弦和余弦函数对 2π 整数倍的不敏感特性,在不同的坐标区域内计算模糊度函数值,当所搜索坐标与真实值的较差最小时,模糊度函数达到极值,此时将坐标反算可得整周模糊度。该方法不足是要求初始坐标精度较高。基于观测域的典型代表方法是异频双差组合观测值方法,该方法利用观测值线性组合获得宽巷观测值以利于模糊度快速准确固定,其关键在于产生宽波长组合的同时要求组合观测值具有较小的误差。基于模糊度域的方法较多,如快速模糊度法(fast ambiguity resolution approach,FARA)、优化楚列斯基分解法(modified cholesky decomposition method,MCDM)、快速模糊度滤波(fast ambiguity search filter,FASF)、模糊度最优估计法(optimal method for estimating GPS ambiguities,OMEGA)和最小二乘模糊度降相关法(least-squares ambiguity decorrelation adjustment,LAMBDA)(Teunissen,1995)。在众多整周模糊度估计方法中,以荷兰学者特尼森(Teunissen)基于整数最小二乘原理提出的LAMBDA方法最具代表,并成为精密定位理论及应用研究的热点之一(周扬眉,2003;Teunissen,1995,1997,2002)。

3.2.2 LAMBDA估计方法

1. 整数最小二乘原理

对于站际单差模型和站星际双差模型,其共同的特点是模型参数均包括非整数和整数特性两类参数,因此将式(3.6)和式(3.9)统一表示为

$$\boldsymbol{V}=\boldsymbol{B}\cdot\boldsymbol{X}_b+\boldsymbol{A}\cdot\boldsymbol{X}_a+\boldsymbol{L} \tag{3.10}$$

式中,$\boldsymbol{X}_b\in\mathbb{R}^p$ 表示基线向量(实数特性参数),$\boldsymbol{X}_a\in\mathbb{Z}^n$ 表示整周模糊度(整数特性参数),$\boldsymbol{B}$、$\boldsymbol{A}$ 表示相应参数的设计矩阵,$\boldsymbol{L}$ 表示观测值向量,$\boldsymbol{V}\sim\mathrm{N}(0,\boldsymbol{D}_{\boldsymbol{L}})$ 表示正态分布误差向量。

式(3.10)的参数求解可归结为基于式(3.11)的目标约束的最小极值问题,即

$$\min_{(\boldsymbol{X}_b,\boldsymbol{X}_a)}\|\boldsymbol{B}\cdot\boldsymbol{X}_b+\boldsymbol{A}\cdot\boldsymbol{X}_a+\boldsymbol{L}\|_{\boldsymbol{D}_{\boldsymbol{L}}^{-1}} \tag{3.11}$$

式中,$\|\cdot\|_{\boldsymbol{D}_{\boldsymbol{L}}^{-1}}$ 表示 $(\cdot)^{\mathrm{T}}\boldsymbol{D}_{\boldsymbol{L}}^{-1}(\cdot)$。

常规的最小二乘平差方法只能求得模型参数的浮点解 $\hat{\boldsymbol{X}}_b\in\mathbb{R}^p$,$\hat{\boldsymbol{X}}_a\in\mathbb{R}^n$,而式(3.11)由于存在整周模糊度参数是一个具有整数约束条件的最小二乘问题,即整数最小二乘问题。为此,需要将目标函数式(3.11)进行正交分解,得

$$\min_{(\boldsymbol{X}_b,\boldsymbol{X}_a)}=\|\hat{\boldsymbol{V}}\|_{\boldsymbol{D}_{\boldsymbol{L}}^{-1}}+\|\hat{\boldsymbol{X}}_{b|a}-\boldsymbol{X}_b\|_{\boldsymbol{D}_{\hat{b}|a}^{-1}}+\|\hat{\boldsymbol{X}}_a-\boldsymbol{X}_a\|_{\boldsymbol{D}_{\hat{a}}^{-1}} \tag{3.12}$$

式中,$\hat{\boldsymbol{V}}$ 表示常规最小二乘估计得到的残差向量,$\hat{\boldsymbol{X}}_{b|a}$ 表示以 $\boldsymbol{X}_a$ 为条件的常规最小二乘基线向量解,$\boldsymbol{D}_{b|a}$ 为 $\hat{\boldsymbol{X}}_{b|a}$ 的方差—协方差矩阵,$\boldsymbol{D}_{\hat{a}}$ 为浮点解 $\hat{\boldsymbol{X}}_a$ 的方差—协方差矩阵。

式(3.12)表明,若不顾及 $\boldsymbol{X}_a$ 的整数特性,则由正交性条件可知等式右端后两项

均为零,即有$\|\boldsymbol{B}\cdot\hat{\boldsymbol{X}}_b+\boldsymbol{A}\cdot\hat{\boldsymbol{X}}_a+\boldsymbol{L}\|_{\boldsymbol{D}_L^{-1}}=\|\hat{\boldsymbol{V}}\|_{\boldsymbol{D}_L^{-1}}$。但在整周模糊度参数的整数约束下,最后求得的固定解为$\check{\boldsymbol{X}}_{b|a}\in\mathbb{R}^p$、$\check{\boldsymbol{X}}_a\in\mathbb{Z}^n$,此时得式(3.12)的整数最小二乘极值函数为

$$\min_{(\check{X}_b,\check{X}_a)}=\|\check{\boldsymbol{V}}\|_{\boldsymbol{D}_L^{-1}}=\|\hat{\boldsymbol{V}}\|_{\boldsymbol{D}_L^{-1}}+\|\hat{\boldsymbol{X}}_a-\check{\boldsymbol{X}}_a\|_{\boldsymbol{D}_{\hat{a}}^{-1}} \tag{3.13}$$

由式(3.13)可知,整数最小二乘极值问题可分三步进行。首先采用常规最小二乘平差得到参数浮点解$\hat{\boldsymbol{X}}_b$、$\hat{\boldsymbol{X}}_a$及其方差—协方差矩阵$\boldsymbol{D}_{\hat{b}}$、$\boldsymbol{D}_{\hat{a}}$、$\boldsymbol{D}_{\hat{b}\hat{a}}$,其次基于模糊度浮点解及方差矩阵利用式(3.13)为目标函数进行整周模糊度搜索,最后在整周模糊度固定$\check{\boldsymbol{X}}_a$的条件下求得实参数固定解$\check{\boldsymbol{X}}_b$及方差矩阵$\boldsymbol{D}_{\check{b}}$,且有

$$\left.\begin{aligned}\check{\boldsymbol{X}}_b&=\hat{\boldsymbol{X}}_b-\boldsymbol{D}_{\hat{b}}^{-1}\boldsymbol{D}_{\hat{b}\hat{a}}(\hat{\boldsymbol{X}}_a-\check{\boldsymbol{X}}_a)\\ \boldsymbol{D}_{\check{b}}&=\boldsymbol{D}_{\hat{b}}-\boldsymbol{D}_{\hat{b}\hat{a}}\boldsymbol{D}_{\hat{a}}^{-1}\boldsymbol{D}_{\hat{b}\hat{a}}^{\mathrm{T}}\end{aligned}\right\} \tag{3.14}$$

式(3.14)表明,实参数固定解的精度由于第二步整周模糊度的整数固定得到了提高,由此可见整数最小二乘搜索方法的重要性和必要性。应说明的是,在上述整数最小二乘极值问题的三步求解过程中,第一步和第三步通过具体直接的表达式计算,但第二步没有解析解,一般通过模糊度搜索方法实现。

2. LAMBDA 方法及等价实现

整周模糊度的整数特性使得式(3.13)极值问题没有统一的计算表达式,一般基于构造的 n 维椭球通过离散搜索方法实现。但由于模糊度参数之间常常是高度相关的,故式(3.13)极值问题的离散搜索是一个计算量大、非常耗时的过程。为快速正确固定整周模糊度,荷兰学者特尼森(Teunissen)提出了基于序贯条件最小二乘搜索的 LAMBDA 方法,该方法是通过序贯条件最小二乘构建新的模糊度目标函数以提高整周模糊度离散搜索效率。

根据平差理论可知,模糊度序贯条件最小二乘估计为

$$\hat{\boldsymbol{X}}_a(i\,|\,I)=\frac{\hat{\boldsymbol{X}}_a(i)-\sum_{j=1}^{i-1}\sigma_{\hat{X}_a(i,j\,|\,J)}\left[\hat{\boldsymbol{X}}_a(j\,|\,J)-\boldsymbol{X}_a(j)\right]}{\sigma_{\hat{X}_a(j\,|\,J,j\,|\,J)}} \tag{3.15}$$

式中,$\hat{\boldsymbol{X}}_a(i\,|\,I)$为$\hat{\boldsymbol{X}}_a(i\,|\,(i-1,\cdots,1))$的简记符号,表示以前面 $i-1$ 个模糊度参数固定到整数值为条件的最小二乘模糊度,$\sigma_{\hat{X}_a(j,j\,|\,J)}$表示最小二乘模糊度$\hat{\boldsymbol{X}}_a(j)$与序贯条件最小二乘模糊度$\hat{\boldsymbol{X}}_a(j\,|\,J)$的协方差,$\sigma_{\hat{X}_a(i,j)}$表示最小二乘模糊度$\hat{\boldsymbol{X}}_a(i)$与$\hat{\boldsymbol{X}}_a(j)$的协方差,即矩阵$\boldsymbol{D}_{\hat{a}}$的第 i 行第 j 列元素$\boldsymbol{D}_{\hat{a}}(i,j)$,且有

$$\left.\begin{aligned}\sigma_{\hat{X}_a(j\,|\,J,j\,|\,J)}&=\frac{\sigma_{\hat{X}_a(j,j)}-\sum_{k=1}^{j-1}\sigma^2_{\hat{X}_a(j,k\,|\,K)}}{\sigma_{\hat{X}_a(k\,|\,K,k\,|\,K)}}\\ \sigma_{\hat{X}_a(i,j\,|\,J)}&=\frac{\sigma_{\hat{X}_a(i,j)}-\sum_{k=1}^{j-1}\sigma_{\hat{X}_a(i,k\,|\,K)}\sigma_{\hat{X}_a(j,k\,|\,K)}}{\sigma_{\hat{X}_a(k\,|\,K,k\,|\,K)}}\end{aligned}\right\} \tag{3.16}$$

由式(3.15)可知，$\sigma_{\hat{X}_a(i|I,j|J)}=0(i\neq j)$，即序贯条件最小二乘模糊度之间不相关，因而序贯条件最小二乘模糊度方差矩阵为一个对角矩阵 $\boldsymbol{D}_{\hat{a}|}$，此时得式(3.13)的等价极值函数为

$$\min_{\boldsymbol{X}_a}\|\hat{\boldsymbol{X}}_a-\boldsymbol{X}_a\|_{\boldsymbol{D}_{\hat{a}}^{-1}}\Leftrightarrow\min_{\boldsymbol{X}_a}\sum_{i=1}^{n}\|\hat{\boldsymbol{X}}_{a|}-\boldsymbol{X}_a\|_{\boldsymbol{D}_{\hat{a}|}^{-1}} \tag{3.17}$$

式中，$\hat{\boldsymbol{X}}_{a|}$ 表示序贯条件最小二乘模糊度向量，且 $\hat{\boldsymbol{X}}_{a|}=[\cdots,\hat{\boldsymbol{X}}_a(i|I),\cdots]^{\mathrm{T}}$；$\boldsymbol{D}_{\hat{a}|}$ 表示序贯条件最小二乘模糊度方差矩阵，且 $\boldsymbol{D}_{\hat{a}|}(i,i)=\sigma_{\hat{X}_a(i|I,i|I)}$。

式(3.17)中 $\hat{\boldsymbol{X}}_a(i|I)$ 是基于前 $i-1$ 个模糊度计算得到，因此直接对各序贯条件最小二乘模糊度 $\hat{\boldsymbol{X}}_a(i|I)$ 取圆整不一定为目标函数极值解，仍需要通过搜索方法得到。但式(3.17)右端序贯条件平差准则可使单个模糊度搜索范围严格紧凑，从而提高搜索效率。由此可知 LAMBDA 方法的核心是序贯条件最小二乘原理。

此外，若将式(3.15)中序贯条件最小二乘模糊度计算式的两端同时减去第 i 个模糊度真值 $\boldsymbol{X}_a(i)$，并扩展为向量—矩阵形式，则有

$$\left.\begin{aligned}\hat{\boldsymbol{X}}_a-\boldsymbol{X}_a&=\boldsymbol{L}\,[\hat{\boldsymbol{X}}_{a|}-\boldsymbol{X}_a]\\ \boldsymbol{D}_{\hat{a}}&=\boldsymbol{L}\boldsymbol{D}_{\hat{a}|}\boldsymbol{L}^{\mathrm{T}}\end{aligned}\right\} \tag{3.18}$$

式中，$\boldsymbol{L}$ 表示下三角单位矩阵，且 $\boldsymbol{L}(i,j)=\sigma_{\hat{X}_a(i,j|J)}/\sigma_{\hat{X}_a(j|J,j|J)}$。

分析式(3.18)可知，对模糊度方差矩阵 $\boldsymbol{D}_{\hat{a}}$ 进行单位下三角分解即可得到序贯条件整周模糊度方差矩阵 $\boldsymbol{D}_{\hat{a}|}$，而无需由式(3.15)基于协方差传播定律各个计算，表明序贯条件最小二乘与模糊度方差矩阵分解之间的等价性。因此，若基于式(3.18)分解思想利用可容许整数变换矩阵 $\boldsymbol{Z}$ 对模糊度及方差矩阵进行降相关的可逆转换，代入式(3.17)可得新的等价极值函数为

$$\min_{\boldsymbol{X}_a}\|\hat{\boldsymbol{X}}_a-\boldsymbol{X}_a\|_{\boldsymbol{D}_{\hat{a}}^{-1}}\Leftrightarrow\min_{\boldsymbol{X}_z}\|\hat{\boldsymbol{X}}_z-\boldsymbol{X}_z\|_{\boldsymbol{D}_{\hat{z}}^{-1}} \tag{3.19}$$

式中，$\boldsymbol{X}_z=\boldsymbol{Z}\boldsymbol{X}_a$，$\hat{\boldsymbol{X}}_z=\boldsymbol{Z}\hat{\boldsymbol{X}}_a$，$\boldsymbol{D}_{\hat{z}}=\boldsymbol{Z}^{\mathrm{T}}\boldsymbol{D}_{\hat{a}}\boldsymbol{Z}$，如取单位下三角矩阵 $\boldsymbol{Z}=[\boldsymbol{L}^{-1}]_{\mathrm{int}}$。其中，$[\ ]_{\mathrm{int}}$ 表示圆整函数。

比较式(3.19)中两准则可知，左端整周模糊度候选解为 $\boldsymbol{X}_a\in\mathbb{Z}^n$，而右端经 $\boldsymbol{Z}$ 变换后整周模糊度候选解为 $\boldsymbol{X}_z\in\mathbb{Z}^n$。$\boldsymbol{Z}$ 变换目的是使 $\boldsymbol{D}_{\hat{z}}$ 趋于对角矩阵，从而在变换域内达到整周模糊度 $\boldsymbol{X}_z$ 相关性弱化、模糊度搜索区域圆球化及模糊度有效候选解减少。LAMBDA 方法的具体实现正是基于可容许整数变换 $\boldsymbol{Z}$ 降低模糊度参数之间的相关性，继而进行更为严格紧凑的条件搜索，有效提高了整周模糊度正确固定的效率和可靠性。

3.2.3 模糊度可靠性理论

1. 传统假设检验

由式(3.14)理论分析可知，即使整周模糊度固定解不正确，相应的基线固定解

较浮点解的精度仍会得到改善。因此，在得到整周模糊度固定解之后，必须对模糊度固定解进行确认检验和可靠性评价，以考察定位结果的正确性。换言之，完整的整周模糊度解算应该包括模糊度估计和确认检验两部分。国内外学者对第二部分做了许多工作，大多是采用统计学上传统的假设检验理论进行确认，其检验过程归纳起来有如下三步(Verhagen，2004，2005；Wang et al，2000)：

(1)实参数和整周模糊度浮点解的正确性检验。常用的统计检验条件为

$$\frac{\|\hat{\boldsymbol{V}}\|_{\boldsymbol{D}_L^{-1}}}{(r\cdot\sigma_0^2)}<\Gamma_\alpha(r,\infty) \tag{3.20}$$

式中，σ_0^2 表示先验单位权方差，r 表示观测值自由度，α 表示选取的 Γ 分布置信水平。当这个条件满足时，认为所求得的实参数和模糊度的浮点解是正确的；否则，认为观测数据中存在粗差或周跳，或者忽略了一些几何或物理的系统误差影响。

(2)模糊度浮点解和固定解的无显著差异性检验。常用的统计检验条件为

$$\frac{\|\hat{\boldsymbol{X}}_a-\breve{\boldsymbol{X}}_a\|_{\boldsymbol{D}_{\hat{a}}^{-1}}}{(n\cdot\sigma_0^2)}<\Gamma_\alpha(n,\infty) \tag{3.21}$$

式中，$\hat{\boldsymbol{X}}_a\in\mathbb{R}^n$，$\breve{\boldsymbol{X}}_a\in\mathbb{Z}^n$。当这个条件满足时，认为可以接受整周模糊度固定解，但不能排除存在另一个整周模糊度固定解也满足这个条件。

(3)整周模糊度的最优固定解 $\breve{\boldsymbol{X}}_a$ 与次优固定解 $\breve{\boldsymbol{X}}'_a$ 的比较检验，即整周模糊度固定解的确认检验。该项检验条件目前还是个开放性的研究问题，近年来国内外学者提出的模糊度确认检验条件主要有 Ratio 经验比、F 统计量和 t 统计量，即

$$\frac{\|\hat{\boldsymbol{X}}_a-\breve{\boldsymbol{X}}'_a\|_{\boldsymbol{D}_{\hat{a}}^{-1}}}{\|\hat{\boldsymbol{X}}_a-\breve{\boldsymbol{X}}_a\|_{\boldsymbol{D}_{\hat{a}}^{-1}}}>2 \tag{3.22}$$

$$\frac{\|\hat{\boldsymbol{V}}\|_{\boldsymbol{D}_L^{-1}}+\|\hat{\boldsymbol{X}}_a-\breve{\boldsymbol{X}}'_a\|_{\boldsymbol{D}_{\hat{a}}^{-1}}}{\|\hat{\boldsymbol{V}}\|_{\boldsymbol{D}_L^{-1}}+\|\hat{\boldsymbol{X}}_a-\breve{\boldsymbol{X}}_a\|_{\boldsymbol{D}_{\hat{a}}^{-1}}}>\Gamma_\alpha(n'-p,n'-p) \tag{3.23}$$

$$\frac{r\cdot(\breve{\boldsymbol{X}}'_a-\breve{\boldsymbol{X}}_a)^{\mathrm{T}}\boldsymbol{Q}_{\hat{\boldsymbol{X}}_a}^{-1}(2\hat{\boldsymbol{X}}_a-\breve{\boldsymbol{X}}'_a-\breve{\boldsymbol{X}}_a)}{2\|\hat{\boldsymbol{V}}\|_{\boldsymbol{D}_L^{-1}}\sqrt{\|\breve{\boldsymbol{X}}'_a-\breve{\boldsymbol{X}}_a\|_{\boldsymbol{D}_{\hat{a}}^{-1}}}}>t_\alpha(r) \tag{3.24}$$

式中，n'表示观测值总数。

应该指出的是，第二步中忽略了整周模糊度固定解的统计性质，第三步中没有考虑整周模糊度最优固定解和次优固定解的统计相关性。因此，上述基于假设检验理论的三步法因忽略了整周模糊度的随机特性而存在理论缺陷，只能得到近似和粗略的检验结果。

2. 模糊度成功率

为探讨更严密的模糊度固定解正确性的评价方法，本节在介绍模糊度归整域的概念和可容许整数估计的基础上，讨论模糊度成功率的概念及其计算公式

(Teunissen,1998,2000,2003)。

基于整周模糊度浮点解 $\hat{\boldsymbol{X}}_a$ 搜索相应的整周模糊度固定解 $\check{\boldsymbol{X}}_a$,这个计算过程的数学含义是整周模糊度从实数空间$\mathbb{R}^n$ 向整数空间$\mathbb{Z}^n$ 的映射,记为 $\check{\boldsymbol{X}}_a=F(\hat{\boldsymbol{X}}_a)$。由于整数空间$\mathbb{Z}^n$ 相对实数空间$\mathbb{R}^n$ 的离散特性,映射 F 应是多对一的映射。换言之,不同的整周模糊度浮点解向量可投影到相同的整周模糊度整数解向量。因此,对于每个整周模糊度整数解向量 $\boldsymbol{z}\in\mathbb{Z}^n$,均可找到一个整周模糊度实数解向量子集 $S_z\subset\mathbb{R}^n$,可表示为

$$S_z=\{\boldsymbol{x}\in\mathbb{R}^n\,|\,\boldsymbol{z}\in F(\boldsymbol{x})\} \tag{3.25}$$

式(3.25)表明,子集 S_z 可被 F 映射到同一个整数向量 $\boldsymbol{z}\in\mathbb{Z}^n$,该子集被定义为归整域。若严格赋予映射 F"模糊度可容许整数估计"意义,归整域 S_z 应满足

$$\left.\begin{array}{l}\bigcup_{z\in\mathbb{Z}^n}S_z=\mathbb{R}^n\\ S_{z_1}\cap S_{z_2}=\varnothing,\ \forall\,\boldsymbol{z}_1,\boldsymbol{z}_2\in\mathbb{Z}^n,\boldsymbol{z}_1\neq\boldsymbol{z}_2\\ S_z=\boldsymbol{z}+S_0,\ \forall\,\boldsymbol{z}\in\mathbb{Z}^n\end{array}\right\} \tag{3.26}$$

式中,第一个条件为全覆盖条件,表示归整域 S_z 覆盖整个实数空间$\mathbb{R}^n$,保证每个整周模糊度的浮点解都能投影到整数空间$\mathbb{Z}^n$;第二个条件为无交叠条件,表示相邻归整域之间不允许出现交叠,确保每个整周模糊度的浮点解仅能投影到一个整数向量;第三个条件为整数向量平移条件,表示当整周模糊度的浮点解被一个整数向量平移时,相应的整数解也被同样平移,使得整周模糊度固定及成功率估计变得简便。

基于式(3.26)约束条件下模糊度的归整域,可以方便地给出模糊度整数估计实现的数学表达式为

$$\check{\boldsymbol{X}}_a=\sum\nolimits_{\boldsymbol{X}_a\in\mathbb{Z}^n}\boldsymbol{X}_a\cdot\delta_a(\hat{\boldsymbol{X}}_a) \tag{3.27}$$

式中,当 $\hat{\boldsymbol{X}}_a\in S_a$ 时,$\delta_a(\hat{\boldsymbol{X}}_a)=1$;当 $\hat{\boldsymbol{X}}_a\notin S_a$ 时,$\delta_a(\hat{\boldsymbol{X}}_a)=0$。其中,$S_a$ 为 $S_{\boldsymbol{X}_a}$ 的简记。

由式(3.27)可知,$\check{\boldsymbol{X}}_a=\boldsymbol{X}_a\Leftrightarrow\hat{\boldsymbol{X}}_a\in S_a$,进而得概率 $P(\check{\boldsymbol{X}}_a=\boldsymbol{X}_a)=P(\hat{\boldsymbol{X}}_a\in S_a)$,据此可将整周模糊度整数解 $\check{\boldsymbol{X}}_a$ 固定为真值 $\boldsymbol{X}_a$ 的概率定义为模糊度成功率,即

$$P(\bar{\boldsymbol{X}}_a=\boldsymbol{X}_a)=\int_{S_a}p_{\hat{a}}(\boldsymbol{x})\,\mathrm{d}\boldsymbol{x} \tag{3.28}$$

式中,$p_{\hat{a}}(\boldsymbol{x})$ 表示模糊度浮点解 $\hat{\boldsymbol{X}}_a$ 的概率密度函数。

从线性模型参数估计理论分析,由于观测误差向量为正态分布 $\boldsymbol{V}\sim N\{0,\boldsymbol{D}_L\}$,其估计量也应为正态分布 $\hat{\boldsymbol{X}}_a\sim N\{\boldsymbol{X}_a,\boldsymbol{D}_{\hat{a}}\}$。因此,基于式(3.28)并顾及式(3.26)中的整数向量平移条件,可得模糊度成功率为

$$\begin{aligned}P(\check{\boldsymbol{X}}_a=\boldsymbol{X}_a)&=\int_{S_a}(2\pi)^{-\frac{n}{2}}\sqrt{\det(\boldsymbol{D}_{\hat{a}}^{-1})}\exp\left\{-\frac{1}{2}\|\boldsymbol{x}-\boldsymbol{X}_a\|_{\boldsymbol{D}_{\hat{a}}^{-1}}\right\}\mathrm{d}\boldsymbol{x}\\&=\int_{S_0}(2\pi)^{-\frac{n}{2}}\sqrt{\det(\boldsymbol{D}_{\hat{a}}^{-1})}\exp\left\{-\frac{1}{2}\|\boldsymbol{x}\|_{\boldsymbol{D}_{\hat{a}}^{-1}}\right\}\mathrm{d}\boldsymbol{x}\end{aligned} \tag{3.29}$$

式中，S_0 表示归整域 S_a 平移至原点后的子集，且 $S_0 \subset \mathbb{R}^n$。

由式(3.29)可知，模糊度的成功率与模糊度浮点解的方差矩阵 $\boldsymbol{D}_{\hat{a}}$ 有关，而与模糊度真值 $\boldsymbol{X}_a$ 无关。当模糊度浮点解的方差越小时，模糊度的成功率就越高；反之，模糊度的成功率越低。此外，模糊度成功率与积分区间 S_0 有关。不同的模糊度求解方法得到的固定解的归整域不同，因此不同方法的模糊度成功率也不相等。特尼森(Teunissen)已证明，在所有整数估计方法中，整数最小二乘方法具有最大的成功概率，其上下界计算式为

$$\left(2\Phi\left(\frac{0.5}{\sqrt{\lambda_{\max}}}\right)-1\right)^n \leqslant P(\breve{\boldsymbol{X}}_a=\boldsymbol{X}_a) \leqslant \left(2\Phi\left(\frac{0.5}{\sqrt{\lambda_{\min}}}\right)-1\right)^n \tag{3.30}$$

式中，标准正态概率分布函数 $\Phi(y)=\int_{-\infty}^{y}\exp\left(\frac{-x^2}{2}\right)/\sqrt{2\pi}\,\mathrm{d}x$，$\lambda_{\max}$、$\lambda_{\min}$ 分别表示整周模糊度浮点解方差矩阵 $\boldsymbol{D}_{\hat{a}}$ 的最大和最小特征值。

若利用可容许整数变换矩阵 $\boldsymbol{Z}$ 对模糊度及浮点解方差矩阵进行转换，则由式(3.30)可得基于整数最小二乘原理的 LAMBDA 方法的模糊度成功率的上下界估计式为

$$\left(2\Phi\left(\frac{0.5}{\sqrt{\lambda_{z,\max}}}\right)-1\right)^n \leqslant P(\breve{\boldsymbol{X}}_z=\boldsymbol{X}_z) \leqslant \left(2\Phi\left(\frac{0.5}{\sqrt{\lambda_{z,\min}}}\right)-1\right)^n \tag{3.31}$$

式中，$\lambda_{z,\max}$、$\lambda_{z,\min}$ 分别表示变换后的模糊度方差矩阵 $\boldsymbol{D}_{\hat{z}}$ 的最大和最小特征值。

由于可容许整数变换矩阵 $\boldsymbol{Z}$ 通过降低模糊度之间的相关性减小了模糊度浮点解方差，从而在理论上表明降相关的可容许整数变换矩阵 $\boldsymbol{Z}$ 可提高模糊度成功率。当 $\boldsymbol{D}_{\hat{z}}$ 趋于对角化且特征值大小差异较小时，由式(3.31)可进行较为准确的模糊度成功率估算。但若通过降相关变换之后得到的 $\lambda_{z,\max}$、$\lambda_{z,\min}$ 仍然差别较大，由上下界估计式给出模糊度成功率范围将失去实际意义，此时可借助传统不够严密的统计假设检验理论提供经验参照。

3.3　模糊度降相关算法及评价

3.3.1　常用降相关算法

对任意方阵 $\boldsymbol{L}$，若同时满足条件 $\boldsymbol{L}$、$\boldsymbol{L}^{-1}$ 元素均为整数和 $\det(\boldsymbol{L})=1$，则称该矩阵为可容许整数变换矩阵。为提高整周模糊度的搜索效率和固定成功率，LAMBDA 方法应用了可容许整数变换矩阵 $\boldsymbol{Z}$ 对原始的模糊度浮点解方差矩阵 $\boldsymbol{D}_{\hat{a}}$ 进行降相关处理。需说明的是，一般无法直接构造矩阵 $\boldsymbol{Z}$，只能通过一系列可容许整数变换矩阵 $\boldsymbol{L}^k$ 进行累乘得到，即

$$\left.\begin{aligned}\boldsymbol{D}_z^m&=\boldsymbol{Z}^m\boldsymbol{D}_z^0(\boldsymbol{Z}^m)^{\mathrm{T}}\\ \boldsymbol{Z}^m&=\boldsymbol{L}^m\cdots\boldsymbol{L}^k\cdots\boldsymbol{L}^1\end{aligned}\right\}\tag{3.32}$$

式中,$\boldsymbol{D}_z^0=\boldsymbol{D}_{\hat{a}}$,$\boldsymbol{D}_z^m$为经过$\boldsymbol{Z}^m$变换后的方差矩阵,迭代过程直至$\boldsymbol{L}^m$为单位矩阵结束。

目前,获得可容许整数变换阵$\boldsymbol{Z}$的降相关算法主要包括整数高斯算法、逆整楚列斯基算法和 LLL 算法(刘志平 等,2007b,2011a;Hassibi et al,2005;Xu Peiliang,2001)。

1.整数高斯算法

$$\left.\begin{aligned}g_{ii}^k&=1\\ g_{ij}^k&=\frac{\boldsymbol{D}_z^k(i,j)}{\boldsymbol{D}_z^k(j,j)},\quad \boldsymbol{D}_z^k(i,i)\geqslant\boldsymbol{D}_z^k(j,j)\\ g_{ji}^k&=\frac{\boldsymbol{D}_z^k(j,i)}{\boldsymbol{D}_z^k(i,i)},\quad \boldsymbol{D}_z^k(i,i)<\boldsymbol{D}_z^k(j,j)\end{aligned}\right\}\tag{3.33}$$

式中,上标k表示第k次变换,$\boldsymbol{g}_{ij}^k$表示矩阵$\boldsymbol{g}^k$中的元素$\boldsymbol{g}^k(i,j)$,完成任一元素计算后取$\boldsymbol{L}^k=([\boldsymbol{g}^k]_{\mathrm{int}})^{-1}$,且有简便计算式$\boldsymbol{L}_{ij}^k=-[\boldsymbol{g}_{ij}^k]_{\mathrm{int}}$。该算法也可简称高斯算法。

2.逆整楚列斯基算法

对模糊度的方差矩阵$\boldsymbol{D}_z^k$进行楚列斯基分解,即

$$\boldsymbol{D}_z^k=\boldsymbol{l}^k\boldsymbol{d}^k(\boldsymbol{l}^k)^{\mathrm{T}}\tag{3.34}$$

式中,$\boldsymbol{l}^k$为单位下三角矩阵,$\boldsymbol{d}^k$为对角矩阵。且有

$$\left.\begin{aligned}\boldsymbol{l}_{ii}^k&=1\\ \boldsymbol{d}_i^k&=\boldsymbol{D}_z^k(i,i)-\sum_{l=1}^{i-1}(\boldsymbol{l}_{il}^k)^2\boldsymbol{d}_l^k,\quad i\leqslant n\\ \boldsymbol{l}_{ij}^k&=\frac{\boldsymbol{D}_z^k(i,j)-\sum_{l=1}^{j-1}\boldsymbol{l}_{il}^k\boldsymbol{d}_l^k\boldsymbol{l}_{jl}^k}{\boldsymbol{d}_l^k},\quad j<i\end{aligned}\right\}\tag{3.35}$$

式中,$\boldsymbol{d}_1^k=\boldsymbol{D}_z^k(1,1)$,完成所有元素计算后取$\boldsymbol{L}^k=([\boldsymbol{l}^k]_{\mathrm{int}})^{-1}$。该算法也可简称 LDL 算法。

3.LLL 算法

对模糊度的方差矩阵$\boldsymbol{D}_z^k$进行楚列斯基分解

$$\boldsymbol{D}_z^k=\boldsymbol{C}^k(\boldsymbol{C}^k)^{\mathrm{T}}\tag{3.36}$$

式中,$\boldsymbol{C}^k$是满秩矩阵,其行向量记为$\boldsymbol{c}_i^k(i=1,2,\cdots,n)$。所谓 LLL 算法,即对$n$个行向量$\boldsymbol{c}_i^k$进行施密特(Schmidt)正交变换

$$\left.\begin{aligned}\tilde{\boldsymbol{c}}_{ii}^k&=1\\ \boldsymbol{c}_i^k&=\boldsymbol{c}_i^{k-1}-\sum_{j=1}^{i-1}\tilde{\boldsymbol{c}}_{ij}^k\boldsymbol{c}_j^k,\quad i\leqslant n\\ \tilde{\boldsymbol{c}}_{ij}^k&=\frac{\langle\boldsymbol{c}_i^{k-1},\boldsymbol{c}_j^k\rangle}{\langle\boldsymbol{c}_j^k,\boldsymbol{c}_j^k\rangle},\quad j<i\end{aligned}\right\}\tag{3.37}$$

式中，符号⟨·,·⟩表示向量内积，完成所有元素计算后取 $\boldsymbol{L}^k=([\tilde{\boldsymbol{c}}^k]_{\text{int}})^{-1}$。

分析式(3.33)、式(3.35)和式(3.37)可知，各降相关变换矩阵的构造方法均包括两部分，即实数矩阵元素的计算和实数矩阵至整数矩阵的转换。对于第一部分，实数矩阵元素的计算顺序对 $\boldsymbol{L}^k$ 以至 $\boldsymbol{Z}^m$ 的影响有待深入分析，对于第二部分，以上三种方法中实数矩阵至整数矩阵的转换均是采用先取整再求逆，因此该部分也存在一个取整和求逆的顺序问题。

3.3.2　排序降相关算法

1. 元素升序降相关算法

由式(3.33)可知，实数阵中各元素计算无交替，所以在单次计算时整数高斯算法不受元素计算顺序的影响，但在多次迭代计算时将受到影响。式(3.35)和式(3.37)中实数阵各元素存在交替计算，因此，逆整楚列斯基算法和 LLL 算法不但在单次计算时受到元素计算顺序的影响，而且其影响在多次迭代后更为复杂(刘志平 等，2007b，2011a)。

1)升序整数高斯算法

在利用整数高斯算法进行模糊度降相关时，若将方差矩阵 $\boldsymbol{D}_z^k$ 按对角线元素从小到大排列，则经对角线元素升序调整前后的方差矩阵关系为

$$\vec{\boldsymbol{D}}_z^k=\boldsymbol{S}_G^k\boldsymbol{D}_z^k \tag{3.38}$$

式中，$\boldsymbol{S}_G^k$ 称为高斯算法对角线元素升序调整矩阵，简称高斯对角线升序矩阵，其生成过程为：① 定义 $n\times n$ 维零矩阵；② 对 $\boldsymbol{D}_z^k$ 对角线元素从小到大排序，如果 $\boldsymbol{D}_z^k(i,i)$ 排在第 j 位，则令对角线升序矩阵 $\boldsymbol{S}_G^k$ 中的元素 $\boldsymbol{S}_G^k(j,i)=1$。基于 $\boldsymbol{S}_G^k$ 调整后的整数高斯算法为

$$\left.\begin{aligned}&\vec{\boldsymbol{g}}_{ii}^k=1\\&\vec{\boldsymbol{g}}_{ji}^k=\frac{\vec{\boldsymbol{D}}_z^k(j,i)}{\vec{\boldsymbol{D}}_z^k(i,i)},\quad \vec{\boldsymbol{D}}_z^k(i,i)<\vec{\boldsymbol{D}}_z^k(j,j)\end{aligned}\right\} \tag{3.39}$$

式中，矩阵上方(→)表示 $\boldsymbol{S}_G^k$ 升序处理后的向量矩阵，完成任一元素计算后取 $\boldsymbol{L}_{ij}^k=-[\vec{\boldsymbol{g}}_{ij}^k]_{\text{int}}\cdot\boldsymbol{S}_G^k$。

比较式(3.33)和式(3.39)可以看出，升序调整后的整数高斯算法的计算过程得到了简化，但升序调整在多次迭代计算中的影响只能通过仿真方法得到统计意义的比较结果。

2)升序逆整楚列斯基算法

从式(3.35)可看出，如果要得到降相关能力较强的 $\boldsymbol{L}^k$ 变换矩阵，则需要 $\boldsymbol{l}_{ij}^k$ 获取较大的实数值，这表明累加 $\sum_{l=1}^{j-1}\boldsymbol{l}_{il}^k\boldsymbol{d}_l^k\boldsymbol{l}_{jl}^k$ 应该尽量小。由下标 $j<i(j=1,\cdots,i-$

1）可知，该要求可通过矩阵 $\boldsymbol{D}_z^k$ 对角线元素从小到大升序调整达到。对角线元素升序调整前后的矩阵关系为

$$\vec{\boldsymbol{D}}_z^k=\boldsymbol{S}_D^k\boldsymbol{D}_z^k \tag{3.40}$$

式中，$\boldsymbol{S}_D^k$ 为 LDL 对角线升序矩阵，其生成方法与 $\boldsymbol{S}_G^k$ 相同。基于 $\boldsymbol{S}_D^k$ 调整后的 LDL 分解为

$$\left.\begin{aligned}
&\vec{\boldsymbol{l}}_{ii}^k=1\\
&\vec{\boldsymbol{d}}_i^k=\vec{\boldsymbol{D}}_z^k(i,i)-\sum_{l=1}^{i-1}(\vec{\boldsymbol{l}}_{il}^k)^2\vec{\boldsymbol{d}}_l^k,\quad i\leqslant n\\
&\vec{\boldsymbol{l}}_{ij}^k=\frac{\vec{\boldsymbol{D}}_z^k(i,j)-\sum_{l=1}^{j-1}\vec{\boldsymbol{l}}_{il}^k\vec{\boldsymbol{d}}_l^k\vec{\boldsymbol{l}}_{jl}^k}{\vec{\boldsymbol{d}}_l^k},\quad j<i
\end{aligned}\right\} \tag{3.41}$$

式中，矩阵上方(→)表示 $\boldsymbol{S}_D^k$ 升序处理后的向量矩阵，完成所有元素计算后取 $\boldsymbol{L}^k=([\vec{\boldsymbol{l}}^k]_{\text{int}})^{-1}\cdot\boldsymbol{S}_D^k$。

3）升序 LLL 算法

从式(3.37)可以看出，如果要得到降相关能力较强的 $\boldsymbol{L}^k$ 变换矩阵，则需要 $\tilde{\boldsymbol{c}}_{ij}^k$ 获取较大的实数值，这表明内积$\dfrac{\langle\boldsymbol{c}_i^{k-1},\boldsymbol{c}_j^k\rangle}{\langle\boldsymbol{c}_j^k,\boldsymbol{c}_j^k\rangle}$应该尽量大。由范数理论可知

$$\langle\boldsymbol{c}_i^{k-1},\boldsymbol{c}_j^k\rangle\leqslant\|\boldsymbol{c}_i^{k-1}\|\cdot\|\boldsymbol{c}_j^k\| \tag{3.42}$$

基于上述分析，若要求 $\tilde{\boldsymbol{c}}_{ij}^k$ 实数值较大，则只需向量范数 $\|\boldsymbol{c}_i^{k-1}\|$ 尽量地取较大值。由下标 $j<i(j=1,\cdots,i-1)$ 可知，该要求可通过楚列斯基分解矩阵 $\boldsymbol{C}^{k-1}$ 的行向量 $\boldsymbol{c}_i^{k-1}(i=1,2,\cdots,n)$ 依范数升序调整达到。行向量升序调整前后的矩阵关系为

$$\vec{\boldsymbol{C}}^k=\boldsymbol{S}_C^k\boldsymbol{C}^k \tag{3.43}$$

式中，$\boldsymbol{S}_C^k$ 称为 LLL 算法行向量依范数升序调整矩阵，简称 LLL 行范数升序矩阵，其生成过程为：①定义 $n\times n$ 维零矩阵；②对行向量 $\boldsymbol{c}_i^k$ 依范数从小到大排序，如果 $\boldsymbol{c}_i^k$ 排在第 j 位，则令行范数升序矩阵 $\boldsymbol{S}_C^k$ 中的元素 $\boldsymbol{S}_C^k(j,i)=1$。基于 $\boldsymbol{S}_C^k$ 调整后的施密特正交变换为

$$\left.\begin{aligned}
&\vec{\tilde{\boldsymbol{c}}}_{ii}^k=1\\
&\vec{\boldsymbol{c}}_i^k=\vec{\boldsymbol{c}}_i^{k-1}-\sum_{j=1}^{i-1}\vec{\tilde{\boldsymbol{c}}}_{ij}^k\vec{\boldsymbol{c}}_j^k,\quad i\leqslant n\\
&\vec{\tilde{\boldsymbol{c}}}_{ij}^k=\frac{\langle\vec{c}_i^{k-1},\vec{c}_j^k\rangle}{\langle\vec{\boldsymbol{c}}_j^k,\vec{c}_j^k\rangle},\quad j<i
\end{aligned}\right\} \tag{3.44}$$

式中，矩阵上方(→)表示 $\boldsymbol{S}_C^k$ 升序处理后的向量矩阵，完成所有元素计算后取 $\boldsymbol{L}^k=([\vec{\tilde{\boldsymbol{c}}}^k]_{\text{int}})^{-1}\cdot\boldsymbol{S}_C^k$。

2.先逆后整降相关算法

三种常用的降相关算法均采取先对实数矩阵取整，然后通过求逆构造可容许

整数变换矩阵 $\boldsymbol{L}^k$，文中将其称为逆整型(inverse integer)降相关算法。此外，可容许整数变换矩阵 $\boldsymbol{L}^k$ 也可通过整逆型(integer inverse)降相关算法构造，即对实数矩阵先求逆后取整的降相关算法，分别称为整逆高斯算法、整逆楚列斯基算法和整逆LLL算法(刘志平 等，2007b，2011a)。

1)整逆高斯算法

$\boldsymbol{g}^k$ 同样由式(3.33)计算，但不同于逆整高斯算法中单次变换仅计算一个元素，整逆高斯算法待所有元素计算完成后取 $\boldsymbol{L}^k=[(\boldsymbol{g}^k)^{-1}]_{\text{int}}$。若对模糊度方差矩阵进行对角线升序调整，则按式(3.39)计算，并待所有元素计算完成后取 $\boldsymbol{L}^k=[(\vec{\boldsymbol{g}}^k)^{-1}]_{\text{int}}\cdot\boldsymbol{S}_G^k$。

2)整逆楚列斯基算法

采用式(3.35)计算 $\boldsymbol{l}^k$，完成所有元素计算后取 $\boldsymbol{L}^k=[(\boldsymbol{l}^k)^{-1}]_{\text{int}}$。若对模糊度方差矩阵进行对角线升序调整，则按式(3.41)计算，并待所有元素计算完成后取 $\boldsymbol{L}^k=[(\vec{\boldsymbol{l}}^k)^{-1}]_{\text{int}}\cdot\boldsymbol{S}_D^k$。

3)整逆LLL算法

同理，$\tilde{\boldsymbol{c}}^k$ 由式(3.37)计算，完成所有元素后取 $\boldsymbol{L}^k=[(\tilde{\boldsymbol{c}}^k)^{-1}]_{\text{int}}$。若对模糊度方差矩阵进行行向量升序调整，则按式(3.44)计算，并待所有元素计算完成后取 $\boldsymbol{L}^k=[(\vec{\tilde{\boldsymbol{c}}}^k)^{-1}]_{\text{int}}\cdot\boldsymbol{S}_C^k$。

如果将 $\boldsymbol{g}^k$、$\boldsymbol{l}^k$、$\tilde{\boldsymbol{c}}^k$ 均用符号 $\boldsymbol{\ell}$ 表示，此时先整后逆(逆整型)与先逆后整(整逆型)的区别可表达为

$$\left.\begin{aligned}\delta\boldsymbol{\ell}&=[(\boldsymbol{\ell}^k)^{-1}]_{\text{int}}-([\boldsymbol{\ell}^k]_{\text{int}})^{-1}\\ \delta\boldsymbol{D}_{\hat{z}}^k&=[(\boldsymbol{\ell}^k)^{-1}]_{\text{int}}\boldsymbol{D}_{\hat{z}}^k[(\boldsymbol{\ell}^k)^{-1}]_{\text{int}}^{\mathrm{T}}-([\boldsymbol{\ell}^k]_{\text{int}})^{-1}\boldsymbol{D}_{\hat{z}}^k(([\boldsymbol{\ell}^k]_{\text{int}})^{-1})^{\mathrm{T}}\end{aligned}\right\}\tag{3.45}$$

式中，$\delta\boldsymbol{\ell}$ 表示逆整型与整逆型构造的可容许整数变换矩阵的差别，$\delta\boldsymbol{D}_{\hat{z}}^k$ 表示逆整型与整逆型所得变换矩阵降相关效果的差异。由于取整和求逆使这两种有区别的严格数学计算非常复杂，因此，难以在理论上对逆整与整逆型择优选取，只能通过仿真比较得到统计意义上的优劣。

3.3.3　降相关算法评价

对于不同算法构造的可容许整数变换矩阵 $\boldsymbol{Z}$ 的降相关效果，目前有三种定量评价指标，即谱条件数 $e_{\hat{z}}$、降相关系数 $r_{\hat{z}}$ 和平均相关系数 $\bar{r}_{\hat{z}}$，表达式为

$$\left.\begin{aligned}e_{\hat{z}}&=\frac{\lambda_{z,\max}}{\lambda_{z,\min}}\\ r_{\hat{z}}&=\sqrt{\det(\boldsymbol{\gamma}_{\hat{z}})}\\ \bar{r}_{\hat{z}}&=\frac{2\left(\sum_{j=1}^{n}\sum_{i=1}^{j-1}|\boldsymbol{\gamma}_{\hat{z}}(i,j)|\right)}{(n^2-n)}\end{aligned}\right\}\tag{3.46}$$

式中，$\lambda_{z,\max}$、$\lambda_{z,\min}$表示变换后模糊度方差矩阵最大和最小特征值，det(·)表示矩阵行列式，$\boldsymbol{\gamma}_{\hat{z}}(i,j)$为相关系数矩阵 $\boldsymbol{\gamma}_{\hat{z}}=[\operatorname{diag}(\boldsymbol{D}_{\hat{z}})]^{-\frac{1}{2}}\cdot\boldsymbol{D}_{\hat{z}}\cdot[\operatorname{diag}(\boldsymbol{D}_{\hat{z}})]^{-\frac{1}{2}}$的元素，且有

$$\boldsymbol{\gamma}_{\hat{z}}=\begin{bmatrix}1 & \gamma_{12} & \cdots & \gamma_{1n}\\ \gamma_{21} & 1 & \cdots & \gamma_{2n}\\ \vdots & \vdots & \vdots & \vdots\\ \gamma_{n1} & \gamma_{n2} & \cdots & 1\end{bmatrix}$$

由式(3.46)可知，谱条件数 $e_{\hat{z}}>0$，且 $e_{\hat{z}}$ 值越小，表明基于模糊度方差矩阵的搜索椭球越扁长，模糊度之间相关程度越高，类似的评价指标有 $e_{\hat{z}}=\ln(\lambda_{z,\max}/\lambda_{z,\min})$；降相关系数 $r_{\hat{z}}\in[0,1]$，且 $r_{\hat{z}}$ 值越大，表明模糊度方差矩阵越接近对角矩阵，模糊度之间相关程度越低；平均相关系数 $\bar{r}_{\hat{z}}\in[0,1]$，且 $\bar{r}_{\hat{z}}$ 值越小，表明模糊度方差矩阵越接近对角矩阵，模糊度之间相关程度越低。$e_{\hat{z}}$、$r_{\hat{z}}$ 和 $\bar{r}_{\hat{z}}$ 均可评价 $\boldsymbol{Z}$ 变换前后模糊度方差矩阵对角化程度及模糊度相关程度的定量指标。但必须指出，$e_{\hat{z}}$ 仅考虑最大和最小特征值，只能概略地判断搜索椭球对角化程度，且计算式中没有反映不同维数情况的差异，使其难以客观地评价变换矩阵 $\boldsymbol{Z}$ 对不同维数模糊度方差矩阵的降相关效果。此外，$e_{\hat{z}}$ 无上限的特点也不利于从整体上把握模糊度相关性程度。$r_{\hat{z}}$ 表征降相关效果在数学上是严格的，但其对方差矩阵维数与个别模糊度相关性变化的区分能力极差。$\bar{r}_{\hat{z}}$ 将各模糊度相关系数取绝对值算术平均，虽在一定程度上可以反映变换矩阵 $\boldsymbol{Z}$ 随方差矩阵维数增大时降相关效果的变化规律，但没有考虑模糊度正相关和负相关对搜索空间大小的不同影响，会造成错误的结论。

鉴于此，下文提出一种较为精确计算不同维数方差矩阵中各模糊度相关程度的等效相关系数指标，并给出归纳法证明。

定理：若相关系数矩阵 $\boldsymbol{\gamma}_{\hat{z}}$ 中非对角元素均相等，即 $\boldsymbol{\gamma}_{\hat{z}}(i,j)=\gamma(i\neq j)$，并称 γ 为矩阵 $\boldsymbol{\gamma}_{\hat{z}}$ 的等效相关系数，则 $\boldsymbol{\gamma}_n=\boldsymbol{\gamma}_{\hat{z}}-\boldsymbol{I}_n$ 的矩阵行列式为

$$\det(\boldsymbol{\gamma}_n)=(-1)^{n-1}(n-1)\gamma^n \tag{3.47}$$

证明：

若 $\boldsymbol{\gamma}_{\hat{z}}(i,j)=\gamma(i\neq j)$，则有

$$\det(\boldsymbol{\gamma}_n)=(-1)^{n-1}\gamma^n-\gamma\cdot\det(\boldsymbol{\gamma}_{n-1}) \tag{3.48}$$

式中，$n\geqslant 2$。

利用归纳法可证明式(3.47)成立，求证如下：

当 $n=2$ 时

$$\det(\boldsymbol{\gamma}_2)=-\gamma^2 \tag{3.49}$$

当 $n=3$ 时

$$\det(\boldsymbol{\gamma}_3)=2\gamma^3 \tag{3.50}$$

当 $n=k$ 时

$$\det(\boldsymbol{\gamma}_k)=(-1)^{k-1}(k-1)\gamma^k \tag{3.51}$$

当 $n=k+1$ 时，顾及式(3.48)和式(3.51)，即有

$$\begin{aligned}\det(\boldsymbol{\gamma}_{k+1})&=(-1)^k\gamma^{k+1}-\gamma\cdot\det(\boldsymbol{\gamma}_k)\\&=(-1)^k\gamma^{k+1}-\gamma\cdot(-1)^{k-1}(k-1)\gamma^k\\&=(-1)^k k\cdot\gamma^{k+1}\end{aligned} \tag{3.52}$$

基于式(3.47)至式(3.52)，在认为各模糊度之间的相关系数均相等的情况下，可定义衡量方差—协方差矩阵 $\boldsymbol{D}_{\hat{z}}$ 中各模糊度之间相关程度的等效相关系数(刘志平 等，2011a)，即

$$\gamma=\sqrt[n]{\frac{\mathrm{abs}(\det(\boldsymbol{\gamma}_{\hat{z}}-\boldsymbol{I}_n))}{n-1}} \tag{3.53}$$

式中，abs(·)表示取绝对值，等效相关系数 $\gamma\in[0,1]$，其值越大表示相关程度越高。

由式(3.47)可知，式(3.53)定义的等效相关系数可较为精确地计算各模糊度之间的相关系数，具有与 $r_{\hat{z}}$ 在数学上类似的严密性，有效保证了不同维数和个别模糊度相关系数变化的区分性及敏感性，并体现了模糊度正相关和负相关对模糊度搜索空间大小的不同影响。

3.4　结果与分析

为比较谱条件数、降相关系数、平均相关系数和等效相关系数评价指标的合理性，研究元素计算排序和实数矩阵整逆顺序对高斯算法、楚列斯基算法和 LLL 算法的影响及各算法降相关处理的效果，利用随机模拟方法构建了 300 个对称正定矩阵作为整周模糊度方差—协方差矩阵(Xu Peiliang，2001)。其中，模拟模糊度方差矩阵的维数为 3～50 均匀分布，以顾及 GPS 动态及静态定位的应用，如图 3.1 所示。

图 3.1(a)表示模拟模糊度方差矩阵维数及其排列情况(模拟方法决定了其均匀随机分布)，图 3.1(b)表示将模拟模糊度方差矩阵按维数由小到大重新排列的分布情况。下文三个计算方案的显示结果均基于维数排序后模拟模糊度方差矩阵的序号相应地予以显示，以反映各算法的降相关效果随维数增加的变化规律。

方案 1：以逆整高斯算法、逆整楚列斯基算法和逆整 LLL 算法三种标准算法，比较谱条件数、降相关系数、平均相关系数和等效相关系数评价指标的合理性，如图 3.2 所示。

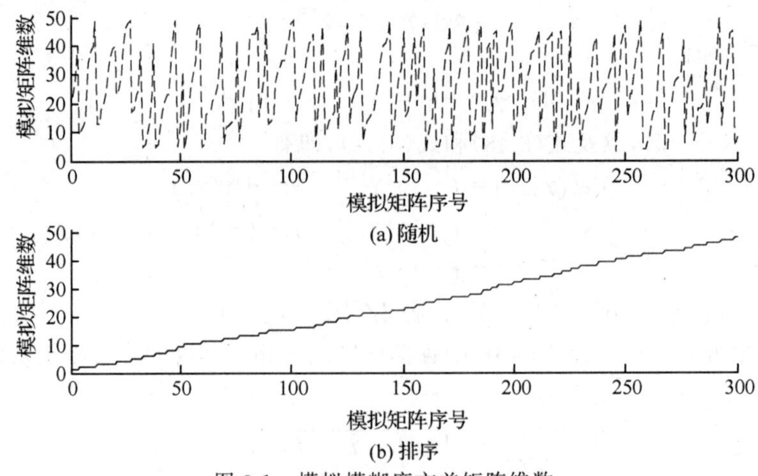

图 3.1 模拟模糊度方差矩阵维数

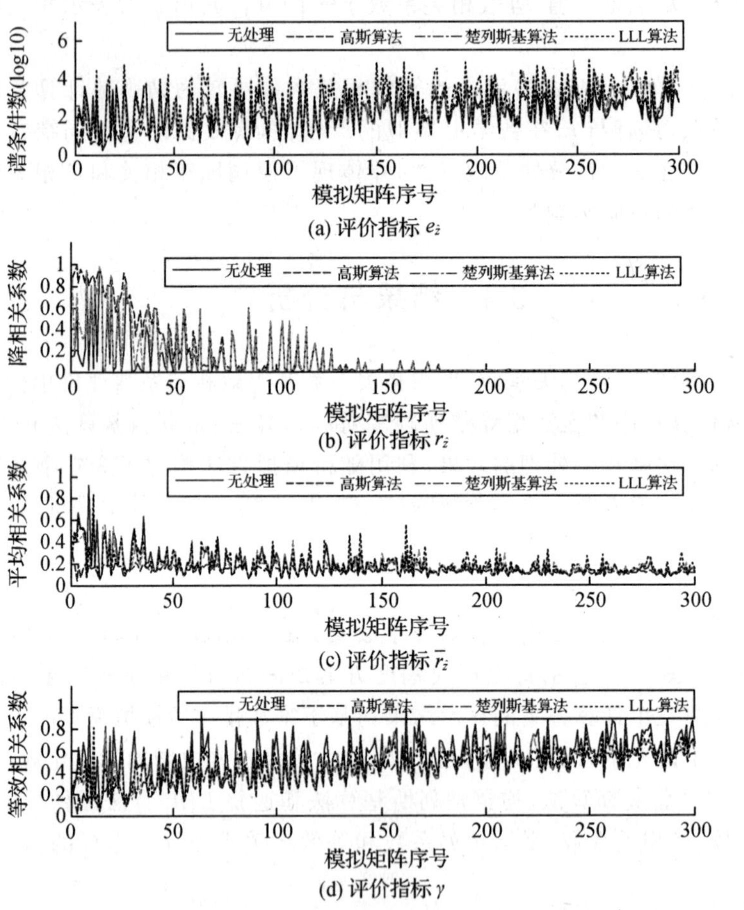

图 3.2 四种评价指标的降相关结果比较

方案 2:以等效相关系数评价指标,比较元素升序对逆整高斯算法、逆整楚列斯基算法和逆整 LLL 算法三种标准算法的改进效果,如图 3.3 所示。

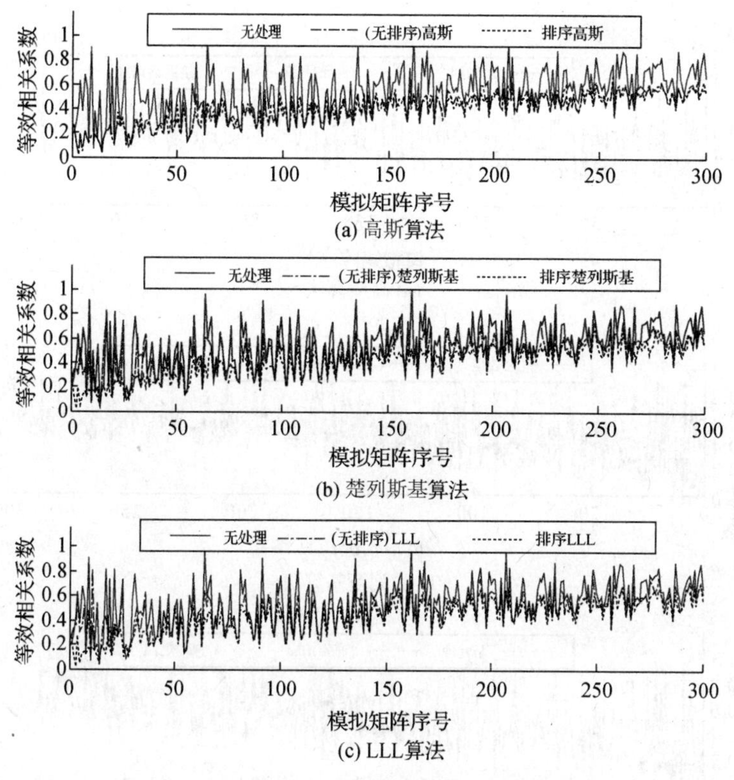

图 3.3　元素升序改进算法降相关结果比较

方案 3:以等效相关系数评价指标,比较逆整顺序的改变对经过元素升序的逆整高斯算法、逆整楚列斯基算法和逆整 LLL 算法三种改进算法的影响,如图 3.4 所示。

分析上述三个方案的计算结果,可以得出:

(1)由图 3.2 可知,对于 10 维以下的模拟模糊度方差矩阵,谱条件数、降相关系数、平均相关系数和等效相关系数均表明,经过整数变换后模糊度相关性得到降低,并能够不同程度地区分不同算法的降相关效果。但随着方差矩阵维数的增加,谱条件数、降相关系数和平均相关系数不及等效相关系数能够分辨不同算法的降相关效果。此外,图 3.2(a)和图 3.2(c)结果显示,在很多情况下,谱条件数、平均相关系数获得的整数变换前后模糊度相关性变化关系与图 3.2(b)降相关系数、图 3.2(d)等效相关系数评价结果不一致。因此,文中给出的等效相关系数不仅具有与降相关系数的数学严格性,而且能够较好地统一评价不同维数情况尤其是高维情况下的降相关效果。同时，等效相关系数对个别模糊度相关系数变化具有较好的区分性及敏感性，从而较清晰地显示了各算法有效性随维数增加而降低的变化趋势。

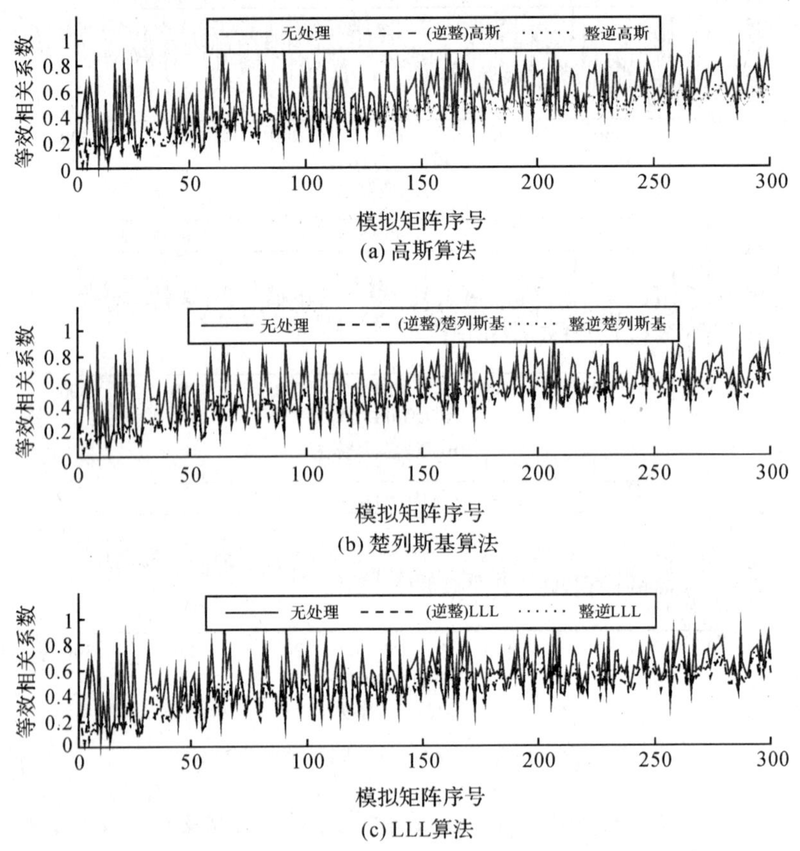

(a) 高斯算法

(b) 楚列斯基算法

(c) LLL算法

图 3.4　逆整型和整逆型算法降相关结果比较

(2)由图 3.3 可知，实数矩阵元素升序对逆整高斯算法、逆整楚列斯基算法和逆整 LLL 算法三种标准算法均有不同程度的改进，并称为升序改进降相关算法。其中，升序逆整高斯算法因单次元素计算无交替而导致改进程度最低，而升序逆整楚列斯基算法和升序逆整 LLL 算法有较大程度的改进，且改进程度均随着维数的增加而逐渐减弱，从而验证了实数矩阵元素计算顺序对三种常用降相关算法影响的理论分析。

(3)由图 3.4 可知，将原算法的先取整后求逆（逆整型）改变为先求逆后取整（整逆型），各降相关效果均得到了不同程度的降低。其中，整逆高斯算法降低程度最小，而升序逆整楚列斯基算法和升序逆整 LLL 算法有较大程度的降低，但对原方差矩阵均仍起到了降相关作用。进一步由式(3.45)分析可知，这种差异完全由高斯算法、楚列斯基算法和 LLL 算法在分解计算过程的非线性复杂程度决定。换言之，由于楚列斯基算法和 LLL 算法较高斯算法分解复杂，因此逆整和整逆顺序对高斯算法的降相关效果影响较小。

为进一步比较逆整高斯算法、逆整楚列斯基算法和逆整 LLL 算法经过升序改进后的降相关效果，将升序整逆高斯算法的等效相关系数减去各升序逆整型降相关算法的等效相关系数，计算得到的等效相关系数较差如图 3.5 所示，相应的升序逆整型降相关算法迭代次数如图 3.6 所示。

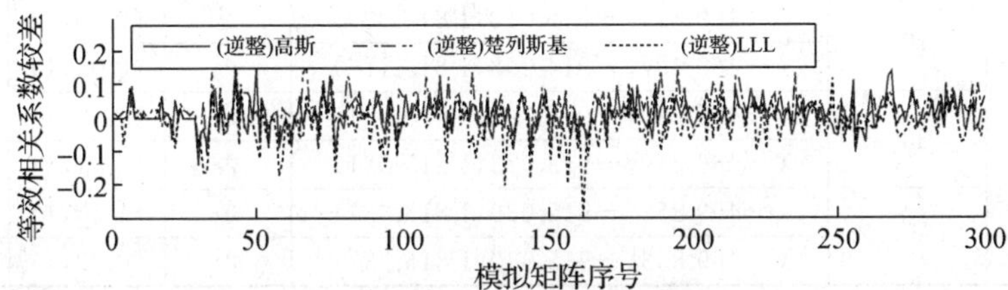

图 3.5　三种改进算法的降相关结果比较

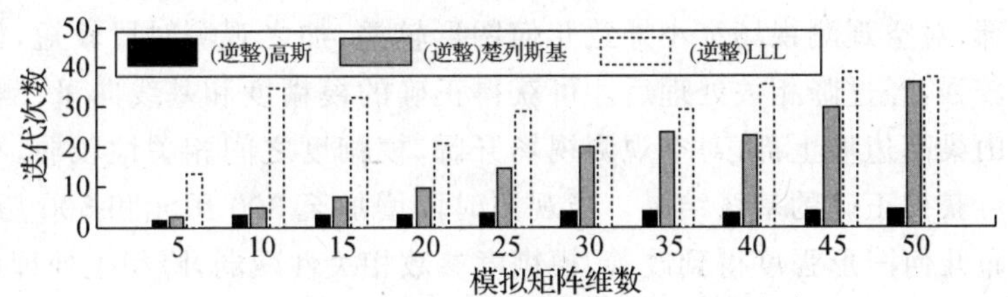

图 3.6　三种改进算法的迭代次数比较

结合图 3.2(d)和图 3.5 可知，逆整高斯算法降相关效果优于逆整楚列斯基算法，但经过升序改进后的逆整高斯算法降相关效果整体上略逊于逆整楚列斯基算法。同时，升序改进的逆整高斯算法与逆整楚列斯基算法均要优于升序改进的逆整 LLL 算法。此外，从图 3.6 可以看出，高斯算法的迭代计算次数远不及楚列斯基算法随维数增加而明显增加，而 LLL 算法迭代次数与维数无明显相关关系且多于高斯算法的迭代次数。因此，在实际应用中综合考虑迭代计算量和降相关效果，在 20 维以下的较低维数模糊度方差矩阵中采用升序改进的逆整楚列斯基算法，在高维模糊度方差矩阵中宜采用升序改进的逆整高斯算法。

最后，选取 1Ⅰ-TP25 和 1Ⅱ-TP29 两个测点（详见第 4 章的小湾水电站 2 号山梁高边坡 GPS 监控网），分别采用 100 个历元、300 个历元和 500 个历元的 L1 载波相位观测值（采样时间间隔为 5 s），以 B1 为基准点采用 LAMBDA 方法分别求解基—测站基线向量。表 3.2 为降相关前后 LAMBDA 方法求解的基线向量、模糊度固定解的成功率和 t 统计量。

表 3.2 LAMBDA 方法基线处理结果

基线编号	历元数	基线向量 WGS-84/m	降相关	成功率	Ratio
B1-TP25	100	(−610.680,−858.311,1 843.079)	是	(0.99,1)	3.57
		(−610.680,−858.311,1 843.079)	否	(0.78,1)	3.57
	300	(−610.686,−858.302,1 843.075)	是	(1.00,1)	5.26
		(−610.686,−858.302,1 843.075)	否	(0.90,1)	5.26
	500	(−610.689,−858.294,1 843.083)	是	(1.00,1)	9.34
		(−610.689,−858.294,1 843.083)	否	(0.99,1)	9.34
B1-TP29	100	(−469.844,−915.012,1 815.039)	是	(0.96,1)	2.68
		(−469.457,−914.298,1 815.176)	否	(0.65,1)	1.47
	300	(−469.849,−915.023,1 815.031)	是	(1.00,1)	4.85
		(−469.849,−915.023,1 815.031)	否	(0.84,1)	4.85
	500	(−469.853,−915.030,1 815.037)	是	(1.00,1)	7.98
		(−469.853,−915.030,1 815.037)	否	(0.99,1)	7.98

由表 3.2 不难发现,采用 100 个历元观测值时,对基线向量 B1-TP25 和 B1-TP29,经过模糊度降相关处理后成功率均得到较大提高。其中,测点 TP29 处于边坡中下部,对空观测视场窄小导致几何图形较差,加之观测时段较短,模糊度之间相关性较强,经过降相关处理后才可获得正确的模糊度和基线向量;测点 TP25 位于 2 号山梁高边坡上部,对空观测视场开阔,模糊度之间相关性较弱,有无降相关处理均可获得正确的基线结果。当观测时段增加至 300 历元和 500 历元时,由于卫星分布几何图形强度得到改善,模糊度参数相关性减弱,降相关处理后对成功率提高幅度减小,且均可以获得正确的模糊度和基线解。此外,在模糊度正确固定的情况下,降相关处理后可以提高模糊度成功率,但 Ratio 值没有变化,验证了模糊度成功率的理论严密性。应说明的是,表 3.2 所列结果与先验随机模型有关。

第4章　GNSS 高边坡变形监测方法

从监测数据中正确提取变形信息，是后续高边坡变形预测与稳定性研究的基础。与常规大地测量方法相比，以 GPS 为代表的卫星定位技术不仅可满足变形监测的精度要求，而且有助于监测工作的自动化与实时化。GNSS 变形信息提取方法主要包括精密基线法和单历元方法，后者可直接从载波观测值中获取三维变形，不需监测网平差，具有更广阔的应用前景。但是，由于深山峡谷区域卫星信号遮挡严重等不利因素，将常规单历元方法直接应用于高边坡监测还有待进一步探讨。本章对此展开较为深入的研究，主要内容安排如下：

(1)简介了变形监测数据处理流程，包括数据预处理、基线向量解算、变形求解和坐标系变换。其中，针对 TurboEdit 数据预处理，导出了仅依赖单频伪距的无几何无电离组合；针对站心极坐标的变换计算，提出了一种空间直角坐标至站心极坐标的直接变换方法。

(2)指出了似单差监测方法存在的问题。从初始值精度、同步观测卫星数和允许实际变形量范围三方面详细分析了单历元变形监测方法的适用条件，并据此阐明了高边坡单历元变形监测中主要存在的卫星信号遮挡严重、允许实际变形量范围偏小、对流层延迟误差和卫星分布几何图形强度等影响精度因素的问题。

(3)针对卫星信号遮挡严重和卫星分布几何图形强度不佳的问题，从地面测站辅助、卡尔曼滤波和卫星导航系统增强三方面研究，提出了增加平差模型观测值或虚拟观测值的改进单历元方法，并在理论上详细分析了不同改进方法的优缺点。

(4)鉴于单历元方法可正确获取的允许实际变形量范围与载波波长成正比，从组合观测值波长尺度逐步精化的角度出发，研究提出了基于双频宽巷与窄巷组合观测值的改进单历元方法，包括 GPS 和组合卫星系统的改进单历元方法。

(5)结合小湾水电站 2 号山梁高边坡 GPS 变形监测应用，对基于测站联合平差模型、卡尔曼滤波模型和 GPS L1/L2 双频宽巷与窄巷组合观测值的单历元方法进行了验证计算，结果表明，基于序贯平差和双频宽巷与窄巷组合的改进单历元方法能够较好地应用于存在卫星分布几何图形强度不佳和具有大变形量范围要求的高边坡 GNSS 变形监测中。

4.1 监测数据处理流程

4.1.1 数据预处理

1.对流层延迟改正

在基线解算中,对流层延迟误差采用模型改正,目前应用最为广泛的是霍普菲尔德模型(Hopfield)和萨斯塔莫伊宁模型(Saastamoinen)(李征航 等,2010)。当采用海平面平均气象参数进行计算时,上述两种模型求得的天顶对流层延迟相差仅几个毫米;当测点高程值很大时,两种模型求得的天顶对流层延迟相差达数十厘米。实测气象参数计算结果显示,萨斯塔莫伊宁模型优于霍普菲尔德模型。此外,为降低气象参数代表性误差对模型改正精度的不利影响,在无法获得实测的测点温度 T、大气压 P 和水气压 e 情况下,建议采用以下经验公式计算(McCarthy,2010),即

$$\left.\begin{aligned} T &= T_0 - 0.006\,5h \\ P &= P_0(1-2.26\times10^{-5}h)^{5.225} \\ e &= RH_0\times0.01\cdot f_w\cdot\exp(-6.343\,164\,5\times10^3T^{-1}+33.937\,110\,47- \\ &\quad 1.912\,131\,6\times10^{-2}T+1.237\,884\,7\times10^{-5}T^2-6.396\times10^{-4}h) \\ f_w &= 1.000\,62+3.14\times10^{-6}P+5.6\times10^{-7}(T-273.15) \end{aligned}\right\} \tag{4.1}$$

式中,T_0、P_0、RH_0、h 分别为海平面平均温度(K)、大气压(mbar)、相对湿度(%)、测站高程(m)。

2.周跳探测与修复

在 GNSS 数据质量控制中,现主要采用多项式拟合、组合观测值和小波变换等方法进行周跳探测与修复。其中,基于组合观测值的 TurboEdit 方法应用最为广泛(吴继忠等,2011)。TurboEdit 方法利用双频非差观测值形成两个组合观测值,即 MW(melbourne-wubbena)组合观测值和 LG(linear gear ratio)组合观测值,其表达式分别为

$$\left.\begin{aligned} l_{\mathrm{MW}}^{12} &= \frac{f_1L_1-f_2L_2}{f_1-f_2}-\frac{f_1P_1+f_2P_2}{f_1+f_2} \\ &= \frac{c}{f_1-f_2}(N_1-N_2)+\sigma_{\mathrm{MW}}^{12} \\ l_{\mathrm{LG}}^{12} &= L_1-L_2+P_1-P_2 \\ &= \frac{c}{f_1}N_1-\frac{c}{f_2}N_2+\sigma_{\mathrm{LG}}^{12} \end{aligned}\right\} \tag{4.2}$$

式中,P_1、P_2 表示双频非差伪矩观测值,$\sigma_{\mathrm{MW}}^{12}$、$\sigma_{\mathrm{LG}}^{12}$ 分别表示组合观测值 l_{MW}^{12}、l_{LG}^{12} 的噪声。

MW 组合与 LG 组合均消除了一阶电离层误差、几何距离、轨道误差、站星钟

差及对流层误差，仅包含模糊度、二阶电离层残差、多路径效应及观测噪声。在没有周跳的情况下，上述两个组合均为平稳的时间序列，非常适合进行载波相位的周跳探测与修复。显见，上述组合均同时依赖 P1/P2 双频伪距，当 P1 或者 P2 伪距观测量丢失时则无法使用。鉴于此，下文给出两种仅需要单频伪距的无几何无电离组合观测值，并导出其与 MW 组合的关系，即

$$\left.\begin{aligned} l_{\mathrm{P1}}^{12} &= \left(\frac{f_1^2}{f_1^2-f_2^2}-0.5\right)L_1-\frac{f_2^2}{f_1^2-f_2^2}L_2-0.5P_1 \\ l_{\mathrm{P2}}^{12} &= \frac{f_1^2}{f_1^2-f_2^2}L_1-\left(\frac{f_2^2}{f_1^2-f_2^2}+0.5\right)L_2-0.5P_2 \\ l_{\mathrm{MW}}^{12} &= \frac{2f_1}{f_1+f_2}l_{\mathrm{P1}}^{12}+\frac{2f_2}{f_1+f_2}l_{\mathrm{P2}}^{12} \end{aligned}\right\} \tag{4.3}$$

与 MW 组合相比，两种新组合只需要 P1 或者 P2，降低了对伪距的依赖性，可以作为 TurboEdit 方法的有效补充。需说明的是，上述方法有效性均受制于伪距多路径、观测噪声及二阶电离层延迟残差，若周跳修复不准确，解算结果会严重失真。因此，在基线解算中，建议仅探测周跳，然后采用降权处理方式代替周跳修复。换言之，若检测出某历元某颗卫星发生周跳，则在该双差模糊度方差矩阵中，给相应的对角线元素赋以一个较大的值，对其进行降权处理。

3.软件简介

对于监测数据的筛选与编辑、测站多路径效应检测等预处理工作，可以采用软件完成。目前，科研单位常用的有 CF2PS、QCVIEW、QC2SKY 及 TEQC 等多款软件。其中，TEQC（translate edit qualitycheck coordinate）是应用最为广泛的一款软件。TEQC 是美国卫星导航系统与地壳形变观测研究大学联合体（UNAVCO Faclity）为 GPS 监测站数据管理服务研制的公开免费软件，可用于双频观测值的动态与静态数据预处理。TEQC 软件可应用于 GPS、GLONASS 等系统。下载网址为 http://facility.unavco.org/software/teqc/teqc.html。

TEQC 主要功能包括格式转换（translate）、数据编辑（edit）、质量检查（quality check）和单点定位（coordinate）。其中，格式转换可将不同厂家（主要是国外著名厂商）的接收机观测文件转换成标准格式的接收机可交换格式（receiver indepedent exchange format，RINEX）文件；编辑功能可用于对 RINEX 文件的字头块设置、数据文件的任意切割与合并、卫星系统的选择与删减、卫星高度角及观测值类型设置等；质量检查可以反映观测数据的电离层延迟、多路径效应、信噪比、卫星高度角与方位角等信息；单点定位可以粗略计算测点在空间直角坐标系或大地坐标系中的坐标。

4.1.2　基线向量解算

测点与基准点形成的基线向量可以通过第 2 章和第 3 章介绍的数据处理方法

进行求解。若GNSS监测网包括1个基准点和 n 个测点，则静态同步观测可形成 n 条基准—测点基线向量。其解算模式可以分为独立解算模式和相关解算模式(李征航 等,2010)。

1.独立解算模式

独立解算模式对基线进行逐条解算，每次解算仅包含一条基线向量结果。换言之，一次仅提取基准点和一个测点的同步观测数据，并通过第3章的站星际双差模型求解它们之间形成的基线向量。当某时段进行了多个测点同步观测，而需要求解多条基准—测点基线向量时，则需要将基准点与各个测点分别形成双差模型，独立地解算各条基线向量。

独立解算模式下提供的同步基线向量信息为

$$\left.\begin{aligned} \bar{\boldsymbol{X}}_b &= [\bar{\boldsymbol{b}}_1 \quad \cdots \quad \bar{\boldsymbol{b}}_n]^{\mathrm{T}} \\ \bar{\boldsymbol{\Sigma}}_b &= \begin{bmatrix} \bar{\boldsymbol{\sigma}}_{b_1,b_1} & & 0 \\ & \ddots & \\ 0 & & \bar{\boldsymbol{\sigma}}_{b_n,b_n} \end{bmatrix} \end{aligned}\right\} \tag{4.4}$$

式中，$\bar{\boldsymbol{b}}_i = [\Delta x_i \quad \Delta y_i \quad \Delta z_i]^{\mathrm{T}}$，$\bar{\boldsymbol{\Sigma}}_b$ 为相应的方差—协方差矩阵。

从式(4.4)可以看出，反映 n 条同步观测基线向量之间误差相关特性的协方差子矩阵为零矩阵，表明基线向量之间的误差不相关。因此，在独立解算过程中，逐条解算各基线向量，会使得解算结果无法真实反映同步观测基线向量间的统计相关性。另外，各基线向量独立求解，无法利用特定参数的关联性与观测数据的共享性。然而，独立解算模式也具有显著的优点：平差数学模型较为简单、估计参数较少、数据处理响应速度快。因此，在工程实践中，普遍采用独立解算模式，绝大多数商业软件业也采用该模式进行基线解算。

2.相关解算模式

相关解算模式对独立基线进行逐时段解算，每次解算包含 n 条基线向量的结果。换言之，一次提取基准点和 n 个测点的同步观测数据，在一个解算过程中，求解出 n 条相互函数独立的基线向量。

相关解算模式下提供的同步基线向量信息为

$$\left.\begin{aligned} \tilde{\boldsymbol{X}}_b &= [\tilde{\boldsymbol{b}}_1 \quad \cdots \quad \tilde{\boldsymbol{b}}_n]^{\mathrm{T}} \\ \tilde{\boldsymbol{\Sigma}}_b &= \begin{bmatrix} \tilde{\boldsymbol{\sigma}}_{b_1,b_1} & \cdots & \tilde{\boldsymbol{\sigma}}_{b_n,b_1} \\ \vdots & \vdots & \vdots \\ \tilde{\boldsymbol{\sigma}}_{b_1,b_n} & \cdots & \tilde{\boldsymbol{\sigma}}_{b_n,b_n} \end{bmatrix} \end{aligned}\right\} \tag{4.5}$$

从式(4.5)可以看出，与独立解算模式下的 $\bar{\boldsymbol{\Sigma}}_b$ 不同，协方差子矩阵 $\tilde{\boldsymbol{\sigma}}_{b_i,b_j}$ $(i \neq j)$ 不一定为零矩阵，表明相关解算模式的解算结果可反映同步基线向量之间的统计相关性。但是,相关解算模式的平差数学模型及解算过程比较复杂,使数据处理响应速度较慢。因此,仅在高精度应用中采用相关解算模式,绝大多数科学研究软件也采用该模式进行基线解算。

4.1.3　坐标系变换

获得基准点与测点的首期基线向量后,可由单历元变形监测方法进行三维变形求解。在实际工程应用中,为了直观反映监测点的变化情况,往往将地固坐标系(以 WGS-84 空间直角坐标系为例)下的成果变换到站心地平直角坐标系或其他独立坐标系。如图 4.1 所示,基准点 T_R 在 WGS-84 空间直角坐标系下的坐标为 $\boldsymbol{X}_R=[x_R \quad y_R \quad z_R]^T$,任意测点 T_i 在 WGS-84 下的坐标为 $\boldsymbol{X}_i=[x_i \quad y_i \quad z_i]^T$。

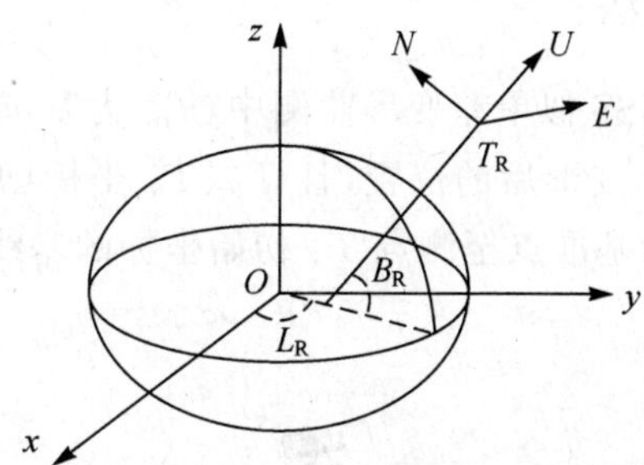

图 4.1　WGS-84 与站心地平直角坐标系

若设基准点 T_R 为站心地平直角坐标系的原点,则其他测点 T_i 的站心地平直角坐标为

$$\begin{pmatrix} N_i \\ E_i \\ U_i \end{pmatrix} = \begin{bmatrix} -\sin B_R \cos L_R & -\sin B_R \sin L_R & \cos B_R \\ -\sin L_R & \cos L_R & 0 \\ \cos B_R \cos L_R & \cos B_R \sin L_R & \sin B_R \end{bmatrix} \Delta \boldsymbol{x} \tag{4.6}$$

式中,B_R、L_R 分别表示基准点 T_R 的大地纬度和大地经度,$\Delta \boldsymbol{x}=\boldsymbol{X}_i-\boldsymbol{X}_R$。

在变形监测模型解算过程中,也常用到站心极坐标,如利用卫星高度角确定观测值的权值。显然,在站心地平直角坐标基础上进一步变换可得站心极坐标,空间直角坐标至站心极坐标的直接计算公式为(刘志平 等,2014)

$$\begin{pmatrix} r_i \\ h_i \\ A_i \end{pmatrix} = \begin{bmatrix} \|\Delta \boldsymbol{x}\| \\ \sin^{-1} \dfrac{\Delta \boldsymbol{x}^T \boldsymbol{X}_i}{\|\Delta \boldsymbol{x}\| \|\boldsymbol{X}_i\|} \\ \cos^{-1} \dfrac{(\boldsymbol{X}_R \times \boldsymbol{e}_z)(\boldsymbol{X}_R \times \boldsymbol{X}_i)}{\|\boldsymbol{X}_R \times \boldsymbol{e}_z\| \cdot \|\boldsymbol{X}_R \times \boldsymbol{X}_i\|} \end{bmatrix} \tag{4.7}$$

式中,$\boldsymbol{e}_z=[0 \quad 0 \quad 1]^T$。当 $\Delta y \cos L_R - \Delta x \sin L_R < 0$ 时,方位角取 $-A_i$。

此外,监测对象的变形往往与特殊方向(如高边坡坡向)有关,为了更加有针对

性地分析与解释监测对象的变形规律,可对站心地平直角坐标系实施旋转,进而得到满足变形解释要求的独立坐标系。变换公式为

$$\begin{pmatrix} \bar{x}_i \\ \bar{y}_i \\ \bar{h}_i \end{pmatrix} = \begin{bmatrix} \cos\alpha & -\sin\alpha & 0 \\ \sin\alpha & \cos\alpha & 0 \\ 0 & 0 & 1 \end{bmatrix} \begin{pmatrix} N_i \\ E_i \\ U_i \end{pmatrix} \tag{4.8}$$

式中,α 表示坐标轴 N、E 平面顺时针旋转的角度,根据监测对象实际情况确定。

4.2 单历元监测方法及存在问题

4.2.1 似单差监测方法

在图 4.2 所示的 GNSS 似单差变形监测中,T_R 为基准点,T_1、$T_{1'}$分别为监测点初始位置与观测历元 t 变形后的位置,且 T_R、T_1 坐标已知,$\boldsymbol{d}_1(t)$为测点 T_1 在历元 t 的变形向量,$\boldsymbol{b}_1$ 为基准点至测点 T_1 初始坐标的基线向量,s^j 表示历元 t 时基—测站同步观测卫星。

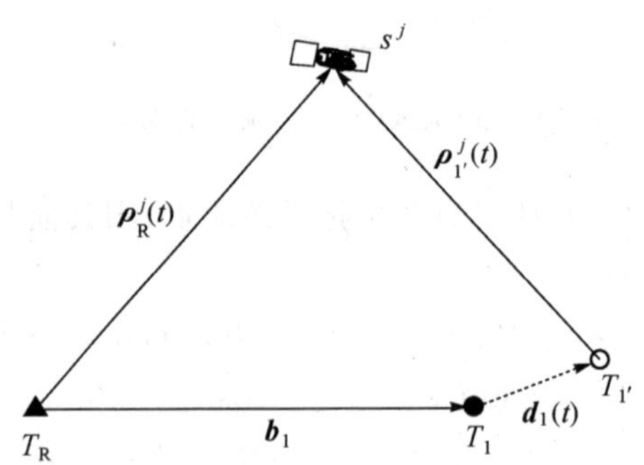

图 4.2 GNSS 似单差变形监测示意

从图(4.2)中可以看出,在由 T_R、T_1、$T_{1'}$ 和卫星 s^j 组成的空间四边形中,测点 T_1 的变形 $\boldsymbol{d}_1(t)$可表示为

$$\boldsymbol{d}_1(t) = \boldsymbol{\rho}_R^j(t) - \boldsymbol{\rho}_{1'}^j(t) - \boldsymbol{b}_1 \tag{4.9}$$

式中,$\boldsymbol{\rho}$ 表示站星几何距离矢量,而

$$\boldsymbol{d}_1(t) = [x_{1'}(t) - x_1 \quad y_{1'}(t) - y_1 \quad z_{1'}(t) - z_1]^{\mathrm{T}}$$

若记载波波长为 λ,载波相位观测值为 φ,站间单差模糊度为 $N_{R1'}^j$,将式(4.9)右端投影到 X、Y、Z 三个坐标轴方向,整理可得(余学祥 等,2004)

$$\begin{aligned} \boldsymbol{d}_{1,X}(t) &= l_R^j \boldsymbol{\rho}_R^j(t) - l_{1'}^j \boldsymbol{\rho}_{1'}^j(t) - \boldsymbol{b}_{1,X} \\ &= -\lambda l_R^j N_{R1'}^j + \lambda l_R^j \varphi_R^j(t) - \lambda l_{1'}^j \varphi_{1'}^j(t) + \rho_{\text{else},X} \end{aligned} \tag{4.10}$$

$$\begin{aligned}\boldsymbol{d}_{1,Y}(t) &= m_{\mathrm{R}}^{j}\boldsymbol{\rho}_{\mathrm{R}}^{j}(t) - m_{1'}^{j}\boldsymbol{\rho}_{1'}^{j}(t) - \boldsymbol{b}_{1,Y} \\ &= -\lambda m_{\mathrm{R}}^{j} N_{\mathrm{R}1'}^{j} + \lambda m_{\mathrm{R}}^{j}\varphi_{\mathrm{R}}^{j}(t) - \lambda m_{1'}^{j}\varphi_{1'}^{j}(t) + \rho_{\mathrm{else},Y}\end{aligned} \tag{4.11}$$

$$\begin{aligned}\boldsymbol{d}_{1,Z}(t) &= n_{\mathrm{R}}^{j}\boldsymbol{\rho}_{\mathrm{R}}^{j}(t) - n_{1'}^{j}\boldsymbol{\rho}_{1'}^{j}(t) - \boldsymbol{b}_{1,Z} \\ &= -\lambda n_{\mathrm{R}}^{j} N_{\mathrm{R}1'}^{j} + \lambda n_{\mathrm{R}}^{j}\varphi_{\mathrm{R}}^{j}(t) - \lambda n_{1'}^{j}\varphi_{1'}^{j}(t) + \rho_{\mathrm{else},Z}\end{aligned} \tag{4.12}$$

式中，$\rho_{\mathrm{else},X}$、$\rho_{\mathrm{else},Y}$、$\rho_{\mathrm{else},Z}$分别表示经过钟差、对流层延迟等改正的三维投影初值，且

$$l_{\mathrm{R}}^{j}(t) = \frac{x^{j}(t) - x_{\mathrm{R}}}{\rho_{\mathrm{R}}^{j}(t)}$$

$$m_{\mathrm{R}}^{j}(t) = \frac{y^{j}(t) - y_{\mathrm{R}}}{\rho_{\mathrm{R}}^{j}(t)}$$

$$n_{\mathrm{R}}^{j}(t) = \frac{z^{j}(t) - z_{\mathrm{R}}}{\rho_{\mathrm{R}}^{j}(t)}$$

由式(4.10)至式(4.12)可知，单颗卫星可以列立三个方程，包含三维变形量 $\boldsymbol{d}_1(t)$ 和单差模糊度 $N_{\mathrm{R}1'}^{j}$ 共计 4 个参数。当某历元基—测站同步观测 n 颗卫星时，可列立 $3n$ 个方程，待估参数为 $3+n$ 个。因此，仅从函数模型条件判断，研究认为只需单历元同步观测 2 颗以上卫星便可实现三维变形的解算（余学祥 等，2004）。

然而，式(4.10)至式(4.12)三个投影方程均利用了 $\varphi_{\mathrm{R}}^{j}(t)$、$\varphi_{1'}^{j}(t)$ 两个非差载波观测值，使得三个投影方程的秩降为 2。换言之，当同步观测 n 颗卫星时，虽可列立 $3n$ 个方程，但其随机模型或权矩阵的秩仅为 $2n$（非差载波观测值数目）。因此，从平差数学模型条件判断，需要同步观测 3 颗以上卫星，才能求解 $3+n$ 个待估参数。此外，考虑到似单差方法需要事先估计接收机钟差（余学祥 等，2004），该方法对同步卫星数的实际要求仍然为 4 颗以上。

综上分析可得，现有的似单差方法将三个投影方程当作独立观测值进行建模的理论依据难以成立，所得出只需同步观测 2 颗以上卫星即可实现三维变形解算的结论值得商榷。事实上，结合平差数学模型和似单差处理步骤的分析表明，该方法并未降低同步观测卫星数的要求，反而较基于相对定位原理的单历元变形监测方法增加了数据处理的复杂性。因此，下文针对基于双差载波的单历元变形监测方法进行较为系统的研究。

4.2.2 单历元监测方法

1. 函数模型

在图 4.3 所示的 GNSS 单历元变形监测中，T_{R} 为基准点，T_1、$T_{1'}$ 分别为监测点初始位置与在观测历元 t 变形后的位置，且 T_{R}、T_1 坐标已知，$\boldsymbol{d}_1(t)$ 为测点 T_1 在历元 t 的变形向量，$\boldsymbol{b}_1$ 为基准点至测点 T_1 初始坐标的基线向量，s^j、s^k 表示历元 t 时基—测站两颗同步观测卫星。

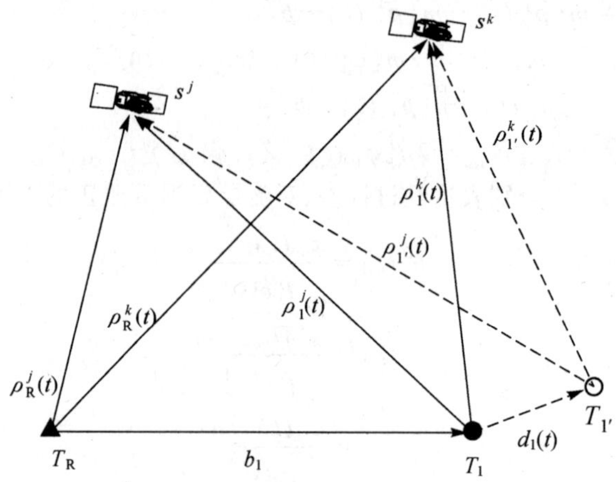

图 4.3 GNSS单历元变形监测示意

设 s^j 为参考卫星，由图 4.3 可以建立历元 t 时形成的几何距离双差方程(刘志平 等,2011b,2011c;Liu Zhiping et al, 2010),即

$$\rho_{R1}^{jk}(t)=(\rho_{1}^{k}(t)-\rho_{R}^{k}(t))-(\rho_{1}^{j}(t)-\rho_{R}^{j}(t)) \tag{4.13}$$

$$\rho_{R1'}^{jk}(t)=(\rho_{1'}^{k}(t)-\rho_{R}^{k}(t))-(\rho_{1'}^{j}(t)-\rho_{R}^{j}(t)) \tag{4.14}$$

$$\rho_{11'}^{jk}(t)=(\rho_{1'}^{k}(t)-\rho_{1}^{k}(t))-(\rho_{1'}^{j}(t)-\rho_{1}^{j}(t)) \tag{4.15}$$

式中，$\rho_{*}^{*}(t)$表示不同站星、站站之间的几何距离。

若记载波波长为λ，双差相位观测量为 $\varphi_{11'}^{jk}$，双差整周模糊度为 $N_{11'}^{jk}$，且变形量大小不足以引起位双差整周模糊度变化，则由式(4.13)至式(4.15)可得双差几何距离 $\rho_{11'}^{jk}$ 计算式为

$$\begin{aligned}\rho_{11'}^{jk}(t)&=\lambda\cdot(\varphi_{R1'}^{jk}(t)+N_{R1'}^{jk}(t))-\rho_{R1}^{jk}(t)\\&=\lambda\cdot\left(\varphi_{R1'}^{jk}(t)+\left[\frac{\rho_{R1}^{jk}(t)}{\lambda}-\varphi_{R1'}^{jk}(t)\right]_{\text{int}}\right)-\rho_{R1}^{jk}(t)\end{aligned} \tag{4.16}$$

式中，$[\,]_{\text{int}}$表示圆整函数。

从图 4.3 可知，对卫星 s^j 和测站 $T_{1'}$ 于历元 t 形成的几何距离 $\rho_{1'}^{j}$ 在 T_1 处进行泰勒展开，取至一次项可得

$$\rho_{1'}^{j}(t)-\rho_{1}^{j}(t)=-\left[l_{1}^{j}(t)\quad m_{1}^{j}(t)\quad n_{1}^{j}(t)\right]\cdot\boldsymbol{d}_{1}(t) \tag{4.17}$$

考虑卫星 s^k 和测站 $T_{1'}$ 于历元 t 形成的几何距离 $\rho_{1'}^{k}$，同理可得

$$\rho_{1'}^{k}(t)-\rho_{1}^{k}(t)=-\left[l_{1}^{k}(t)\quad m_{1}^{k}(t)\quad n_{1}^{k}(t)\right]\cdot\boldsymbol{d}_{1}(t_i) \tag{4.18}$$

将式(4.18)减去式(4.17)，则有

$$\rho_{1'1}^{jk}(t)=-\left[l_{1}^{jk}(t)\quad m_{1}^{jk}(t)\quad n_{1}^{jk}(t)\right]\cdot\boldsymbol{d}_{1}(t) \tag{4.19}$$

式中，$l_{1}^{jk}=l_{1}^{k}-l_{1}^{j}$，$m_{1}^{jk}=m_{1}^{k}-m_{1}^{j}$，$n_{1}^{jk}=n_{1}^{k}-n_{1}^{j}$。

若在某一观测历元，基准站 T_R 与监测站 T_1 同步观测 n 颗卫星，则基于

式(4.16)和式(4.19)可建立误差方程组(陈永奇 等,1998;李征航 等,2002;刘志平 等,2011b;Corbett et al,1995),即

$$\boldsymbol{V}_1(t)=\boldsymbol{B}_1(t)\cdot\boldsymbol{d}_1(t)+\boldsymbol{L}_{\mathrm{R1}}(t) \tag{4.20}$$

式中

$$\boldsymbol{V}_1(t)=\begin{bmatrix}V_1^{12}(t)\\ \vdots\\ V_1^{1n}(t)\end{bmatrix}$$

$$\boldsymbol{B}_1(t)=\begin{bmatrix}l_1^{12}(t) & m_1^{12}(t) & n_1^{12}(t)\\ \vdots & \vdots & \vdots\\ l_1^{1n}(t) & m_1^{1n}(t) & n_1^{1n}(t)\end{bmatrix}$$

$$\boldsymbol{L}_{\mathrm{R1}}(t)=\begin{bmatrix}\rho_{1'1}^{12}(t)\\ \vdots\\ \rho_{1'1}^{1n}(t)\end{bmatrix}$$

式(4.20)即为单历元方法函数模型。由式(4.16)可知,函数模型中的观测值不需进行周跳的探测及修复和整周模糊度的确定,极大地提高了数据处理的响应速度。

2. **随机模型**

假设不同卫星、测站之间的相位观测值不相关,则利用误差传播定律可得观测值 $\boldsymbol{L}_{\mathrm{R1}}(t)$ 的方差—协方差矩阵(s^1 为参考卫星),即单历元方法随机模型为

$$\boldsymbol{D}_{\boldsymbol{L}_{\mathrm{R1}},\lambda}(t)=(0.01\lambda)^2\cdot\boldsymbol{F}_{\mathrm{R1}',(n-1)\times n}\cdot(\boldsymbol{D}_{\mathrm{R}}(t)+\boldsymbol{D}_{1'}(t))\cdot\boldsymbol{F}_{\mathrm{R1}',(n-1)\times n}^{\mathrm{T}} \tag{4.21}$$

式中,$\boldsymbol{D}_{\mathrm{R}}(t)$、$\boldsymbol{D}_{1'}(t)$分别表示基站、测站 n 颗同步非差相位观测值的先验方差,可按 2.3.1 节所述方法或参考已有文献确定(戴吾蛟 等,2008;刘志平 等,2011c);$\boldsymbol{F}_{\mathrm{R1}'}$ 表示基—测站 n 颗同步非差观测值的星际单差算子矩阵,其计算式为

$$\boldsymbol{F}_{\mathrm{R1}',(n-1)\times n}=\begin{bmatrix}\vdots\\ \boldsymbol{e}_{1,1\times n}-\boldsymbol{e}_{k,1\times n}\\ \vdots\end{bmatrix}_{s^k\in\{s^2,\cdots,s^n\mid \mathrm{R1}'\}} \tag{4.22}$$

式中,$\boldsymbol{e}_{k,1\times n}$ 表示第 k 位为 1 的 n 维单位行向量。

4.2.3　单历元方法适用要求

1. **初始值精度**

记卫星 s^j、s^k 至测站平均距离为 $\tilde{\rho}$,基准点误差向量为 $\boldsymbol{m}_{x_{\mathrm{R}}}$、基线误差向量为 $\boldsymbol{m}_b$,并假设 $\boldsymbol{m}_{x_{\mathrm{R}}}$、$\boldsymbol{m}_b$ 在 x、y、z 三个方向上的误差分别相等,则基于式(4.16)可得基准点和基线向量误差对 ρ_{R1}^{jk} 计算模糊度的影响为

$$\lambda\cdot m_{\nabla\Delta\omega_{\mathrm{R1}}^k}=-\left[l_1^{jk}-l_{\mathrm{R}}^{jk}\quad m_1^{jk}-m_{\mathrm{R}}^{jk}\quad n_1^{jk}-n_{\mathrm{R}}^{jk}\right]\cdot\boldsymbol{m}_{x_{\mathrm{R}}}-$$

$$\begin{aligned}&\left[l_1^{jk}\quad m_1^{jk}\quad n_1^{jk}\right]\cdot \boldsymbol{m}_b\\&\leqslant\frac{\|\boldsymbol{b}\|_2}{\tilde{\rho}}\cdot\frac{\|\boldsymbol{m}_{x1}\|_2}{\sqrt{3}}+\sqrt{2}\cdot\frac{\|\boldsymbol{m}_b\|_2}{\sqrt{3}}\end{aligned}\tag{4.23}$$

分析式(4.23)可知,若要使得基准点和基线向量误差对模糊度整数解不产生显著影响,则可令式(4.23)第一项和第二项产生的误差影响均小于 0.1λ(取 3 倍中误差限值),则有

$$\left.\begin{aligned}\|\boldsymbol{m}_{x_R}\|_2&\leqslant\frac{\sqrt{3}\tilde{\rho}\cdot 0.1\lambda}{3\|\boldsymbol{b}\|_2}\\\|\boldsymbol{m}_b\|_2&\leqslant\frac{\sqrt{6}\cdot 0.1\lambda}{6}\end{aligned}\right\}\tag{4.24}$$

对于 GPS 数据,一般取 $\tilde{\rho}=20\ 000$ km。因此,若基线长度不超过 10 km,则由式(4.24)可知,基准点误差不大于 115.470λ,基线误差不大于 0.041λ,此时采用随机处理软件即可基本满足初始值的精度要求。必须指出的是,上述要求是单历元数学模型本身的精度要求,即整周模糊度正确求解的要求,而不是监测工程本身对初始值提出的精度要求(余学祥 等,2004)。换言之,对于高精度 GNSS 变形监测,一般应采用精密基线解算软件获得监测网的首期基线向量,以保证预期的监测精度。

2. 同步观测卫星数

基于函数模型式(4.20)和随机模型式(4.21)可得变形参数的单历元最小二乘估计,即

$$\hat{\boldsymbol{d}}_1(t)=-\left(\boldsymbol{B}_1^{\mathrm{T}}\boldsymbol{D}_{\boldsymbol{L}_{R1},\lambda}^{-1}\boldsymbol{B}_1\right)^{-1}\boldsymbol{B}_1^{\mathrm{T}}\boldsymbol{D}_{\boldsymbol{L}_{R1},\lambda}^{-1}\boldsymbol{L}_1(t)\tag{4.25}$$

分析式(4.25)可知,要保证法矩阵 $\boldsymbol{B}_1^{\mathrm{T}}\boldsymbol{D}_{\boldsymbol{L}_{R1},\lambda}^{-1}\boldsymbol{B}_1$ 概论逆存在,只需同步观测卫星数满足

$$n-1\geqslant 3\tag{4.26}$$

因此,对于单频 GNSS 接收机,观测 $n\geqslant 4$ 颗卫星即可解算模型参数 $\boldsymbol{d}_1(t)$。若采用双频 GNSS 接收机观测,$n\geqslant 4$ 便可由最小二乘平差方法进行变形参数估计。

3. 允许变形量范围

对图 4.3 所示的变形监测系统,由式(4.15)可将监测点变形前后形成的双差整周模糊度表示为

$$\begin{aligned}\lambda\cdot\hat{N}_{11'}^{jk}&=\rho_{11'}^{jk}\\&=(\rho_{1'}^{k}-\rho_1^{k})-(\rho_{1'}^{j}-\rho_1^{j})\end{aligned}\tag{4.27}$$

将式(4.27)展开为变形向量 $\boldsymbol{d}_1$ 的泰勒级数,取至一次项有

$$\lambda\cdot\hat{N}_{11'}^{jk}=-\left[l_1^{jk}\quad m_1^{jk}\quad n_1^{jk}\right]\cdot\boldsymbol{d}_1\tag{4.28}$$

对式(4.28)利用协方差传播定律,并设 $\sigma_{d1,x}^2=\sigma_{d1,y}^2=\sigma_{d1,z}^2$,可得

$$\sigma^2_{\lambda\cdot \hat{N}^{jk}_{11'}}=((l^{jk}_1)^2+(m^{jk}_1)^2+(n^{jk}_1)^2)\sigma^2_{d1,x} \tag{4.29}$$

为避免双差整周模糊度搜索，需令 $\lambda\cdot N^{jk}_{11'}<0.5\lambda$，基于式(4.20)和式(4.29)可得允许的实际变形量范围应满足

$$\|\boldsymbol{d}_1\|_2<\frac{\sqrt{3}\lambda}{2\cdot\max\{\|\boldsymbol{B}_1(i,:)\|_2\}} \tag{4.30}$$

式中，$\boldsymbol{B}_1(i,:)$表示式(4.20)中设计矩阵 $\boldsymbol{B}_1(t)$的第 i 行行向量。

考虑卫星处于地平线以上，即卫星高度角大于零为可观测条件，对于任意GNSS卫星星座，通过选取最佳的参考星 s^j，可得

$$0<\min_j\{\max_i\{\langle\|\boldsymbol{B}_1(i,:)\|_2\rangle\}\mid s^j\}\leqslant\sqrt{2} \tag{4.31}$$

根据式(4.30)和式(4.31)可将单历元方法能够正确监测的允许变形量表示为

$$\max\{\|\boldsymbol{d}_1\|_2\}=\alpha_d\cdot\lambda \tag{4.32}$$

式中，$\alpha_d\geqslant\sqrt{6}/4$，取下限值 $\alpha_d\approx0.612$。

分析式(4.31)和式(4.32)可知，单历元方法可正确监测的允许实际变形量与载波波长成正比，且比例系数 α_d 与卫星分布几何图形、所选参考星有关。选取合适的参考卫星，对于任意卫星定位系统，单历元方法均可正确监测的变形量范围达 0.612λ。在实际应用中，一般设置 10°～15°的卫星截止高度角，此时 α_d 下限值可能会更大，即单历元方法可正确监测的允许变形量范围会更大。需要说明的是，式(4.32)没有考虑初始值误差的影响，但其为增加可正确监测的允许变形量范围提供了两种思路，即选取最佳参考星以得到较大的系数 α_d 和利用扩波技术(宽巷组合)以获得较大的波长。

4.2.4　单历元边坡监测存在的问题

1. 卫星信号遮挡严重

由式(4.25)可知，当卫星数不少于4颗时，单历元方法可求解边坡测点三维变形。然而，高边坡作为水利水电枢纽工程的一个重要组成部分，通常处于卫星信号严重遮挡的高山峡谷和密林深处。在这种不可完全对空观测区域，对空观测视场窄小往往导致基—测站同步观测卫星少于4颗，严重影响甚至制约了常规单历元方法在高边坡变形监测中的应用。

例如，地处中国西南地区的小湾水电站，其左岸2号山梁饮水沟堆积体高边坡平均坡度为30°～35°，对空观测视场约为110°～120°。鉴于该边坡实际对空观测条件，设置卫星截止高度角为30°，采样时间间隔为5分钟，空间分辨率为5°×5°，通过仿真计算全球区域可观测4颗以上GPS卫星的单天时间可用性，如图4.4(a)所示；同时，全球区域可观测2颗以上GPS卫星的单天时间可用性，如图4.4(b)所示。

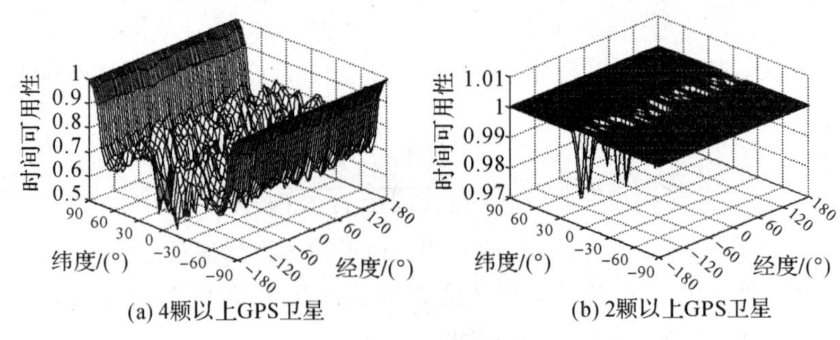

(a) 4颗以上GPS卫星 (b) 2颗以上GPS卫星

图 4.4 不同 GPS 可见星数的时间可用性

分析图 4.4 可知,仿真计算中,在截止高度角 30°的深山峡谷地区,卫星信号遮挡环境下,全天大部分时间内同步观测 GPS 卫星少于 4 颗,使得单历元方法基本失效。因此,本文从联合平差模型的角度出发对常规单历元方法进行改进研究,使之有效地适用于卫星信号遮挡环境下的高边坡变形监测。同时,顾及 2 颗以上同步观测卫星才能组成站星际双差观测值,本文将卫星信号遮挡严重界定为基—测站可同步观测同系统的 2～3 颗卫星。

2. 允许变形量范围偏小

为避开双差整周模糊度搜索,单历元方法要求监测点实际变形量不会引起双差模糊度的改变。基此前提,式(4.32)给出了单历元方法可正确监测的允许变形量约为 0.612λ。当采用 GPS L1 载波(λ=19.03 cm)时,可正确监测的允许变形量约为 11.65 cm。这对变形缓慢且呈周期变化的监测对象不难满足,如李征航等(2002)研究的处于运营状态的隔河岩大坝变形监测。然而,处于施工过程中的高边坡工程由于受开挖、荷载、降雨等人为和自然因素的综合影响,在一段时间内累积变形较大。再如,2004 年小湾水电站 2 号山梁高边坡某监测点最大月累积变形达 12 cm(何秀凤,2007),这种实际情况势必影响单历元变形监测方法的应用。虽然可以通过不断更新基—测站基线向量而继续采用常规单历元方法,但各期变形计算结果均不同程度地带有随机误差,且频繁更换初始值不便于对变形计算结果在同一期基础上进行比较与分析。因此,顾及式(4.32),本文在选取最佳参考星的基础上,从组合观测值波长尺度逐步精化的角度出发,对常规单历元方法进行改进研究,使之正确有效地适用于允许更大变形量范围的高边坡单历元精密变形监测。

3. 其他不利因素

由于可事先获得高精度的测站坐标和基—测站基线向量初始值,单历元变形监测方法能够较快速准确地固定模糊度(陈永奇 等,1998;熊永良,2000),并避免了周跳探测与修复难题。因此,其能否成功应用于边坡变形信息获取,主要受制于上述两个突出问题。其中,卫星信号遮挡严重会导致卫星分布几何图形强度不佳。对此,已有学者从硬件技术角度出发,采用低高度角的伪卫星增强技术进行改进

(何秀凤,2007),其不足是增加了监测成本。为此,下文从数据处理方法的角度出发,利用平差模型和窄巷组合观测值对上述两个问题展开探讨。

此外,对于地处偏远深山峡谷地区的高边坡工程或高差较大的构筑物,影响其变形监测精度的其他不利因素主要包括初始值精度和对流层延迟残差(戴吾蛟,2007;张小红 等,2000;周乐韬,2007)。对于前者,通过大型高精度数据处理软件获取基准站、测站初始坐标,可完全满足短基线变形监测初始值精度要求;对于后者,研究表明,对流层延迟残差与基线长度、卫星高度角余角及基—测站高差正相关。当基—测站距离小于 10 km 时,由基线长度引起的对流层延迟影响可忽略不计,由卫星高度角引起的相关误差影响也可通过高度角随机模型基本消除,但基—测站之间较大高差会引起基—测站气象参数差异较大,加之深山峡谷地带雾气大,由此引起的对流层延迟残差会降低 GNSS 变形监测精度及可靠性。对此,可采用第 2 章介绍的同距异频组合相位观测值予以消除,或者利用多个监测站建立区域精密对流层改正模型(戴吾蛟 等,2011)。

4.3　基于联合平差模型的改进单历元方法

4.3.1　测站联合平差模型

图 4.5 所示的多测点 GNSS 变形监测中,符号 T_R、T_i、$T_{i'}$、$\boldsymbol{b}_i$、$\boldsymbol{d}_i(t)$ 与图 4.3 中相应符号的含义相同。为讨论方便,先考虑两个测站的联合平差解法。若基准站 T_R 与测站 T_1、T_2 两两之间在历元 t 均有同步观测,其中 T_R、T_1 同步观测 n_{R1} 颗卫星,T_R、T_2 同步观测 n_{R2} 颗卫星,T_1、T_2 同步观测 n_{12} 颗卫星,则得全部两两站际同步观测卫星数 $n=(n_{R1}\cup n_{R2}\cup n_{12})$。

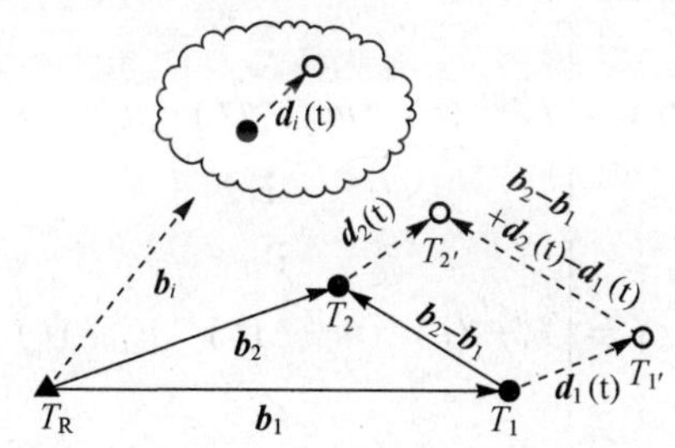

图 4.5　测站联合平差的单历元变形监测示意

以 s^j 为参考卫星,则由图 4.5 可得基—测站几何关系为

$$\left.\begin{aligned}\rho_{11'}^{jk\mathrm{R1}}(t)&=-\left[l_1^{jk\mathrm{R1}}(t)\quad m_1^{jk\mathrm{R1}}(t)\quad n_1^{jk\mathrm{R1}}(t)\right]\cdot\boldsymbol{d}_1(t)\\\rho_{22'}^{jk\mathrm{R2}}(t)&=-\left[l_2^{jk\mathrm{R2}}(t)\quad m_2^{jk\mathrm{R2}}(t)\quad n_2^{jk\mathrm{R2}}(t)\right]\cdot\boldsymbol{d}_2(t)\\\rho_{1'2'}^{jk12}(t)&=\rho_{12}^{jk12}(t)+\left[l_1^{jk12}(t)\quad m_1^{jk12}(t)\quad n_1^{jk12}(t)\right]\cdot\boldsymbol{d}_1(t)-\\&\qquad\left[l_2^{jk12}(t)\quad m_2^{jk12}(t)\quad n_2^{jk12}(t)\right]\cdot\boldsymbol{d}_2(t)\end{aligned}\right\}\tag{4.33}$$

式中,第一、第二行均为单测站单历元方法建立的观测值与测站变形之间的几何关系,第三行表示由双测站变形构成的空间四边形约束条件。其中,$\rho_{11'}^{jk\mathrm{R1}}(t)$、$\rho_{22'}^{jk\mathrm{R2}}(t)$计算方式与式(4.16)相同,$\rho_{1'2'}^{jk12}(t)$计算式为

$$\begin{aligned}\rho_{1'2'}^{jk12}(t)&=\lambda\cdot\left(\varphi_{1'2'}^{jk}(t)+N_{1'2'}^{jk}(t)\right)\\&=\lambda\cdot\left(\varphi_{1'2'}^{jk12}(t)+\left[\frac{\rho_{12}^{jk12}(t)}{\lambda}-\varphi_{1'2'}^{jk12}(t)\right]_{\mathrm{int}}\right)\end{aligned}\tag{4.34}$$

若记

$$\left.\begin{aligned}\boldsymbol{V}_{R1}^{jk\mathrm{R1}}(t)&=\left[\cdots\quad V_{R1}^{jk\mathrm{R1}}(t)\quad\cdots\right]^{\mathrm{T}}\\\boldsymbol{V}_{R2}^{jk\mathrm{R2}}(t)&=\left[\cdots\quad V_{R2}^{jk\mathrm{R2}}(t)\quad\cdots\right]^{\mathrm{T}}\\\boldsymbol{V}_{12}^{jk12}(t)&=\left[\cdots\quad V_{12}^{jk12}(t)\quad\cdots\right]^{\mathrm{T}}\\\boldsymbol{L}_{R1}^{jk\mathrm{R1}}(t)&=\left[\cdots\quad \rho_{11'}^{jk\mathrm{R1}}(t)\quad\cdots\right]^{\mathrm{T}}\\\boldsymbol{L}_{R2}^{jk\mathrm{R2}}(t)&=\left[\cdots\quad \rho_{22'}^{jk\mathrm{R2}}(t)\quad\cdots\right]^{\mathrm{T}}\\\boldsymbol{L}_{12}^{jk12}(t)&=\left[\cdots\quad \rho_{1'2'}^{jk12}(t)-\rho_{12}^{jk12}\quad\cdots\right]^{\mathrm{T}}\\\boldsymbol{B}_1^{jk\mathrm{R1}}(t)&=\begin{bmatrix}&\vdots&\\l_1^{jk\mathrm{R1}}(t)&m_1^{jk\mathrm{R1}}(t)&n_1^{jk\mathrm{R1}}(t)\\&\vdots&\end{bmatrix}\\\boldsymbol{B}_2^{jk\mathrm{R2}}(t)&=\begin{bmatrix}&\vdots&\\l_2^{jk\mathrm{R2}}(t)&m_2^{jk\mathrm{R2}}(t)&n_2^{jk\mathrm{R2}}(t)\\&\vdots&\end{bmatrix}\\\boldsymbol{B}_1^{jk12}(t)&=\begin{bmatrix}&\vdots&\\l_1^{jk12}(t)&m_1^{jk12}(t)&n_1^{jk12}(t)\\&\vdots&\end{bmatrix}\\\boldsymbol{B}_2^{jk12}(t)&=\begin{bmatrix}&\vdots&\\l_2^{jk12}(t)&m_2^{jk12}(t)&n_2^{jk12}(t)\\&\vdots&\end{bmatrix}\end{aligned}\right\}$$

则基于式(4.33)和式(4.34)及上述简记符号,可建立双测站联合平差的单历元函数模型为

$$\boldsymbol{V}(t)=\boldsymbol{B}(t)\cdot\begin{bmatrix}\boldsymbol{d}_1(t)\\ \boldsymbol{d}_2(t)\end{bmatrix}+\boldsymbol{L}(t) \tag{4.35}$$

式中

$$\boldsymbol{V}(t)=\begin{bmatrix}\boldsymbol{V}_{\mathrm{R1}}^{jk_{\mathrm{R1}}}(t)\\ \boldsymbol{V}_{\mathrm{R2}}^{jk_{\mathrm{R2}}}(t)\\ \boldsymbol{V}_{12}^{jk_{12}}(t)\end{bmatrix}$$

$$\boldsymbol{B}(t)=\begin{bmatrix}\boldsymbol{B}_1^{jk_{\mathrm{R1}}}(t) & 0\\ 0 & \boldsymbol{B}_2^{jk_{\mathrm{R2}}}(t)\\ -\boldsymbol{B}_1^{jk_{12}}(t) & \boldsymbol{B}_2^{jk_{12}}(t)\end{bmatrix}$$

$$\boldsymbol{L}(t)=\begin{bmatrix}\boldsymbol{L}_{\mathrm{R1}}^{jk_{\mathrm{R1}}}(t)\\ \boldsymbol{L}_{\mathrm{R2}}^{jk_{\mathrm{R2}}}(t)\\ \boldsymbol{L}_{12}^{jk_{12}}(t)\end{bmatrix}$$

另外，基站、双测站两两之间形成的站星双差可由各站星际单差重新表达为

$$\begin{bmatrix}\varphi_{\mathrm{R1'}}^{jk} & \varphi_{\mathrm{R2'}}^{jk} & \varphi_{1'2'}^{jk}\end{bmatrix}^{\mathrm{T}}=\begin{bmatrix}-1 & 1 & 0\\ -1 & 0 & 1\\ 0 & -1 & 1\end{bmatrix}\cdot\begin{bmatrix}\varphi_{\mathrm{R}}^{jk} & \varphi_{1'}^{jk} & \varphi_{2'}^{jk}\end{bmatrix}^{\mathrm{T}} \tag{4.36}$$

基于式(4.21)，并由式(4.36)考虑双差观测值之间的相关性，则利用误差传播定律可得观测值 $\boldsymbol{L}(t)$ 的方差—协方差矩阵，即双测站联合平差的单历元随机模型为

$$\boldsymbol{D}_L(t)=\begin{bmatrix}\boldsymbol{D}_{L_{\mathrm{R1}},\lambda} & \boldsymbol{D}_{L_{\mathrm{R1}}L_{\mathrm{R2}},\lambda} & \boldsymbol{D}_{L_{\mathrm{R1}}L_{12},\lambda}\\ \boldsymbol{D}_{L_{\mathrm{R1}}L_{\mathrm{R2}},\lambda}^{\mathrm{T}} & \boldsymbol{D}_{L_{\mathrm{R2}},\lambda} & \boldsymbol{D}_{L_{\mathrm{R2}}L_{12},\lambda}\\ \boldsymbol{D}_{L_{\mathrm{R1}}L_{12},\lambda}^{\mathrm{T}} & \boldsymbol{D}_{L_{\mathrm{R2}}L_{12},\lambda}^{\mathrm{T}} & \boldsymbol{D}_{L_{12},\lambda}\end{bmatrix} \tag{4.37}$$

式中

$$\left.\begin{aligned}\boldsymbol{D}_{L_{\mathrm{R1}}L_{\mathrm{R2}},\lambda}&=(0.01\lambda)^2\cdot\boldsymbol{F}_{\mathrm{R1'},(n_{\mathrm{R1}}-1)\times n}\cdot\boldsymbol{D}_{\mathrm{R}}(t)\cdot\boldsymbol{F}_{\mathrm{R2'},(n_{\mathrm{R2}}-1)\times n}^{\mathrm{T}}\\ \boldsymbol{D}_{L_{\mathrm{R1}}L_{12},\lambda}&=-(0.01\lambda)^2\cdot\boldsymbol{F}_{\mathrm{R1'},(n_{\mathrm{R1}}-1)\times n}\cdot\boldsymbol{D}_{1'}(t)\cdot\boldsymbol{F}_{1'2',(n_{12}-1)\times n}^{\mathrm{T}}\\ \boldsymbol{D}_{L_{\mathrm{R2}}L_{12},\lambda}&=(0.01\lambda)^2\cdot\boldsymbol{F}_{\mathrm{R2'},(n_{\mathrm{R2}}-1)\times n}\cdot\boldsymbol{D}_{2'}(t)\cdot\boldsymbol{F}_{1'2',(n_{12}-1)\times n}^{\mathrm{T}}\end{aligned}\right\}$$

基于式(4.35)和式(4.37)可得双测站变形的单历元最小二乘估计为

$$\begin{bmatrix}\hat{\boldsymbol{d}}_1(t)\\ \hat{\boldsymbol{d}}_2(t)\end{bmatrix}=-(\boldsymbol{B}^{\mathrm{T}}\boldsymbol{D}_L^{-1}\boldsymbol{B})^{-1}\boldsymbol{B}^{\mathrm{T}}\boldsymbol{D}_L^{-1}\boldsymbol{L}(t) \tag{4.38}$$

分析式(4.38)可知，$\mathrm{Rank}(\boldsymbol{B})=n_{\mathrm{R1}}+n_{\mathrm{R2}}-2$，双测站模型可形成$(n_{\mathrm{R1}}+n_{\mathrm{R2}}+n_{12}-3)$个观测值，只需满足$(n_{\mathrm{R1}}+n_{\mathrm{R2}}\geqslant 8)\cap(n_{\mathrm{R1}}\geqslant 2)\cap(n_{\mathrm{R2}}\geqslant 2)\cap(n_{12}\geqslant 2)$，便有冗余观测值，即可由最小二乘平差求解 6 个模型参数，较单个基—测站 4 颗同步

观测卫星数的要求得到了降低。换言之，双测站联合平差模型由于可形成测站协同求解模式，降低了单个基—测站4颗同步观测卫星数的硬性要求，使处于信号严重遮挡环境下的测站可联合另外一个对空观测视场较为开阔的测站一并求解三维变形，较好地解决了高边坡监测中卫星信号严重遮挡问题。此外，由式(4.32)至式(4.34)可得双测站联合平差的改进单历元方法对允许实际变形量的要求，即

$$\max\{\|\boldsymbol{d}_1\|_2,\|\boldsymbol{d}_2\|_2,\|\boldsymbol{d}_1+\boldsymbol{d}_2\|_2\}=\alpha_d\cdot\lambda \tag{4.39}$$

按双测站联合平差求解变形参数的思路，不难将其扩展至多个测站联合平差模型的单历元方法。例如，基准站与 m 个测站两两站际均可同步观测2颗以上卫星，除按常规单历元变形监测原理建立误差方程，还应顾及 $m-1$ 个空间四边形条件，此时只需令 $\sum_{i=1}^{m} n_{\mathrm{R}i}\geqslant 4m$，即可进行 $3m$ 个变形参数的联合平差估计。同理，多测站模型可降低单个基—测站4颗同步观测卫星数的刚性需求，然而多测站同步观测的要求不利于广泛应用多天线技术以节省成本，且由式(4.39)可知，多测站模型将进一步缩小允许实际变形量范围。因此，综合考虑观测值之间的相关性、数据处理响应速度、多天线技术的应用及对允许实际变形量的要求，将基于双测站联合平差模型的改进单历元方法扩展至多测站情况的实际意义不大，故不再赘述。

4.3.2 卡尔曼滤波模型

1. 状态方程和观测方程

在GNSS单历元变形监测实践中，相邻观测历元的时间间隔很短，加之边坡变形在破坏阶段之前一般属于缓慢变形，故仅采用三维变形能够客观地描述测点状态。此外，不考虑三维变形速度和加速度，也有利于降低监测模型对同步观测卫星数的要求和提高数据处理响应速度。因此，下文假设监测点瞬时三维变形 $\boldsymbol{d}(t)$ 为一阶高斯马尔可夫过程(何秀凤，2007)，建立以 $\boldsymbol{d}(t)$ 为状态量的离散卡尔曼状态方程和观测方程。

(1) 状态方程为

$$\boldsymbol{X}_k=\boldsymbol{\Phi}_k\boldsymbol{X}_{k-1}+\boldsymbol{W}_k \tag{4.40}$$

式中，$\boldsymbol{X}_k$ 为 t_k 时刻状态向量，$\boldsymbol{W}_k$ 为 t_k 时刻状态噪声，$\boldsymbol{\Phi}_k$ 表示状态转移矩阵，且有

$$\left.\begin{aligned}\boldsymbol{X}_k&=\boldsymbol{d}(t_k)\\ \boldsymbol{\Phi}_k&=\left(1-\frac{\Delta t_k}{\tau}\right)\boldsymbol{I}_3\end{aligned}\right\} \tag{4.41}$$

其中，τ 为时间相关常数，Δt_k 为离散采样时间间隔。

(2) 观测方程为

$$\boldsymbol{Z}_k=\boldsymbol{H}_k\boldsymbol{X}_k+\boldsymbol{V}_k \tag{4.42}$$

式中，$\boldsymbol{Z}_k$、$\boldsymbol{H}_k$、$\boldsymbol{V}_k$ 分别表示 t_k 时刻观测向量、观测矩阵和残差向量。

根据常规单历元变形监测建模方法，若在某一历元 t_k 基准站 T_R 与监测站 T_1 同步观测 n 颗卫星，则卡尔曼观测方程中的观测向量、观测矩阵分别为

$$\left.\begin{aligned} \boldsymbol{Z}_k &= -\boldsymbol{L}_{R1}(t_k) \\ \boldsymbol{H}_k &= \boldsymbol{B}_1(t_k) \end{aligned}\right\} \tag{4.43}$$

2. **自适应卡尔曼滤波**

在状态噪声 $\boldsymbol{W}_k$ 和观测噪声 $\boldsymbol{V}_k$ 满足高斯白噪声的前提条件下，若将状态预测向量作为一个整体看待，且考虑状态方程可能有异常或预设的运动模型远离实际变形状态，则可得状态方程和观测方程联合平差的自适应卡尔曼滤波原理（杨元喜，2006），即

$$\boldsymbol{V}_k^{\mathrm{T}}\boldsymbol{\Sigma}_k^{-1}\boldsymbol{V}_k + \alpha_k(\hat{\boldsymbol{X}}_k - \bar{\boldsymbol{X}}_k)^{\mathrm{T}}\boldsymbol{\Sigma}_{\bar{\boldsymbol{X}}_k}^{-1}(\hat{\boldsymbol{X}}_k - \bar{\boldsymbol{X}}_k) = \min \tag{4.44}$$

根据上述滤波原理，可以导出用于单历元变形估计的自适应卡尔曼滤波算法。

状态预测向量为

$$\bar{\boldsymbol{X}}_k = \boldsymbol{\Phi}_k\hat{\boldsymbol{X}}_{k-1} \tag{4.45}$$

状态预测向量的协方差矩阵为

$$\boldsymbol{\Sigma}_{\bar{\boldsymbol{X}}_k} = \boldsymbol{\Phi}_k\boldsymbol{\Sigma}_{\hat{\boldsymbol{X}}_{k-1}}\boldsymbol{\Phi}_k^{\mathrm{T}} + \boldsymbol{\Sigma}_{\boldsymbol{W}_k} \tag{4.46}$$

自适应卡尔曼滤波增益矩阵为

$$\boldsymbol{K}_k = \boldsymbol{\Sigma}_{\bar{\boldsymbol{X}}_k}\boldsymbol{H}_k^{\mathrm{T}}(\alpha_k \cdot \boldsymbol{\Sigma}_k + \boldsymbol{H}_k\boldsymbol{\Sigma}_{\bar{\boldsymbol{X}}_k}\boldsymbol{H}_k^{\mathrm{T}})^{-1} \tag{4.47}$$

状态估计向量为

$$\hat{\boldsymbol{X}}_k = \bar{\boldsymbol{X}}_k - \boldsymbol{K}_k(\boldsymbol{H}_k\bar{\boldsymbol{X}}_k - \boldsymbol{Z}_k) \tag{4.48}$$

状态估计向量的协方差矩阵

$$\boldsymbol{\Sigma}_{\hat{\boldsymbol{X}}_k} = (\boldsymbol{I}_3 - \boldsymbol{K}_k\boldsymbol{H}_k)\boldsymbol{\Sigma}_{\bar{\boldsymbol{X}}_k} \tag{4.49}$$

式中，α_k 表示滤波自适应因子，且 $0 < \alpha_k \leqslant 1$。

式(4.45)至式(4.49)构成了采用自适应卡尔曼滤波方法解算单历元变形的递推计算公式。分析式(4.47)可知，当 $(n-1) < 3$ 时，$\boldsymbol{H}_k\boldsymbol{\Sigma}_{\bar{\boldsymbol{X}}_k}\boldsymbol{H}_k^{\mathrm{T}}$ 为半正定矩阵，但由于 $\boldsymbol{\Sigma}_k$ 为正定矩阵，使得 $(\alpha_k \cdot \boldsymbol{\Sigma}_k + \boldsymbol{H}_k\boldsymbol{\Sigma}_{\bar{\boldsymbol{X}}_k}\boldsymbol{H}_k^{\mathrm{T}})$ 为正定矩阵，实现了单历元变形求解。由此可知，当处于信号严重遮挡环境下，状态方程和观测方程联合平差的自适应卡尔曼滤波方法解决了仅采用当前观测方程平差时的法矩阵秩亏问题，从而成功求解单历元变形信息序列。

应指出的是，自适应卡尔曼滤波方法通过当前观测值对状态预测值进行修正，是有效的动态导航数据处理方法，但也正因利用状态预测，对当前观测值之前的历史观测值未予以足够重视，而这对提高静态边坡变形监测精度极为不利。

3. **自适应实时序贯平差**

与自适应卡尔曼滤波同理，假定观测噪声 $\boldsymbol{V}_k$ 满足高斯白噪声。此时，若已知瞬时三维变形 $\boldsymbol{d}(t)$ 在 t_1 时刻的状态估计向量为 $\hat{\boldsymbol{X}}_1$、状态估计向量的协方差矩阵

为 $\boldsymbol{\Sigma}_{\hat{X}_1}$，则根据自适应实时序贯平差原理可得 $t_{k-1}\sim t_k$ 时刻的序贯平差递推公式(刘志平 等,2011b;杨元喜,2006)。

序贯平差增益矩阵为

$$\boldsymbol{J}_k=\boldsymbol{\Sigma}_{\hat{X}_{k-1}}\boldsymbol{H}_k^{\mathrm{T}}(\tilde{\beta}_k\cdot\boldsymbol{\Sigma}_k+\boldsymbol{H}_k\boldsymbol{\Sigma}_{\hat{X}_{k-1}}\boldsymbol{H}_k^{\mathrm{T}})^{-1} \tag{4.50}$$

状态估计向量为

$$\hat{\boldsymbol{X}}_k=\hat{\boldsymbol{X}}_{k-1}-\boldsymbol{J}_k(\boldsymbol{H}_k\hat{\boldsymbol{X}}_{k-1}-\boldsymbol{Z}_k) \tag{4.51}$$

状态估计向量的协方差矩阵为

$$\boldsymbol{\Sigma}_{\hat{X}_k}=\tilde{\beta}_k^{-1}\cdot(\boldsymbol{I}_3-\boldsymbol{J}_k\boldsymbol{H}_k)\boldsymbol{\Sigma}_{\hat{X}_{k-1}} \tag{4.52}$$

式中，$\tilde{\beta}_k>0$ 为序贯自适应因子。显见，当 $\tilde{\beta}_k=1$ 时，该算法即为常规序贯平差或称静态卡尔曼滤波；当 $\tilde{\beta}_k<1$ 时，表示该算法对历史观测值具有记忆渐消作用；当 $\tilde{\beta}_k>1$ 时，表示该算法对历史观测值具有记忆增强作用。

式(4.50)至式(4.52)构成了采用自适应实时序贯平差方法解算单历元变形的递推公式。分析式(4.50)可知，当 t_k 时刻观测卫星数 $n<4$ 时，$\boldsymbol{H}_k\boldsymbol{\Sigma}_{\hat{X}_{k-1}}\boldsymbol{H}_k^{\mathrm{T}}$ 为半正定矩阵，但由于 $\boldsymbol{\Sigma}_k$ 为正定矩阵，使得 $(\tilde{\beta}_k\cdot\boldsymbol{\Sigma}_k+\boldsymbol{H}_k\boldsymbol{\Sigma}_{\hat{X}_{k-1}}\boldsymbol{H}_k^{\mathrm{T}})$ 为正定矩阵，实现了单历元变形求解。由此可知，当处于信号严重遮挡环境下，序贯平差方法解决了仅采用当前观测方程平差时的法矩阵秩亏问题，从而成功求解单历元变形信息序列。第 k 个历元的序贯平差解等价于采用 k 个历元观测值统一平差解，但递推公式避免了统一平差中的周跳探测与修复。因此，利用一定观测时段内卫星分布的变化，可以获得较小的空间位置精度衰减因子(position dilution of precision，PDOP)以克服单历元数据的卫星分布几何图形强度不佳的问题，从而进一步提高静态变形监测精度。

应说明的是，$\boldsymbol{\Sigma}_{\hat{X}_k}$ 可采用双因子等价权模型确定(杨元喜，2006)，以使序贯平差方法对含有粗差的观测值具有一定稳健性。此外，序贯平差方法与自适应卡尔曼滤波方法一样，没有改变常规单历元方法对实际变形量范围的要求，即式(4.32)。

4.3.3 GPS/Galileo 联合平差模型

较测站、状态方程联合平差更为直接的改进单历元方法是 GPS/Galileo 联合平差，通过增加同步观测卫星数以解决卫星信号遮挡带来的观测值不足。与图 4.4 同理，设卫星截止高度角为 30°，采样时间间隔为 5 分钟，空间分辨率为 5°×5°，仿真可得全球区域可观测 6 颗以上 GPS/Galileo 组合系统卫星的单天时间可用性，如图 4.6(a)所示；同时，全球区域可观测 4 颗以上 GPS/Galileo 组合系统卫星的单天时间可用性，如图 4.6(b)所示。

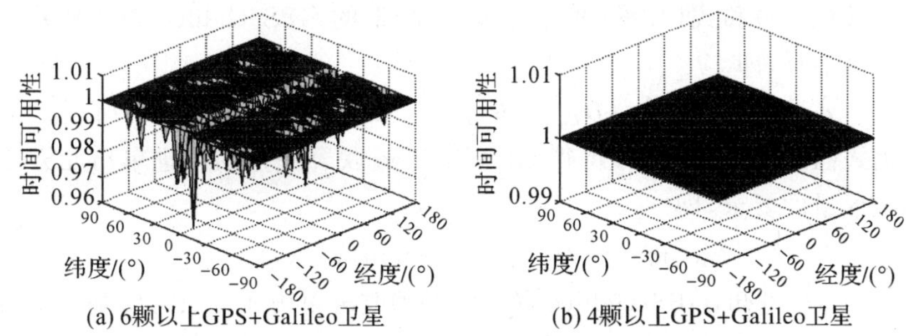

图 4.6　不同 GPS/Galileo 卫星数的时间可用性

由图 4.6 可知，当增加 Galileo 系统后，即便在截止高度角 30°的高山峡谷地区卫星信号遮挡环境下，也可全天候连续观测 4 颗以上卫星，6 颗以上观测卫星的时间可用性达 0.96 以上，满足单历元方法对卫星数的要求。下面探讨 GPS/Galileo 联合平差模型。

根据常规单历元变形监测建模方法，若在某一观测历元 t_k 基准站 T_R 与监测站 T_1 同步观测 n 颗 GPS 卫星，则基于式(4.20)给出 GPS 单历元函数模型为

$$\boldsymbol{V}_{1,\mathrm{G}}(t)=\boldsymbol{B}_{1,\mathrm{G}}(t)\cdot\boldsymbol{d}_1(t)+\boldsymbol{L}_{\mathrm{R1,G}}(t) \tag{4.53}$$

式中，下标 G 表示对应 GPS 卫星的观测值及相关量。

同理，可以得到 Galileo 单历元函数模型

$$\boldsymbol{V}_{1,\mathrm{E}}(t)=\boldsymbol{B}_{1,\mathrm{E}}(t)\cdot\boldsymbol{d}_1(t)+\boldsymbol{L}_{\mathrm{R1,E}}(t) \tag{4.54}$$

式中，下标 E 表示对应 Galileo 卫星的观测值及相关量。

基于式(4.53)和式(4.54)可得 GPS/Galileo 联合平差的函数模型

$$\boldsymbol{V}_{1,\mathrm{G/E}}(t)=\boldsymbol{B}_{1,\mathrm{G/E}}(t)\cdot\boldsymbol{d}_1(t)+\boldsymbol{L}_{\mathrm{R1,G/E}}(t) \tag{4.55}$$

式中

$$\boldsymbol{V}_{1,\mathrm{G/E}}(t)=\begin{bmatrix}\boldsymbol{V}_{1,\mathrm{G}}(t)\\ \boldsymbol{V}_{1,\mathrm{E}}(t)\end{bmatrix}$$

$$\boldsymbol{B}_{1,\mathrm{G/E}}(t)=\begin{bmatrix}\boldsymbol{B}_{1,\mathrm{G}}(t)\\ \boldsymbol{B}_{1,\mathrm{E}}(t)\end{bmatrix}$$

$$\boldsymbol{L}_{\mathrm{R1,G/E}}(t)=\begin{bmatrix}\boldsymbol{L}_{\mathrm{R1,G}}\\ \boldsymbol{L}_{\mathrm{R1,E}}\end{bmatrix}$$

由式(4.21)并顾及 GPS 和 Galileo 观测值不相关，可得 GPS/Galileo 联合平差的随机模型为

$$\boldsymbol{D}_{\boldsymbol{L}_{\mathrm{R1,G/E}}}(t)=\begin{bmatrix}\boldsymbol{D}_{\boldsymbol{L}_{\mathrm{R1,G}},\lambda\mathrm{G}}(t) & 0\\ 0 & \boldsymbol{D}_{\boldsymbol{L}_{\mathrm{R1,E}},\lambda\mathrm{E}}(t)\end{bmatrix} \tag{4.56}$$

式中，λ_{G}、λ_{E} 分别表示 GPS 和 Galileo 载波相位观测值的波长。

基于式(4.55)和式(4.56)可得测站 T_1 变形的 GPS/Galileo 联合平差的单历元最小二乘估计,即

$$\hat{\boldsymbol{d}}_1(t)=-(\boldsymbol{B}_{1,G/E}^{T}\boldsymbol{D}_{\boldsymbol{L}_{R1,G/E}}^{-1}\boldsymbol{B}_{1,G/E})^{-1}\boldsymbol{B}_{1,G/E}^{T}\boldsymbol{D}_{\boldsymbol{L}_{R1,G/E}}^{-1}\boldsymbol{L}_{R1,G/E}(t) \tag{4.57}$$

根据式(4.32)和式(4.55)可得 GPS/Galileo 联合平差的改进单历元方法对允许实际变形量的要求,即

$$\max\{\|\boldsymbol{d}_1\|_2\}=\alpha_d\cdot\min\{\lambda_G,\lambda_E\} \tag{4.58}$$

由式(4.57)可知,GPS/Galileo 联合平差的改进单历元方法需要基—测站同步观测 GPS 卫星和 Galileo 卫星各 2 颗以上,因而不能利用单颗的 GPS 卫星或 Galileo 卫星。同时,由式(4.58)可知,GPS/Galileo 联合平差的改进单历元方法不利于增大可正确监测的允许实际变形量范围。因此,可将 GPS/Galileo 联合平差的改进单历元方法称为 GPS/Galileo 浅组合的改进单历元方法。

4.4　基于双频宽巷/窄巷观测值的改进单历元方法

4.4.1　GPS-Ⅲ双频宽巷/窄巷观测值

在保持组合观测值模糊度整周特性等的前提下,以式(2.24)为约束函数,选取 GPS-Ⅲ的 2 个双频宽巷和 2 个双频窄巷组合观测值,如表 4.1 所示。

表 4.1　GPS-Ⅲ双频宽巷/窄巷组合观测值

双频组合观测值				组合系数			误差比例系数		
标准		f/MHz	λ/cm	L1	L2	L5	$\tilde{\alpha}_{ion}$	$\tilde{\alpha}_{tro}$	$\tilde{\alpha}_{n}$
L1/L2	宽巷	$34f_0$	86.19	1	−1	0	−1.28	1	6.40
	窄巷	$274f_0$	10.70	1	1	0	1.28	1	0.79
L1/L5	宽巷	$39f_0$	75.14	1	0	−1	−1.34	1	5.58
	窄巷	$269f_0$	10.89	1	0	1	1.34	1	0.81

从表 4.1 可以看出,GPS L1/L2 双频宽巷组合观测值波长为 86.19 cm,由式(4.16)可知宽巷组合能有效提高双差整周模糊度固定的可靠性。同时,由式(4.32)可得基于 L1/L2 双频宽巷组合观测值的改进单历元方法的允许变形量范围至少为 52.78 cm,即在不需双差模糊度搜索的情况下可实现亚米级及以上变形量的正确提取。但双频宽巷组合观测值的噪声均随之放大,不利于获得高精度的变形监测信息。L1/L2 双频窄巷组合观测值波长为 10.70 cm,组合观测值噪声得到了较好抑制,与双频宽巷组合具有互补性。因此,若将双频宽巷组合和双频窄巷组合观测值综合利用并建立单历元模型,则在增大允许变形量范围的同时,可进一步提高变形监测精度。鉴于此,本节针对增加第三民用频率 L5 后的 GPS-Ⅲ研

究相应的双频宽巷/窄巷观测值的改进单历元方法。

(1) 利用波长尺度精化方法计算 GPS 窄巷组合观测值模糊度。将表 4.1 中 GPS-Ⅲ的 L1/L2 和 L1/L5 共计 2 个双频宽巷、2 个双频窄巷组合观测值分别记为 φ_{L1wL2}、φ_{L1wL5}、φ_{L1nL2}、φ_{L1nL5}。其中,2 个双频宽巷组合可写成

$$[\varphi_{\mathrm{L1nL2}} \quad \varphi_{\mathrm{L1nL5}}]^{\mathrm{T}} = \boldsymbol{H}_{\mathrm{G}} \cdot [\varphi_{\mathrm{L1}} \quad \varphi_{\mathrm{L2}} \quad \varphi_{\mathrm{L5}}]^{\mathrm{T}} \tag{4.59}$$

式中

$$\boldsymbol{H}_{\mathrm{G}} = \begin{bmatrix} 1 & 1 & 0 \\ 1 & 0 & 1 \end{bmatrix}$$

与式(4.16)同理,利用已知基—测站基线向量可计算双频宽巷组合观测值双差模糊度,即

$$\left.\begin{aligned} N_{\mathrm{R1}',\mathrm{L1wL2}}^{jk}(t) &= \left[\frac{\rho_{\mathrm{R1}}^{jk}(t)}{\lambda_{\mathrm{L1wL2}}} - \varphi_{\mathrm{R1}',\mathrm{L1wL2}}^{jk}(t)\right]_{\mathrm{int}} \\ N_{\mathrm{R1}',\mathrm{L1wL5}}^{jk}(t) &= \left[\frac{\rho_{\mathrm{R1}}^{jk}(t)}{\lambda_{\mathrm{L1wL5}}} - \varphi_{\mathrm{R1}',\mathrm{L1wL5}}^{jk}(t)\right]_{\mathrm{int}} \end{aligned}\right\} \tag{4.60}$$

计算 L2、L5 观测值双差模糊度

$$\left.\begin{aligned} N_{\mathrm{R1}',\mathrm{L2}}^{jk}(t) &= \left[\frac{\rho_{\mathrm{R1},\mathrm{L2}}^{jk}(t)}{\lambda_{\mathrm{L2}}} - \varphi_{\mathrm{R1}',\mathrm{L2}}^{jk}(t)\right]_{\mathrm{int}} \\ N_{\mathrm{R1}',\mathrm{L5}}^{jk}(t) &= \left[\frac{\rho_{\mathrm{R1},\mathrm{L5}}^{jk}(t)}{\lambda_{\mathrm{L5}}} - \varphi_{\mathrm{R1}',\mathrm{L5}}^{jk}(t)\right]_{\mathrm{int}} \end{aligned}\right\} \tag{4.61}$$

式中

$$\left.\begin{aligned} \rho_{\mathrm{R1},\mathrm{L2}}^{jk}(t) &= \lambda_{\mathrm{L1wL2}} \cdot (\varphi_{\mathrm{R1}',\mathrm{L1wL2}}^{jk}(t) + N_{\mathrm{R1}',\mathrm{L1wL2}}^{jk}(t)) \\ \rho_{\mathrm{R1},\mathrm{L5}}^{jk}(t) &= \lambda_{\mathrm{L1wL5}} \cdot (\varphi_{\mathrm{R1}',\mathrm{L1wL5}}^{jk}(t) + N_{\mathrm{R1}',\mathrm{L1wL5}}^{jk}(t)) \end{aligned}\right\}$$

计算 L1/L2、L1/L5 窄巷组合观测值双差模糊度

$$\left.\begin{aligned} N_{\mathrm{R1}',\mathrm{L1nL2}}^{jk}(t) &= \left[\frac{\rho_{\mathrm{R1},\mathrm{L1nL2}}^{jk}(t)}{\lambda_{\mathrm{L1nL2}}} - \varphi_{\mathrm{R1}',\mathrm{L1nL2}}^{jk}(t)\right]_{\mathrm{int}} \\ N_{\mathrm{R1}',\mathrm{L1nL5}}^{jk}(t) &= \left[\frac{\rho_{\mathrm{R1},\mathrm{L1nL5}}^{jk}(t)}{\lambda_{\mathrm{L1nL5}}} - \varphi_{\mathrm{R1}',\mathrm{L1nL5}}^{jk}(t)\right]_{\mathrm{int}} \end{aligned}\right\} \tag{4.62}$$

式中

$$\left.\begin{aligned} \rho_{\mathrm{R1},\mathrm{L1nL2}}^{jk}(t) &= \lambda_{\mathrm{L1L2}} \cdot (\varphi_{\mathrm{R1}',\mathrm{L2}}^{jk}(t) + N_{\mathrm{R1}',\mathrm{L2}}^{jk}(t)) \\ \rho_{\mathrm{R1},\mathrm{L1nL5}}^{jk}(t) &= \lambda_{\mathrm{L1L5}} \cdot (\varphi_{\mathrm{R1}',\mathrm{L5}}^{jk}(t) + N_{\mathrm{R1}',\mathrm{L5}}^{jk}(t)) \end{aligned}\right\}$$

式(4.60)至式(4.62)给出了从双频宽巷组合观测值双差模糊度,经 L2、L5 衔接后得到双频率窄巷组合观测值双差模糊度的方法,计算过程中载波观测值的波长尺度逐渐减小,因此将该方法称为波长尺度精化法。由于双频率宽巷组合观测值的波长较大,利用已知基线向量能得到可靠的宽巷组合双差模糊度。在此基础上为获取正确的 L2、L5 观测值和窄巷组合双差模糊度,由误差传播定律并取 3 倍

误差上限,得该方法的尺度衔接条件为

$$\left.\begin{aligned}3\sqrt{1^2+(-1)^2+0^2}\,(2\times0.01)\lambda_{\mathrm{L1wL2}}<\frac{\lambda_{\mathrm{L2}}}{2}\\3\sqrt{1^2+0^2+(-1)^2}\,(2\times0.01)\lambda_{\mathrm{L1wL5}}<\frac{\lambda_{\mathrm{L5}}}{2}\end{aligned}\right\}\tag{4.63}$$

$$\left.\begin{aligned}3\sqrt{0^2+1^2+0^2}\,(2\times0.01)\lambda_{\mathrm{L2}}<\frac{\lambda_{\mathrm{L1nL2}}}{2}\\3\sqrt{0^2+0^2+1^2}\,(2\times0.01)\lambda_{\mathrm{L5}}<\frac{\lambda_{\mathrm{L1nL5}}}{2}\end{aligned}\right\}\tag{4.64}$$

式中,0.01为非差载波相位观测误差(周)。根据表4.1可知尺度衔接条件成立,因此利用波长尺度精化法可由双频宽巷组合的双差模糊度正确提取双频窄巷组合的双差模糊度。

(2)基于常规单历元方法函数模型式(4.20),由式(4.32)选取最佳参考星,并利用双频窄巷组合 φ_{L1nL2}、φ_{L1nL5} 建立GPS-Ⅲ双频宽巷/窄巷组合观测值的改进单历元函数模型,即

$$\bar{\boldsymbol{V}}_1(t)=\bar{\boldsymbol{B}}_1(t)\cdot\boldsymbol{d}_1(t)+\bar{\boldsymbol{L}}_{\mathrm{R1}}(t)\tag{4.65}$$

式中

$$\left.\begin{aligned}\bar{\boldsymbol{V}}_1(t)&=[\boldsymbol{V}_{1,\mathrm{L1nL2}}^{\mathrm{T}}(t)\quad\boldsymbol{V}_{1,\mathrm{L1nL5}}^{\mathrm{T}}(t)]^{\mathrm{T}}\\\bar{\boldsymbol{B}}_1(t)&=[\boldsymbol{B}_1^{\mathrm{T}}(t)\quad\boldsymbol{B}_1^{\mathrm{T}}(t)]^{\mathrm{T}}\\\bar{\boldsymbol{L}}_{\mathrm{R1}}(t)&=[\boldsymbol{L}_{\mathrm{R1,L1nL2}}^{\mathrm{T}}(t)\quad\boldsymbol{L}_{\mathrm{R1,L1nL5}}^{\mathrm{T}}(t)]^{\mathrm{T}}\end{aligned}\right\}$$

(3)基于常规单历元方法的随机模型式(4.21),并由式(4.59)考虑双频窄巷组合观测值 φ_{L1nL2}、φ_{L1nL5} 的相关性,可得GPS-Ⅲ双频宽巷/窄巷组合观测值的改进单历元随机模型,即

$$\boldsymbol{D}_{\bar{\boldsymbol{L}}_{\mathrm{R1}}}(t)=\bar{\boldsymbol{H}}_{\mathrm{G}}\begin{bmatrix}\boldsymbol{D}_{\boldsymbol{L}_{\mathrm{R1}},\lambda_{\mathrm{L1}}} & & 0\\ & \boldsymbol{D}_{\boldsymbol{L}_{\mathrm{R1}},\lambda_{\mathrm{L2}}} & \\ 0 & & \boldsymbol{D}_{\boldsymbol{L}_{\mathrm{R1}},\lambda_{\mathrm{L5}}}\end{bmatrix}\bar{\boldsymbol{H}}_{\mathrm{G}}^{\mathrm{T}}\tag{4.66}$$

式中,$\bar{\boldsymbol{H}}_{\mathrm{G}}=\boldsymbol{H}_{\mathrm{G}}\otimes\boldsymbol{I}_{n-1}$,其中$\otimes$表示克罗内克(Kronecker)积;$\boldsymbol{I}_{n-1}$表示 $n-1$ 阶单位矩阵。

(4)基于式(4.65)和式(4.66),可得变形参数的单历元最小二乘估计为

$$\hat{\boldsymbol{d}}_1(t)=-(\bar{\boldsymbol{B}}_1^{\mathrm{T}}\boldsymbol{D}_{\bar{\boldsymbol{L}}_{\mathrm{R1}}}^{-1}\bar{\boldsymbol{B}}_1)^{-1}\bar{\boldsymbol{B}}_1^{\mathrm{T}}\boldsymbol{D}_{\bar{\boldsymbol{L}}_{\mathrm{R1}}}^{-1}\bar{\boldsymbol{L}}_{\mathrm{R1}}(t)\tag{4.67}$$

在上述四个步骤中,式(4.59)至式(4.67)给出了利用GPS-Ⅲ双频宽巷/窄巷组合观测值进行单历元变形监测的通式。由此不难看出,基于GPS-Ⅲ双频宽巷/窄巷组合观测值的改进单历元方法,是通过已知基—测站基线向量获取可靠的宽巷观测值双差模糊度,进而通过波长尺度精化法得到窄巷观测值模糊度,并建立单历元数学模型。若接收机可进行三频观测,可采用窄巷组合观测值 φ_{L1nL2}、φ_{L1nL5},

即 $\boldsymbol{H}_G$ 行向量全部保留，同步观测卫星数 $n \geqslant 4$ 时可求解三维变形 $\boldsymbol{d}_1(t)$。若接收机仅可进行 L1/L2 或 L1/L5 双频观测，则根据实际观测的频率形成一个窄巷组合，即 $\boldsymbol{H}_G$ 保留某一行，同步观测卫星数 $n \geqslant 4$ 时可以获得三维变形量。此外，可以结合基于联合平差模型的改进单历元方法解决卫星信号遮挡的问题。

4.4.2 Galileo 双频宽巷/窄巷观测值

在保持组合观测值模糊度整周特性等的前提下，以式(2.24)为约束函数，选取 Galileo 系统 3 个双频宽巷和 3 个双频窄巷组合观测值，如表 4.2 所示。

表 4.2　Galileo 双频宽巷/窄巷组合观测值

双频组合观测值				组合系数				误差比例系数		
标准		f/MHz	λ/cm	E2	E5a	E5b	E6	$\tilde{\alpha}_{ion}$	$\tilde{\alpha}_{tro}$	$\tilde{\alpha}_{n}$
E2/E5a	宽巷	$39f_0$	75.14	1	−1	0	0	−1.34	1	5.58
	窄巷	$269f_0$	10.89	1	1	0	0	1.34	1	0.81
E2/E5b	宽巷	$36f_0$	81.40	1	0	−1	0	−1.31	1	6.05
	窄巷	$272f_0$	10.77	1	0	1	0	1.31	1	0.80
E2/E6	宽巷	$29f_0$	101.05	1	0	0	−1	−1.23	1	7.51
	窄巷	$279f_0$	10.50	1	0	0	1	1.23	1	0.78

由表 4.2 可知，Galileo 系统 E2/E6 双频宽巷组合观测值波长为 101.05 cm，由式(4.32)可得基于 E2/E6 双频宽巷组合观测值的改进单历元方法的允许变形量范围可达 61.88 cm 以上，即在不需双差模糊度搜索的情况下可实现亚米级及以上变形量的正确提取。同时，E2/E6 双频窄巷组合观测值波长为 10.50 cm，可以提高变形监测精度。与 4.4.1 节同理，本节探讨基于 Galileo 系统双频宽巷/窄巷组合观测值的改进单历元方法。

(1)利用波长尺度精化方法计算 Galileo 窄巷组合观测值模糊度。将表 4.2 中 Galileo 系统 E2/E5a、E2/E5b 和 E2/E6 共计 3 个双频宽巷、3 个双频窄巷组合观测值分别记为 φ_{E2wE5a}、φ_{E2wE5b}、φ_{E2wE6}、φ_{E2nE5a}、φ_{E2nE5b}、φ_{E2nE6}。其中，3 个双频窄巷组合观测值也可写成

$$[\varphi_{E2nE5a}\quad \varphi_{E2nE5b}\quad \varphi_{E2nE6}]^T = \boldsymbol{H}_E \cdot [\varphi_{E2}\quad \varphi_{E5a}\quad \varphi_{E5b}\quad \varphi_{E6}]^T \tag{4.68}$$

式中

$$\boldsymbol{H}_E = \begin{bmatrix} 1 & 1 & 0 & 0 \\ 1 & 0 & 1 & 0 \\ 1 & 0 & 0 & 1 \end{bmatrix}$$

与式(4.16)同理，采用已知的基—测站基线向量可求得可靠的宽巷组合观测值双差整周模糊度，并利用波长尺度精化法经 E5a、E5b、E6 衔接后，分别计算窄巷组合的双差模糊度，即

$$\left.\begin{array}{c}N_{R1',E2nE5a}^{jk}(t)=\left[\dfrac{\rho_{R1,E2nE5a}^{jk}(t)}{\lambda_{E2nE5a}}-\varphi_{R1',E2nE5a}^{jk}(t)\right]_{int}\\ \vdots \\ N_{R1',E2nE6}^{jk}(t)=\left[\dfrac{\rho_{R1,E2nE6}^{jk}(t)}{\lambda_{E2nE6}}-\varphi_{R1',E2nE6}^{jk}(t)\right]_{int}\end{array}\right\} \tag{4.69}$$

式中，$\rho_{R1,E2nE5a}^{jk}(t),\cdots,\rho_{R1,E2nE6}^{jk}(t)$计算方法与式(4.60)至式(4.62)相同。

(2)基于常规单历元方法函数模型式(4.20)，由式(4.32)选取最佳参考星并利用双频宽巷组合φ_{E2nE5a}、…、φ_{E2nE6}建立Galileo双频宽巷/窄巷组合观测值的改进单历元函数模型，即

$$\widetilde{\boldsymbol{V}}_1(t)=\widetilde{\boldsymbol{B}}_1(t)\cdot\boldsymbol{d}_1(t)+\widetilde{\boldsymbol{L}}_{R1}(t) \tag{4.70}$$

式中

$$\left.\begin{array}{l}\widetilde{\boldsymbol{V}}_1(t)=[\boldsymbol{V}_{1,E2nE5a}^{T}(t)\quad \boldsymbol{V}_{1,E2nE5b}^{T}(t)\quad \boldsymbol{V}_{1,E2nE6}^{T}(t)]^{T}\\ \widetilde{\boldsymbol{B}}_1(t)=[\boldsymbol{B}_1^{T}(t)\quad \boldsymbol{B}_1^{T}(t)\quad \boldsymbol{B}_1^{T}(t)]^{T}\\ \widetilde{\boldsymbol{L}}_{R1}(t)=[\boldsymbol{L}_{R1,E2nE5a}^{T}(t)\quad \boldsymbol{L}_{R1,E2nE5b}^{T}(t)\quad \boldsymbol{L}_{R1,E2nE6}^{T}(t)]^{T}\end{array}\right\}$$

(3)基于常规单历元方法的随机模型式(4.21)，并由式(4.68)考虑双频窄巷组合观测值φ_{E2nE5a}、…、φ_{E2nE6}的相关性，可得Galileo双频宽巷/窄巷组合观测值的改进单历元随机模型，即

$$\boldsymbol{D}_{\widetilde{L}_{R1}}(t)=\widetilde{\boldsymbol{H}}_E\begin{bmatrix}\boldsymbol{D}_{L_{R1},\lambda_{E2}} & & & 0\\ & \boldsymbol{D}_{L_{R1},\lambda_{E5a}} & & \\ & & \boldsymbol{D}_{L_{R1},\lambda_{E5b}} & \\ 0 & & & \boldsymbol{D}_{L_{R1},\lambda_{E6}}\end{bmatrix}\widetilde{\boldsymbol{H}}_E^{T} \tag{4.71}$$

式中，$\widetilde{\boldsymbol{H}}_E=\boldsymbol{H}_E\otimes\boldsymbol{I}_{n-1}$。

(4)顾及式(4.70)和式(4.71)，可得变形参数的单历元最小二乘估计为

$$\hat{\boldsymbol{d}}_1(t)=-(\widetilde{\boldsymbol{B}}_1^{T}\boldsymbol{D}_{\widetilde{L}_{R1}}^{-1}\widetilde{\boldsymbol{B}}_1)^{-1}\widetilde{\boldsymbol{B}}_1^{T}\boldsymbol{D}_{\widetilde{L}_{R1}}^{-1}\widetilde{\boldsymbol{L}}_{R1}(t) \tag{4.72}$$

在上述四个步骤中，式(4.68)至式(4.72)给出了利用Galieo系统双频宽巷/窄巷组合观测值进行单历元变形监测的通式。若接收机可进行四频测量，可采用窄巷组合相位观测值φ_{E2nE5a}、…、φ_{E2nE6}，即$\boldsymbol{H}_E$行向量全部保留，同步观测卫星数$n\geqslant 4$时可求解三维变形$\boldsymbol{d}_1(t)$。若接收机仅可进行E2/E5a、E2/E5b和E2/E6双频观测，则根据实际观测的频率形成一个窄巷组合，即$\boldsymbol{H}_E$保留某一行，同步观测卫星数$n\geqslant 4$时可以获得三维变形量。此外，该方法同样可结合基于联合平差模型的改进单历元方法解决卫星信号遮挡的问题。

4.4.3 GPS-Ⅲ/Galileo双频宽巷/窄巷观测值

在保持组合观测值模糊度整周特性等的前提下，以式(2.24)为约束函数，选取

GPS-Ⅲ/Galileo 组合系统 2 个双频宽巷和 2 个双频窄巷组合观测值，如表 4.3 所示。

表 4.3　GPS-Ⅲ/Galileo 双频宽巷/窄巷组合观测值

双频组合观测值				组合系数		误差比例系数		
标准		f/MHz	λ/cm	L1 或 E2	L5 或 E5a	$\tilde{\alpha}_{ion}$	$\tilde{\alpha}_{tro}$	$\tilde{\alpha}_{n}$
L1/L5	宽巷	$39f_0$	75.14	1	−1	−1.34	1	5.58
E2/ E5a	窄巷	$269f_0$	10.89	1	1	1.34	1	0.81

由表 4.3 可知，GPS-Ⅲ/Galileo 系统只有 L1、L5 或 E2、E5a 两个公共频率，所形成的双频宽巷组合观测值波长为 75.14 cm，由式(4.32)可得 GPS-Ⅲ/Galileo 双频宽巷组合观测值的改进单历元方法的允许变形量范围至少为 46.01 cm，即在不需双差模糊度搜索情况下可实现亚米级及以上变形量的正确提取。同时，所形成的双频窄巷组合观测值波长为 10.89 cm，可以提高变形监测精度。与 4.4.1 节同理，本节研究基于 GPS-Ⅲ/Galileo 组合系统双频宽巷/窄巷组合观测值的改进单历元方法。

(1)利用波长尺度精化方法计算 GPS/Galileo 窄巷组合观测值模糊度。将表 4.3中 GPS-Ⅲ/Galileo 系统共计 2 个双频宽巷、2 个窄巷组合观测值分别记为 φ_{L1wL5}、φ_{E2wE5a}、φ_{L1nL5}、φ_{E2nE5a}。其中，2 个双频窄巷组合观测值也可写成

$$[\varphi_{L1nL5} \quad \varphi_{E2nE5a}] = \boldsymbol{H}_{G/E} \cdot [\varphi_{L1} \quad \varphi_{E2} \quad \varphi_{L5} \quad \varphi_{E5a}]^{T} \tag{4.73}$$

式中

$$\boldsymbol{H}_{G/E} = \begin{bmatrix} 1 & 0 & 1 & 0 \\ 0 & 1 & 0 & 1 \end{bmatrix}$$

与式(4.16)同理，采用已知的基—测站基线向量可求得可靠的宽巷组合观测值双差整周模糊度，并利用波长尺度精化法经 L5、E5a 衔接后，分别计算窄巷组合观测值的双差模糊度，即

$$\left.\begin{aligned} N_{R1',L1nL5}^{jk}(t) &= \left[\frac{\rho_{R1,L1nL5}^{jk}(t)}{\lambda_{L1nL5}} - \varphi_{R1',L1nL5}^{jk}(t)\right]_{int} \\ N_{R1',E2nE5a}^{jk}(t) &= \left[\frac{\rho_{R1,E2nE5a}^{jk}(t)}{\lambda_{E2nE5a}} - \varphi_{R1',E2nE5a}^{jk}(t)\right]_{int} \end{aligned}\right\} \tag{4.74}$$

式中，$\rho_{R1,L1nL5}^{jk}(t)$、$\rho_{R1,E2nE5a}^{jk}(t)$计算方法与式(4.60)至式(4.62)相同。

(2)基于常规单历元方法函数模型式(4.20)，由式(4.32)选取最佳参考星并利用双频窄巷组合 φ_{L1nL5}、φ_{E2nE5a}建立 GPS-Ⅲ/Galileo 双频宽巷/窄巷组合的改进单历元函数模型，即

$$\breve{\boldsymbol{V}}_1(t) = \breve{\boldsymbol{B}}_1(t) \cdot \boldsymbol{d}_1(t) + \breve{\boldsymbol{L}}_{R1}(t) \tag{4.75}$$

式中

$$\left.\begin{aligned}\breve{\boldsymbol{V}}_1(t)&=[\boldsymbol{V}_{1,\mathrm{L1nL5}}^{\mathrm{T}}(t)\quad \boldsymbol{V}_{1,\mathrm{E2nE5a}}^{\mathrm{T}}(t)]^{\mathrm{T}}\\ \breve{\boldsymbol{B}}_1(t)&=[\boldsymbol{B}_1^{\mathrm{T}}(t)\quad \boldsymbol{B}_1^{\mathrm{T}}(t)]^{\mathrm{T}}\\ \breve{\boldsymbol{L}}_{\mathrm{R1}}(t)&=[\boldsymbol{L}_{\mathrm{R1,L1nL5}}^{\mathrm{T}}(t)\quad \boldsymbol{L}_{\mathrm{R1,E2nE5a}}^{\mathrm{T}}(t)]^{\mathrm{T}}\end{aligned}\right\}$$

(3)基于常规单历元方法的随机模型式(4.21),并由式(4.73)考虑双频窄巷组合观测值 φ_{L1nL5}、$\varphi_{\mathrm{E2nE5a}}$ 相关性可得 GPS-Ⅲ/Galileo 双频宽巷/窄巷组合的改进单历元随机模型,即

$$\boldsymbol{D}_{\breve{L}_{\mathrm{R1}}}(t)=\breve{\boldsymbol{H}}_{\mathrm{G/E}}\begin{bmatrix}\boldsymbol{D}_{\boldsymbol{L}_{\mathrm{R1}},\lambda_{\mathrm{L1}}} & & & 0\\ & \boldsymbol{D}_{\boldsymbol{L}_{\mathrm{R1}},\lambda_{\mathrm{E2}}} & & \\ & & \boldsymbol{D}_{\boldsymbol{L}_{\mathrm{R1}},\lambda_{\mathrm{L5}}} & \\ 0 & & & \boldsymbol{D}_{\boldsymbol{L}_{\mathrm{R1}},\lambda_{\mathrm{E5a}}}\end{bmatrix}\breve{\boldsymbol{H}}_{\mathrm{G/E}}^{\mathrm{T}} \tag{4.76}$$

式中,$\breve{\boldsymbol{H}}_{\mathrm{G/E}}=\boldsymbol{H}_{\mathrm{G/E}}\otimes\boldsymbol{I}_{n-1}$。

(4)基于式(4.75)和式(4.76),可得变形参数的单历元最小二乘估计为

$$\hat{\boldsymbol{d}}_1(t)=-(\breve{\boldsymbol{B}}_1^{\mathrm{T}}\boldsymbol{D}_{\breve{L}_{\mathrm{R1}}}^{-1}\breve{\boldsymbol{B}}_1)^{-1}\breve{\boldsymbol{B}}_1^{\mathrm{T}}\boldsymbol{D}_{\breve{L}_{\mathrm{R1}}}^{-1}\breve{\boldsymbol{L}}_{\mathrm{R1}}(t) \tag{4.77}$$

在上述四个步骤中,式(4.73)至式(4.77)给出了利用 GPS-Ⅲ/Galileo 组合系统双频宽巷/窄巷组合观测值进行单历元变形监测的通式。若接收机可同时接收 GPS-Ⅲ和 Galileo 系统的载波相位观测值,基于 GPS-Ⅲ/Galileo 组合系统双频宽巷/窄巷组合观测值的改进单历元方法不但解决了卫星信号遮挡问题,而且在不需双差模糊度搜索的情况下实现了亚米级及以上变形量的正确提取。因此,相对 GPS/Galileo 浅组合的改进单历元方法,即基于 GPS/Galileo 联合平差模型的改进单历元方法,可将基于 GPS-Ⅲ/Galileo 双频宽巷/窄巷组合观测值的改进单历元方法称为 GPS/Galileo 深组合的改进单历元方法。

需说明的是,本节探讨的 GPS-Ⅲ/Galileo 双频宽巷/窄巷组合,与 GPS-Ⅲ双频宽巷/窄巷组合、Galileo 双频宽巷/窄巷组合均属于异频同距组合观测值,但它们在构成函数模型时,通过站星际双差才形成异频异距组合观测值。以本节为例,式(4.73)表示为同一站星几何距离的 GPS-Ⅲ/Galileo 双频相位观测值的异频同距组合,而在式(4.75)和式(4.76)中完成站星际双差的异频异距组合。因此,表 4.1 至表 4.3 中的相对误差应理解为双差电离层延迟残差、双差对流层延迟残差和双差观测噪声的误差比例系数。

4.5 结果与分析

4.5.1 小湾水电站 2 号山梁高边坡 GPS 监测网及其精度分析

鉴于小湾水电站 2 号山梁高边坡工程地质条件的特殊性与其在工程安全建设

中的重要性，从指导信息化施工、降低设备投入成本及实现高危边坡的无人值守监测模式等方面考虑，小湾水电站相关部门决定在原有全站仪变形监测的基础上，采用 GPS 多天线远程自动化变形监测系统，对 2 号山梁高边坡实施固定 GPS 测站阵列的连续监测（何秀凤，2007）。

2 号山梁高边坡 GPS 监测网一期工程由 2 个基准点和 14 个监测点构成。基准点 B1 高程约 1 340 m、B2 高程约 1 640 m。14 个监测点均匀覆盖在高边坡 10 条马道上，每条马道分布有 1～2 个监测点。其中，1Ⅱ-TP22、1Ⅱ-TP25、1Ⅱ-TP29、1Ⅱ-TP30、1Ⅱ-TP35 和 1Ⅱ-TP36 连接在同一台多天线控制器的 6 个通道上；2Ⅰ-TP09、2Ⅰ-TP14、2Ⅰ-TP15、2Ⅰ-TP18、2Ⅰ-TP29、2Ⅰ-TP33 及 LS-TP01、LS-TP04连接在另一台多天线控制器的 8 个通道。由于 2 号山梁抗滑桩施工的影响，2004 年9 月3 日至 2005 年 3 月 6 日逐步废弃了监测点 2Ⅰ-TP09、2Ⅰ-TP14、2Ⅰ-TP15、2Ⅰ-TP18、2Ⅰ-TP33，并于 2005 年 2 月 27 日增加了监测点 1Ⅱ-TP11、1Ⅱ-TP17，形成 GPS 监测网的二期工程，并运行至今。表 4.4 表示 2 号山梁高边坡各监测点 1/2 时段数据处理后的精度。

表 4.4　2 号山梁高边坡监测点精度

测点		WGS-84 坐标系中的误差/mm			站心坐标系中的误差/mm		
编号	高程/m	X	Y	Z	x	y	z
1Ⅱ-TP11	1 580	1.3	3.9	1.5	1.4	1.6	3.9
1Ⅱ-TP17	1 540	1.2	3.8	1.4	1.3	1.7	3.7
1Ⅱ-TP22	1 500	1.1	3.2	1.3	1.2	1.5	3.1
1Ⅱ-TP25	1 480	1.3	3.8	1.5	1.4	1.8	3.6
1Ⅱ-TP29	1 460	1.2	3.3	1.4	1.2	1.6	3.2
1Ⅱ-TP30	1 460	1.1	3.1	1.3	1.1	1.4	2.9
1Ⅱ-TP35	1 420	1.2	3.5	1.4	1.3	1.6	3.4
1Ⅱ-TP36	1 420	1.3	3.7	1.4	1.3	1.7	3.6
2Ⅰ-TP29	1 380	2.6	5.5	2.6	2.3	3.0	5.9
LS-TP01	1 355	1.8	5.4	2.0	2.0	2.6	5.2
LS-TP04	1 340	1.6	4.5	1.8	1.7	2.1	4.4
2Ⅰ-TP09	1 325	2.0	5.8	2.2	2.2	2.6	5.7
2Ⅰ-TP14	1 295	2.3	6.5	2.7	2.5	3.3	6.1
2Ⅰ-TP15	1 295	1.7	4.9	1.9	1.8	2.4	4.7
2Ⅰ-TP18	1 280	2.5	5.8	2.9	2.8	3.2	5.8
2Ⅰ-TP33	1 265	2.0	5.3	2.5	2.2	2.9	5.0

从表 4.4 可以看出，高程 1 380 m 以上的 1Ⅱ-TP30 等 8 个测点由于处于边坡上部，对空观测视场较为开阔，站心坐标系下水平方向的误差均小于 2 mm，垂直方向的误差也小于 4 mm，监测精度较高；高程 1 380 m 以下的 2Ⅰ-TP29 等 8 个测

点由于位于边坡中下部，卫星信号受地形遮挡严重，基—测站同步观测卫星数较少，且卫星分布几何图形强度不佳，从而导致监测精度明显偏低，尤其表现在垂直方向。此外，基准点和监测点之间高差越大，对流层延迟越不易消除，因而基—测站高差大小也对监测点精度有着一定程度的影响。

4.5.2 常规单历元方法及其改进方法变形计算结果及分析

为检验本章提出的基于联合平差模型和基于双频宽巷/窄巷组合的单历元方法的正确性和有效性，顾及表 4.4 分析结果和 GPS 双频变形监测数据(采样率0.2 Hz)，采用高程 1 380 m 以上测点 1Ⅱ-TP25、高程 1 380 m 以下测点 2Ⅰ-TP29，以及与它们高程之差较小的基准点 B1 进行 GPS 单历元方法数据处理，并将计算结果变换至站心坐标系。为节省篇幅，仅显示测点高程方向单历元变形序列，设计方案如下：

方案 1:采用常规单历元方法对测点 1Ⅱ-TP25 和 2Ⅰ-TP29 进行变形计算，结果如图 4.7 所示。

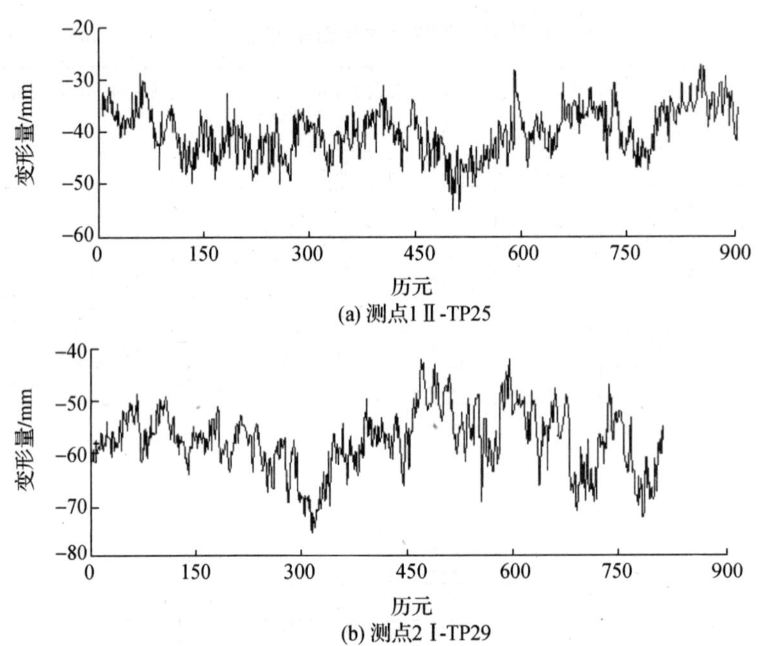

图 4.7 常规单历元方法求解的高程方向变形结果

方案 2:采用基于联合平差模型的改进单历元方法，即基于双测站联合平差、基于自适应卡尔曼滤波和基于静态卡尔曼滤波的单历元方法，分别求解测点 2Ⅰ-TP29变形，计算结果如图 4.8 所示。

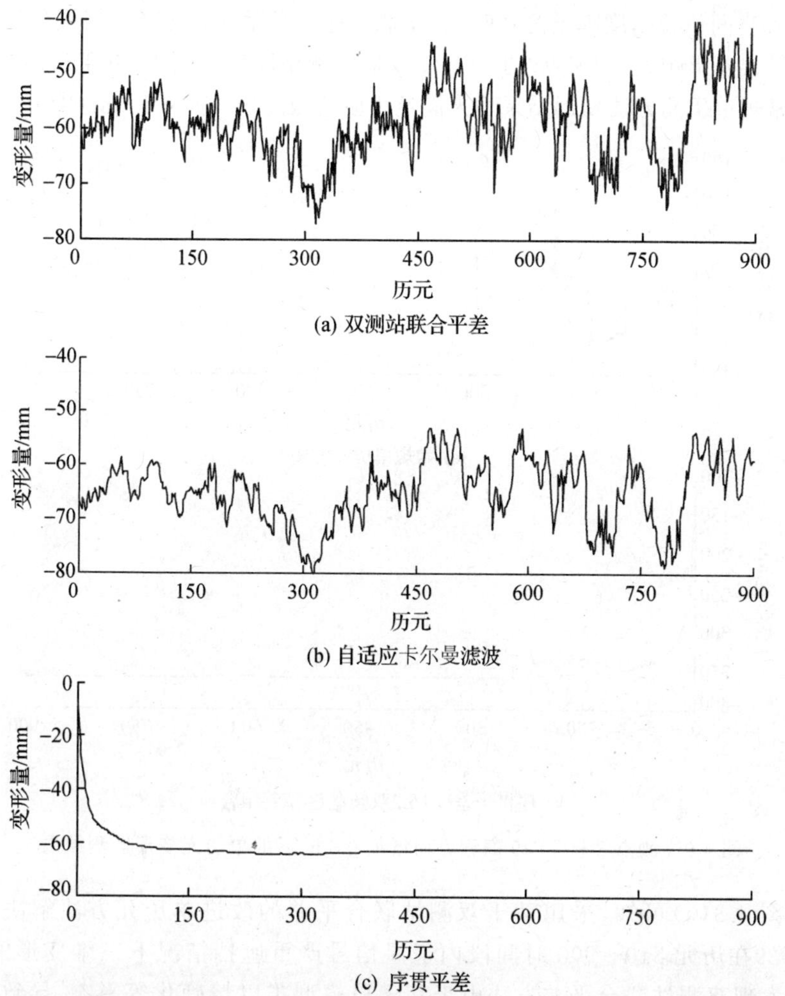

(a) 双测站联合平差

(b) 自适应卡尔曼滤波

(c) 序贯平差

图 4.8　基于联合平差模型的改进单历元平差方法求解的测点 2 Ⅰ-TP29 高程方向变形结果

方案 3：将测点 1 Ⅱ-TP25 和 2 Ⅰ-TP29 三维方向绝对变形均增加 0.3 m（站心坐标系），采用常规单历元方法和基于序贯平差联合 GPS L1/L2 双频宽巷/窄巷组合的改进单历元方法求解两个测点的变形序列，结果如图 4.9 所示。

由图 4.7(a)可知，测点 1 Ⅱ-TP25 处于边坡上部，对空观测视场较开阔，与基准站同步观测卫星数 4 颗以上，采用常规单历元方法可求得三维变形，高程方向变形量及中误差为－41.7±6.5 mm；由图 4.7(b)可知，测点 2 Ⅰ-TP29 处于边坡下部，对空观测视场相对窄小，高程方向变形量及中误差为－59.6±7.4 mm，而在历元810～900 时间段内由于同步观测卫星数少于 4 颗卫星，常规单历元方法无法求解变形。通过计算发现，测点 2 Ⅰ-TP29 空间位置精度因子达 3.7～5.3，而测点

1Ⅱ-TP25空间位置精度因子为 2.6～4.1,加之边坡下部较上部对流层湿延迟和多路径效应等误差影响大,使测点 2Ⅰ-TP29 变形监测精度低于测点 1Ⅱ-TP25。此外,两测点的常规单历元方法变形结果均未满足边坡监测高程方向±5 mm 的精度要求。

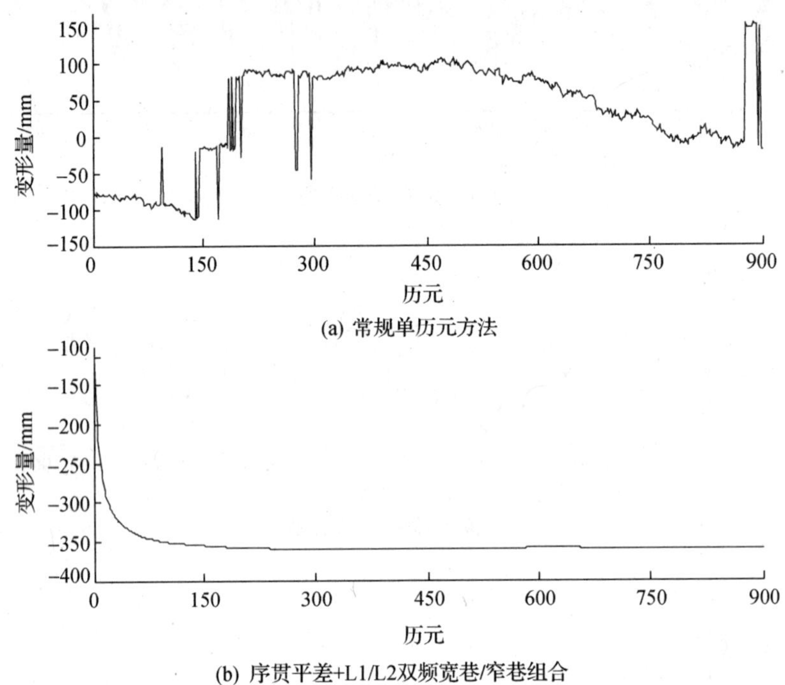

(a) 常规单历元方法

(b) 序贯平差+L1/L2双频宽巷/窄巷组合

图 4.9 测点 2Ⅰ-TP29 高程方向增加 0.3 m 后的单历元变形监测结果

由图 4.8(a)可知,采用基于双测站联合平差的改进单历元方法解决了测点 2Ⅰ-TP29在历元 810～900 时间段内卫星信号严重遮挡情况下三维变形的提取,但也可发现双测站联合平差方法由于其随机模型难以精确化等影响,导致变形求解精度较历元 810 之前有所降低。由图 4.8(b)可知,测点 2Ⅰ-TP29 高程方向变形量及中误差为－58.9±6.3 mm。比较图 4.8(a)与图 4.8(b)可得,基于自适应卡尔曼滤波的单历元方法在一定程度上抑制了随机误差,但仍没能满足±5 mm 变形监测精度要求,表明自适应卡尔曼滤波仅利用当前状态预测值和单个历元观测值难以有效提高静态变形监测精度。由图 4.8(c)可知,测点 2Ⅰ-TP29 高程方向变形的序贯平差解收敛于－61.8±2.7 mm(与真值－60.0 mm 在误差要求内一致),且变形量约在第 300 历元以后趋于收敛,表明在测点 2Ⅰ-TP29 对空观测视场条件下,约 25 分钟 GPS 变形监测数据的序贯平差解可得到满足高程方向±5 mm的变形监测精度。此外,比较图 4.8(c)和图 4.8(a)、(b)可知,基于序贯平差的单历元方法由于利用在一定观测时段内的观测值,增强了卫星分布的几何图形强度和数据冗余度,能有效提高静态变形监测精度。

由图4.9(a)可知,将2Ⅰ-TP29高程方向绝对变形均增加0.3 m(站心坐标系)后,由于变形量超过$0.612\lambda_{L1}$,采用常规单历元方法因无法获得正确的整周模糊度而得出完全错误的结果。由图4.9(b)可知,基于序贯平差和GPS L1/L2双频宽巷/窄巷组合观测值的改进单历元方法求解的测点2Ⅰ-TP29,其高程方向变形量及中误差为-362.1 ± 2.9 mm(与真值-360.0 mm在误差要求内一致)。同时,测点1Ⅱ-TP25高程方向绝对变形均增加0.3 m(站心坐标系)后,其高程方向改进单历元方法求解的变形量及中误差为-341.3 ± 2.4 mm(与真值-340.0 mm在误差要求内一致)。为节省篇幅,测点1Ⅱ-TP25未予显示。因此,上述结果验证了基于序贯平差方法采用GPS L1/L2双频宽巷/窄巷组合的改进单历元方法在不需整周模糊度搜索的情况下,实现了大变形求解,且远小于高程方向±5 mm的误差限值,表明基于序贯平差和GPS L1/L2双频宽巷/窄巷组合的改进单历元方法是解决高边坡工程变形监测的有效方法。

第5章　高边坡非线性变形预测

对变形时序数据进行分析并采用合理的理论方法建模预测是高边坡变形监测的重要目的之一。由于高边坡变形时间序列在岩土体工程地质条件、地下水、地震和人类工程活动等多种内外影响因素的综合作用下呈现高度的复杂性和非线性，可见应该采用非线性变形预测分析方法，合理有效地描述边坡变形时间序列的复杂非线性特征。本章针对高边坡非线性变形预测问题展开相关研究，主要内容安排如下：

(1)从小样本数据和大样本数据的角度出发分析了支持向量机、灰色系统理论、人工神经网络模型和相空间理论四种常用的非线性变形预测方法，并在分析边坡变形系统内外部影响因素的灰色特性和混沌特征的基础上，得出了相应结论，即采用动态灰色建模方法和基于非线性混沌分析的相空间理论，分别研究小样本和大样本数据情况下的边坡变形系统，在受各种内外因素影响下，表现出的复杂非线性特征是有效和合理的。

(2)在分析常规单变量灰色模型 GM(1,1)与多变量灰色模型 GM(1,M)的基础上，针对灰色系统各因子关联性和模型初始条件特点，提出了顾及多变量整体建模和新息初始条件的扩展灰色模型 CE-GM(1,M)，解决了将背景值生成因子直接取为 0.5 或依据某种经验定权准则取值的局部次优问题。此外，鉴于常规灰色建模方法的模型病态性、固有偏差问题，建立了具有数值稳定性、建模客观性及无偏性的无偏扩展灰色模型 UE-GM(1,M)，并推导出了灰色模型的最大可预测时间计算式。

(3)介绍了相空间理论中混沌、吸引子和相空间重构三个重要的基本概念，在分析单变量时间序列相空间重构的基础上指出了重构参数选取方法的影响因素。探讨了基于非线性混沌分析的相空间预测模式及其特点，并指出了相空间嵌入维具有非唯一特性、重构参数选取方法存在一定偏差或不确定性影响，进而针对基于最佳嵌入维和时间延迟的单相型近邻等距预测模式，提出了多相型综合预测方法，以削弱重构参数选取方法和数据噪声等因素对结果的不确定影响，以提高预测精度和可靠性。

(4)小湾水电站 2 号山梁高边坡监测点变形预测结果表明，CE-GM(1,M)和 UE-GM(1,M)预测精度及可靠性均优于常规多变量灰色模型 GM(1,M)，且计算的最大可预测时间为合理利用灰色模型进行动态信息预测分析提供了指导依据。多相型综合预测方法较基于单相型近邻等距预测模式及其加权预测模式具有更高的变形预测精度和可靠性。

5.1　非线性变形预测方法分析

5.1.1　小样本预测方法

在实际边坡工程中,监测技术和监测环境等各种原因常常导致获取的变形监测时间序列数据较短,这种现实情况亟须小样本学习问题的有效解决方法。小样本学习问题就其实质而言是信息不足,因此其建模方法的有效性也主要体现在小样本数据潜在信息的挖掘,以增加样本数据的信息量(张恒春 等,2002;赵志峰,2007)。支持向量机方法和灰色系统理论就是解决小样本和"贫信息"系统非线性建模分析的成功典范。

1. 支持向量机方法

支持向量机是基于统计学习理论的一种新的通用学习方法,它是建立在一套较好的有限样本下机器学习的理论框架和通用方法基础之上的,它既有严格的理论基础,又能较好地解决小样本、非线性、高维数和局部极小点等实际问题,其核心思想就是学习机器要与有限的训练样本相适应(董辉,2007;张恒春 等,2012;赵洪波 等,2003;赵志峰,2007)。

在实际工程中,边坡变形(因变量)与某些影响因素(自变量)之间的关系是不确定的,加之复杂的现场情况往往使得影响因素的确定工作非常困难。支持向量机方法只需通过对样本数据的学习即可获得因变量和自变量之间非常复杂的映射关系,同时它是基于有限样本的一种学习方法,不需要太多的样本数据即可建模。因此,支持向量机以其良好的复杂非线性逼近能力和小样本学习方法在大坝和边坡变形预测中得到了应用研究。然而,支持向量机的泛化能力很大程度上依赖于核函数的选取或构造,且其成功应用的基础取决于支持向量机超参数的合理设置。因此,支持向量机核函数和超参数等选取的理论问题极大地影响了该方法在边坡工程非线性变形预测领域中的进一步应用。

2. 灰色系统理论

灰色系统(grey system)理论是邓聚龙教授于 1982 年首先创立的一种处理小样本数据和不完备信息的新理论,现已基本形成一门新兴学科的结构体系(邓聚龙,2002)。其主要内容包括以灰色朦胧集为基础的理论体系、以灰色关联为依托的分析体系、以灰色序列生成为基础的方法体系、以灰色模型(grey model,GM)为核心的模型体系和以评估、建模、预测、决策、控制和优化为主体的技术体系。

由于边坡与外界存在物质和能量的交换,其变形特征受地质因素和工程因素等的综合影响。这些影响因素有些是已知的,具有确定性特点,但大部分是未知的，具有随机性、模糊性、可变性等不确定性特点。在控制论中，人们常用颜色的深浅来表示研究者对系统的认识程度，“白色”表示信息完全充分，“黑色”表示信息完全缺乏，而“灰色”表示信息不完备，即部分信息已知，部分信息未知。因此，边坡变形系统是一个介于已知（白色）和未知（黑色）系统之间的典型的灰色系统，引入相应的灰色系统理论研究边坡变形系统，受各种因素控制表现出的非线性特征是合理的。灰色建模方法是将原始时间序列数据作灰色生成，以获得具有准指数规律的光滑离散函数，从而基于该函数建立微分方程型的动态灰色模型。变形时间序列的灰色建模方法本质上是一种指数曲线拟合方法，具有不需要计算统计特征量、所需样本数据少和原理简单等优点，且较支持向量机方法调控参数少、计算方便。

5.1.2 大样本预测方法

当变形时间序列数据丰富、样本较大时，可以选用的预测方法较多。但目前适合解决大样本数据复杂非线性问题的方法当推以人工神经网络模型为代表的仿生类方法和以非线性混沌分析为基础的相空间理论（苑希民 等，2002；林振山，2003）。为获得较好的非线性变形预测效果，人工神经网络模型一般要求样本数量大于 50，而以预测为目的的相空间重构理论一般要求样本数量在 200～300 以上。

1. **人工神经网络模型**

人工神经网络在启蒙期后经历了曲折艰难的低潮期，直至 1982 年美国加州工学院物理学家霍普菲尔德提出霍普菲尔德神经网络模型，成为人工神经网络走向复兴期的里程碑。1987 年第一届国际神经网络学术大会的召开，宣告了神经网络学科的诞生。此后经过近 20 年的发展，已形成了包括反馈网络、前馈网络、自组织网络，以及学科交融下的概率神经网络、模糊神经网络、小波神经网络等数十种网络模型。

人工神经网络只需要通过大样本输入、输出数据的学习，就可以确定一个等价的模型来模拟系统内在的复杂非线性关系，普遍适用于智能决策、模式识别和预测预报等各领域。近年来，神经网络以其非线性处理能力、计算并行性及高度的鲁棒性和学习联想能力等优点被引入岩土学科描述边坡变形系统复杂的非线性特征，避免了对复杂非线性关系的显式表达，取得较多研究成果。但是，就目前最常用的反向传播（back propagation，BP）神经网络模型而言，在研究和应用过程中存在的诸如网络结构、隐含层层数和节点数的确定，以及初始权重设置、学习收敛标准等基本问题，至今未得到理论上的解决。工程实际中多依据经验确定，这种人为因素的介入不利于处理问题科学性的提高，也增强了结果的不确定性。

2. **相空间理论**

对系统未来的演化行为做出预测，就必须了解系统吸引子的拓扑结构。相空间是刻画系统（混沌）吸引子拓扑结构的最理想和最直观的空间。但在客观实践中,通常只能获取空间三维以内的时间序列数据。为此,Packard 等(1980)提出用原始系统中某变量的延迟坐标来重构相空间,解决了非线性(混沌)动力学特征提取问题。相空间重构理论认为,系统的任一分量蕴含了参与系统动态演化的全部变量的信息,因此可对系统的任一分量通过"嵌入"方法构造一个与原系统等价的相空间,从而在该嵌入空间里恢复原有系统的非线性动力学特性,为混沌时间序列的非线性预测奠定了坚实的理论基础(Takens,1981)。

边坡作为一个真实的地质系统,存在着与外界物质和能量的交换,因而其本质上是一个受岩土体工程地质条件控制,并受地形地貌、地下水、地震和人类工程活动等多种因素影响而发展演化的开放、耗散和复杂的非线性动力学系统。在上述各种因素的综合作用下,边坡变形系统既受内部非线性因素的作用,又受外部随机因素的影响,因而既具有确定性,又具有随机性,即为混沌现象。因此,边坡变形系统演化过程可视为一种具有混沌特征的动力系统。此外,由于混沌系统内在的规律性和有序性,依据记录边坡演化信息的变形时间序列,在一定时间尺度内,基于非线性混沌动力学分析的相空间理论对边坡变形破坏的预测不但是可能的,而且由于同时考虑了混沌系统的随机性,可以期望比其他大样本预测方法得到更好的应用效果。

5.2　改进的灰色模型

5.2.1　GM(1,1)模型及存在问题

1. GM(1,1)建模

设某监测点等时间间隔时间序列为$\{x_1^{(0)}(j)\}_{j=1}^n$,其一次累加生成序列为

$$\{x_1^{(1)}(j)\}_{j=1}^n=\left\{\left[\sum\nolimits_{k=1}^{j}x_1^{(0)}(k)\right]^{\mathrm{T}}\right\}_{j=1}^n \tag{5.1}$$

若$\{x_1^{(0)}(j)\}_{j=1}^n$为非负准光滑序列,则其一次累加生成序列$\{x_1^{(1)}(j)\}_{j=1}^n$具有准指数规律。因此,可以利用一次累加生成序列建立 GM(1,1)模型的白化微分方程,即

$$\frac{\mathrm{d}x_1^{(1)}(t)}{\mathrm{d}t}=u_{01}+u_{11}x^{(1)}(t) \tag{5.2}$$

将式(5.2)离散化可得 GM(1,1)模型的矩阵形式,即

$$\boldsymbol{Y}_{\mathrm{I}}=\boldsymbol{A}_{\mathrm{I}}\boldsymbol{U}_{\mathrm{I}} \tag{5.3}$$

式中

$$\boldsymbol{Y}_{\mathrm{I}}=\begin{bmatrix} x_1^{(0)}(2) \\ \vdots \\ x_1^{(0)}(n) \end{bmatrix}$$

$$\boldsymbol{A}_{\mathrm{I}}=\begin{bmatrix} 1 & z_1^{(1)}(2) \\ \vdots & \vdots \\ 1 & z_1^{(1)}(n) \end{bmatrix}$$

$$\boldsymbol{U}_{\mathrm{I}}=\begin{bmatrix} u_{01} \\ u_{11} \end{bmatrix}$$

且，设计矩阵 $\boldsymbol{A}_{\mathrm{I}}$ 中背景值为

$$z_1^{(1)}(j)=\lambda_1 x_1^{(1)}(j)+(1-\lambda_1)x_1^{(1)}(j-1) \tag{5.4}$$

式中，$2 \leqslant j \leqslant n$；背景值生成因子 $\lambda_1 \in [0,1]$，常规 GM(1,1)模型一般取 $\lambda_1=0.5$。

采用最小二乘估计模型式(5.3)的参数为

$$\hat{\boldsymbol{U}}_{\mathrm{I}}=(\boldsymbol{A}_{\mathrm{I}}^{\mathrm{T}}\boldsymbol{A}_{\mathrm{I}})^{-1}\boldsymbol{A}_{\mathrm{I}}^{\mathrm{T}}\boldsymbol{Y}_{\mathrm{I}} \tag{5.5}$$

将式(5.5)代入式(5.2)，同时顾及初始条件 $x_1^{(1)}(1)=x_1^{(0)}(1)$，可得白化微分方程的解为

$$\hat{x}_1^{(1)}(j)=e^{\hat{u}_{11}(j-1)}\left[\hat{x}_1^{(1)}(1)+\frac{\hat{u}_{01}}{\hat{u}_{11}}\right]-\frac{\hat{u}_{01}}{\hat{u}_{11}} \tag{5.6}$$

最后，通过一次累减生成原理，可得到单变量原序列平滑值或预测值为

$$\hat{x}_1^{(0)}(j)=\hat{x}_1^{(1)}(j)-\hat{x}_1^{(1)}(j-1) \tag{5.7}$$

模型预测精度可采用均方误差或平均相对误差评定。

2.存在的问题

由常规单变量灰色模型 GM(1,1)建模过程可知，灰色系统只需很少样本数据便可建立模型并据此进行动态变形预测分析，且灰色生成序列得到的准指数规律可较好地反映边坡非线性变形发展势态。因此，近年来动态灰色建模方法特别是 GM(1,1)得到了较为广泛的理论及应用研究。主要研究成果包括非等间距时间序列灰色建模、模型初始条件、灰导数及背景值和模型固有偏差等方面的改进及完善(柳治国等，2004；刘志平 等，2008a)。目前，灰色模型还存在以下问题有待进一步研究。

(1)模型初始条件、背景值等的改进研究基本是针对单变量时间序列的 GM(1,1)模型，而监测点演化系统包括多维变量，如三维变形、应力及渗压等。这些系统变量往往密切关联，因此利用多变量灰色模型 GM(1,M)描述才更符合监测点客观演化规律。此外，常规灰色建模方法中将背景值生成因子直接取为 0.5 或依据某种经验定权准则取值也是不合理的。

(2)分析式(5.6)可知，常规 GM(1,1)模型拟合轨迹 $(j,\hat{x}_1^{(1)}(j))$ 必然经过点 $(1,\hat{x}_1^{(1)}(1))$。但根据最小二乘原理拟合轨迹并不一定会经过首期数据，即将

$\hat{x}_1^{(1)}(1)$ 作为初始条件的理论依据并不存在，同时，采用固定不变的 $\hat{x}_1^{(1)}(1)$ 进行预测分析也不符合动态建模的要求。因此，常规灰色建模方法存在固有偏差。

(3)灰色系统理论应用于变形预测领域，一般需通过新近数据不断地进行动态更新，是一种短期预测方法。但为合理地利用灰色模型进行动态新息预测分析，灰色模型最大可预测时间有必要加以探讨。

5.2.2　多变量扩展灰色模型

1. 多变量扩展灰色建模

设某监测点 m 维多变量等间隔时间序列为

$$\{\boldsymbol{x}^{(0)}(j)\}_{j=1}^{n}=\{[x_1^{(0)}(j),\cdots,x_m^{(0)}(j)]^{\mathrm{T}}\}_{j=1}^{n} \tag{5.8}$$

利用监测点多变量时间序列进行灰色建模前，对原始时间序列进行正规化预处理，即

$$\bar{\boldsymbol{x}}^{(0)}=\boldsymbol{W}\boldsymbol{x}^{(0)} \tag{5.9}$$

式中，$\bar{\boldsymbol{x}}^{(0)}$ 为正规化的多变量时间序列；对角矩阵 $\boldsymbol{W}$ 为正规化矩阵，且 $\boldsymbol{W}_{ii}=1/s_i$，$s_i$ 表示第 i 个变量时间序列的标准差。

通过正规化处理，可以消除原始各变量时间序列之间量纲的影响，削弱模型的病态程度，从而有利于数值计算稳定。对经过正规化处理后的多变量时间序列进行一次累加生成，即

$$\{\bar{\boldsymbol{x}}^{(1)}(j)\}_{j=1}^{n}=\left\{\left[\sum_{k=1}^{j}\bar{\boldsymbol{x}}^{(0)}(k)\right]^{\mathrm{T}}\right\}_{j=1}^{n} \tag{5.10}$$

同理，根据多变量非负时间序列一次累加生成序列具有准指数规律，可利用正规化的一次累加生成序列 $\{\bar{\boldsymbol{x}}^{(1)}(j)\}_{j=1}^{n}$ 建立扩展 GM(1,M)模型(EGM(1,M))的白化微分方程，即

$$\left.\begin{array}{l}\dfrac{\mathrm{d}\bar{x}_1^{(1)}}{\mathrm{d}t}=u_{01}+u_{11}\bar{x}_1^{(1)}+u_{21}\bar{x}_2^{(1)}+\cdots+u_{m1}\bar{x}_m^{(1)}\\ \qquad\vdots\\ \dfrac{\mathrm{d}\bar{x}_m^{(1)}}{\mathrm{d}t}=u_{0m}+u_{1m}\bar{x}_1^{(1)}+u_{2m}\bar{x}_2^{(1)}+\cdots+u_{mm}\bar{x}_m^{(1)}\end{array}\right\} \tag{5.11}$$

将式(5.11)离散化可得 EGM(1,M)矩阵形式

$$\boldsymbol{Y}_{\mathrm{II}}=\boldsymbol{A}_{\mathrm{II}}\boldsymbol{U}_{\mathrm{II}} \tag{5.12}$$

式中

$$\boldsymbol{Y}_{\mathrm{II}}=\begin{bmatrix}\bar{x}_1^{(0)}(2) & \bar{x}_2^{(0)}(2) & \cdots & \bar{x}_m^{(0)}(2)\\ \bar{x}_1^{(0)}(3) & \bar{x}_2^{(0)}(3) & \cdots & \bar{x}_m^{(0)}(3)\\ \vdots & \vdots & \vdots & \vdots\\ \bar{x}_1^{(0)}(n) & \bar{x}_2^{(0)}(n) & \cdots & \bar{x}_m^{(0)}(n)\end{bmatrix}$$

$$\boldsymbol{A}_{\mathrm{II}}=\begin{bmatrix}1 & \bar{z}_1^{(1)}(2) & \cdots & \bar{z}_m^{(1)}(2)\\ 1 & \bar{z}_1^{(1)}(3) & \cdots & \bar{z}_m^{(1)}(3)\\ \vdots & \vdots & \vdots & \vdots\\ 1 & \bar{z}_1^{(1)}(n) & \cdots & \bar{z}_m^{(1)}(n)\end{bmatrix}$$

$$\boldsymbol{U}_{\mathrm{II}}=\begin{bmatrix}u_{01} & u_{02} & \cdots & u_{0m}\\ u_{11} & u_{12} & \cdots & u_{1m}\\ \vdots & \vdots & \vdots & \vdots\\ u_{m1} & u_{m2} & \cdots & u_{mm}\end{bmatrix}$$

且，设计矩阵 $\boldsymbol{A}_{\mathrm{II}}$中背景值为

$$\bar{z}_i^{(1)}(j)=\lambda_i\bar{x}_i^{(1)}(j)+(1-\lambda_i)\bar{x}_i^{(1)}(j-1) \tag{5.13}$$

式中，$2\leqslant j\leqslant n$，背景值生成因子 $\lambda_i\in[0,1]$，下节将讨论最佳生成因子的选取。

根据最小二乘原理，可得式(5.12)中待求矩阵参数 $\boldsymbol{U}_{\mathrm{II}}$的估值为

$$\hat{\boldsymbol{U}}_{\mathrm{II}}=(\boldsymbol{A}_{\mathrm{II}}^{\mathrm{T}}\boldsymbol{A}_{\mathrm{II}})^{-1}\boldsymbol{A}_{\mathrm{II}}^{\mathrm{T}}\boldsymbol{Y}_{\mathrm{II}} \tag{5.14}$$

求得矩阵参数估值 $\hat{\boldsymbol{U}}_{\mathrm{II}}$之后，由 EGM(1,$M$)模型矩阵形式根据积分生成变换原理，计算模型响应值，并通过逆变换 $\boldsymbol{W}^{-1}$ 求得原始一次累加生成序列的递推式，即

$$\hat{\boldsymbol{x}}^{(1)}(j)=\boldsymbol{W}^{-1}\{e^{\hat{\boldsymbol{U}}_m^{\mathrm{T}}(j-1)}[\boldsymbol{W}\boldsymbol{x}^{(1)}(1)+(\hat{\boldsymbol{U}}_m^{-1})^{\mathrm{T}}\hat{\boldsymbol{U}}_0^{\mathrm{T}}]-(\hat{\boldsymbol{U}}_m^{-1})^{\mathrm{T}}\hat{\boldsymbol{U}}_0^{\mathrm{T}}\} \tag{5.15}$$

式中，$\hat{\boldsymbol{U}}_0$ 为矩阵 $\hat{\boldsymbol{U}}_{\mathrm{II}}$中第 1 行元素构成的向量，$\hat{\boldsymbol{U}}_m$ 为 $\hat{\boldsymbol{U}}_{\mathrm{II}}$中第 2 至 $m+1$ 行元素构成的方阵。

根据初始条件对响应值的影响分析可知，将式(5.15)中最旧数据 $\boldsymbol{x}^{(1)}(1)$替换为最邻近数据 $\boldsymbol{x}^{(1)}(j-1)$是合理的初始条件，因此可得动态更新的递推式（刘志平 等，2007c)，即

$$\hat{\boldsymbol{x}}^{(1)}(j)=\boldsymbol{W}^{-1}e^{\hat{\boldsymbol{U}}_m^{\mathrm{T}}}\boldsymbol{W}\boldsymbol{x}^{(1)}(j-1)+\boldsymbol{W}^{-1}(e^{\hat{\boldsymbol{U}}_m^{\mathrm{T}}}-\boldsymbol{I}_m)\hat{\boldsymbol{U}}_m^{-\mathrm{T}}\hat{\boldsymbol{U}}_0^{\mathrm{T}} \tag{5.16}$$

从数值计算角度看，式(5.16)中矩阵函数 $e^{\hat{\boldsymbol{U}}_m^{\mathrm{T}}}$ 的数值精度优于式(5.15)中 $e^{\hat{\boldsymbol{U}}_m^{\mathrm{T}}(j-1)}$的数值精度。此外，在预测过程中 $\boldsymbol{W}^{-1}e^{\hat{\boldsymbol{U}}_m^{\mathrm{T}}}\boldsymbol{W}$ 和 $\boldsymbol{W}^{-1}(e^{\hat{\boldsymbol{U}}_m^{\mathrm{T}}}-\boldsymbol{I}_m)\hat{\boldsymbol{U}}_m^{-\mathrm{T}}\hat{\boldsymbol{U}}_0^{\mathrm{T}}$ 可预先计算并存储，从而有效地提高了运算效率。

最后，根据一次累减生成原理还原序列 $\hat{\boldsymbol{x}}^{(0)}$，同时得到了多个变量的平滑或预测值。

2. 生成因子混沌优化

由式(5.12)和式(5.13)可知，生成因子 λ 取值与模型精度、病态性程度直接相关，反映了生成因子的双重约束特性。因此，本节以模型精度与标准化法矩阵条件数为准则建立目标函数，对生成因子进行全局优化（刘志平 等，2007c)

$$\lambda=\underset{\lambda\in[0,1]}{\operatorname{argmin}}\{\mathrm{RMSE}\cap\mathrm{CR}\} \tag{5.17}$$

$$CR=\sqrt[m]{\operatorname{cond}(\boldsymbol{A}_{\mathrm{II}}^{\mathrm{T}}\boldsymbol{A}_{\mathrm{II}})}\cdot \mathrm{RMSE} \tag{5.18}$$

$$\mathrm{RMSE}=\sqrt{\frac{1}{m(n-1)}\sum_{i=1}^{m}\sum_{j=2}^{n}\left|\boldsymbol{x}_i^{(0)}(j)-\hat{\boldsymbol{x}}_i^{(0)}(j)\right|^2} \tag{5.19}$$

式中，生成因子向量 $\boldsymbol{\lambda}=(\lambda_1,\cdots,\lambda_m)^{\mathrm{T}}$；RMSE 表示在 $\boldsymbol{\lambda}$ 取值条件下的模型精度；CR 表示顾及法矩阵标准化条件数（消除矩阵维数的影响）；cond(・)表示条件数。

显然，式(5.17)是一个非线性全局优化问题，而混沌是存在于非线性系统中的一种较为普遍的现象，可利用混沌变量的随机性、遍历性和规律性等特点对生成因子向量 $\boldsymbol{\lambda}$ 进行优化搜索，且混沌优化方法容易跳出局部最优。鉴于此，可将 $\boldsymbol{\lambda}$ 视为混沌变量，利用逻辑斯谛（Logistic）映射更新混沌变量实现全局寻优（刘志平等，2007c；王登刚 等，2001）

$$\lambda_i(k+1)=4\lambda_i(k)(1-\lambda_i(k)) \tag{5.20}$$

式中，$0<\lambda_i(k)<1$。在优化搜索过程中，需注意 $\lambda_i(k)\notin\{0,1/4,1/2,3/4,1\}$，即 $\lambda_i(k)$ 不能取逻辑斯谛映射式的不动点，应待搜索结束后对不动点单独处理。

5.2.3　无偏扩展灰色模型

1. 无偏建模方法

将式(5.16)右端 $e^{\hat{U}_m^{\mathrm{T}}}$、$(e^{\hat{U}_m^{\mathrm{T}}}-I)\hat{\boldsymbol{U}}_m^{-\mathrm{T}}\hat{\boldsymbol{U}}_0^{\mathrm{T}}$ 分别记为转移矩阵 $\bar{\boldsymbol{\Phi}}$、输入向量 $\bar{\boldsymbol{\Gamma}}$，则可得正规化一次累加生成序列 $\{\bar{x}^{(1)}(j)\}_{j=1}^{n}$ 的无偏扩展灰色模型（UE-GM(1, M)），即

$$\bar{\boldsymbol{x}}^{1}(j)=\bar{\boldsymbol{\Phi}}\bar{\boldsymbol{x}}^{1}(j-1)+\bar{\boldsymbol{\Gamma}} \tag{5.21}$$

根据最小二乘原理，可得式(5.21)参数阵的无偏估计，即

$$\begin{bmatrix}\hat{\bar{\boldsymbol{\Gamma}}}^{\mathrm{T}}\\ \hat{\bar{\boldsymbol{\Phi}}}^{\mathrm{T}}\end{bmatrix}=(\bar{\boldsymbol{A}}^{\mathrm{T}}\bar{\boldsymbol{A}})^{-1}\bar{\boldsymbol{A}}^{\mathrm{T}}\bar{\boldsymbol{Y}} \tag{5.22}$$

式中

$$\bar{\boldsymbol{A}}=\begin{bmatrix}1 & \bar{x}_1^{(1)}(1) & \cdots & \bar{x}_m^{(1)}(1)\\ \vdots & \vdots & \vdots & \vdots\\ 1 & \bar{x}_1^{(1)}(n-1) & \cdots & \bar{x}_m^{(1)}(n-1)\end{bmatrix}$$

$$\bar{\boldsymbol{Y}}=\begin{bmatrix}\bar{x}_1^{(1)}(2) & \bar{x}_2^{(1)}(2) & \cdots & \bar{x}_m^{(1)}(2)\\ \vdots & \vdots & \vdots & \vdots\\ \bar{x}_1^{(1)}(n) & \bar{x}_2^{(1)}(n) & \cdots & \bar{x}_m^{(1)}(n)\end{bmatrix}$$

由正规化逆矩阵 $\boldsymbol{W}^{-1}$，可还原为变换前的一次生成序列的递推式（刘志平 等，2008a），即

$$\hat{\boldsymbol{x}}^{(1)}(j)=\boldsymbol{W}^{-1}\hat{\overline{\boldsymbol{\Phi}}}\boldsymbol{W}\boldsymbol{x}^{(1)}(j-1)+\boldsymbol{W}^{-1}\hat{\overline{\boldsymbol{\Gamma}}} \tag{5.23}$$

式(5.23)称为UE-GM(1,M)模型的递推式。需要指出的是,常规建模方法式(5.16)将初始条件修正为$\boldsymbol{x}^{(1)}(j-1)$以改善预测精度,但方法本质仍是对除首期数据之外的序列进行拟合,并未消除模型固有偏差。无偏扩展灰色模型拟合的轨迹无必须经过某固定点的初始条件,因此消除了模型固有偏差,具有白指数律重合性。此外,新模型引入正规化矩阵削弱了模型病态程度,具有数值稳定性,同时无偏扩展建模方法摒弃了常规灰色建模方法中灰导数及其背景值选取的优化问题,保证了建模客观性。

2. 最大可预测时间

所建模型的最大可预测时间$T_{\max}$表示在精度损失不太严重的条件下利用该模型进行有效预测的最长时间。因此,在时间域内进行连续预测时,可将预测误差放大倍数不超过自然指数函数增长时所需的时间长度定义为$T_{\max}$(刘志平 等,2008a),其计算式为

$$T_{\max}=1+\underset{T\in\mathbb{Z}}{\operatorname{argmax}}\left\{\sum_{j=1}^{T}(\hat{\lambda})^{j}\leqslant\exp(\hat{\lambda})\right\} \tag{5.24}$$

式中,$\hat{\lambda}$为矩阵$\overline{\boldsymbol{\Phi}}$的最大奇异值。同理,可得其他灰色模型的最大可预测时间。

5.3 改进的相空间预测方法

5.3.1 时间序列重构相空间

1. 相空间理论基础

相空间是用状态变量支撑的抽象空间,可以是有限维,也可以是无穷维。相空间中的一个点(即相点)表示动力系统在某一时刻的一个状态;而相空间中的相点连线,构成了点在相空间的轨迹,即相轨道,它表征了系统状态随时间的演化。因此,相空间建立了动力系统的物理状态和相空间的点之间一一对应的关系。基于非线性混沌分析的相空间理论是随着混沌研究逐步发展起来的,其主要研究内容包括混沌检测、吸引子特征提取和相空间重构方法。下面简要介绍相空间理论中三个重要的基本概念。

1) 混沌

混沌现象是非线性动态系统所特有的一种运动形式,它是既普遍存在又极其复杂的。它的定常状态不是通常确定性运动概念下的静止(平衡)、周期运动和准周期运动三种,而是一种始终限于有限区域且轨道永不重复、性态复杂的恒动运动,具有初始条件敏感依赖性、非周期和存在奇异吸引子三个明显的特征(吕金虎

等,2005)。混沌初始条件敏感依赖性表明系统的随机性和复杂性,混沌非周期性表明系统的非线性和无序性,奇异吸引子的存在则表明了系统的规律性和有序性。混沌研究正是围绕确定和随机、简单和复杂、线性和非线性、有序和无序这四对范畴展开,打破了确定论和随机论这两套描述体系之间的鸿沟。

2)吸引子

保守系统由于相体积永远不变,所以不存在吸引子,而耗散系统的运动最终趋向维数比原始相空间低的极限集合,这个极限集合就是吸引子(林振山,2003)。在相空间中,吸引子满足终极性、稳定性和吸引性三个条件。具有整数维的吸引子称为平庸吸引子,而具有非整数维的吸引子成为奇异吸引子。平庸吸引子表明系统状态演化所趋向的定常状态,奇异吸引子表明系统状态演化在高层次上呈有序、有结构和自相似的非周期运动。利用分形维、柯尔莫哥洛夫(Kolmogorov)熵和李雅普诺夫(Lyapunov)指数等方法可以提取吸引子信息,从而刻画系统状态演化的动力学特征。

3)相空间重构

相空间重构目的是在高维空间中恢复和提取系统动力演化的吸引子信息,而这无疑是理解混沌时间序列内在机制和分析混沌时间序列动力学影响因素的基础。相空间重构理论已经证明,时间序列重构相空间能够保证时间序列的原动力系统内在结构的几何不变性,如吸引子的分维数、柯尔莫哥洛夫熵和李雅普诺夫指数等不变量特征。目前,相空间重构方法主要有延迟坐标法、导数法和主分量法。其中,延迟坐标法应用最为广泛(Packard et al,1980)。

2. 单变量时序相空间重构

设等时间间隔的变形监测序列为$\{x(t_i)\}_{i=1}^{n}$,将该时间序列分成$\{x(t_1),\cdots,x(t_n)\}$与$\{x(t_{n+1}),\cdots,x(t_{\bar{n}})\}$两段,通常后段数据只留少部分以做检验之用,采用延迟坐标法可将前段时序数据重构成相点数为$N=n-\omega(m-1)$的m维相空间,即

$$\boldsymbol{X}_i(m,\tau)=\{x(t_i),\quad x(t_i+\tau),\quad x(t_i+2\tau),\quad \cdots,\quad x[t_i+(m-1)\tau]\} \tag{5.25}$$

式中,$\boldsymbol{X}_i$表示相点,其连线构成了点相空间中的演变轨迹,即相轨道;m表示嵌入维数;τ表示时间延迟,且有$\tau=\omega\Delta t$,其中Δt为序列采样间隔,ω取整数。

在相空间重构过程中,时间延迟τ和嵌入维m的选取十分重要,其精度直接关系着相空间重构后,关联维、李雅普诺夫指数、柯尔莫哥洛夫熵等不变量特征计算的准确度。目前,对τ和m的选取主要有两类方法:第一类在假定时间序列无限长、无观测噪声干扰的情况下,认为两者是互不相关的,即认为τ与m的选取可以独立进行;第二类顾及实际工程中的时间序列都是有限长,且不可避免地受到各种噪声的影响,认为τ与m的选取是相互关联的。这两类方法的代表算法如表 5.1 所示。

表 5.1 相空间重构参数选取方法

类别	τ 和 m 独立选取		τ 和 m 联合选取	
代表方法	互信息法	复自相关法	C-C 法	误差最小法
是否借助第三参数	是	否	是	否

由于第三参数的介入增强了时间延迟 τ 和嵌入维 m 计算结果的不确定性，因此表 5.1 根据算法实现过程是否需要借助于第三参数，将两类方法进一步区别有重要实际意义。目前，大多数研究人员认为联合选取的方法在工程实践中更为实用和合理(马红光 等，2004)。基于上述分析，认为宜采用不借助第三参数、联合选取的平均预测误差最小法确定时间序列重构相空间的最佳时间延迟和嵌入维(王海燕 等，2000)。

5.3.2 基于相空间重构的预测模式

1. 预测模式特点及分类

首先，与传统的数理统计预测方法相比，相空间预测不必事先建立主观模型，而是直接根据时间序列本身提取的客观演化规律进行预测，避免了人为的主观性，提高了预测可靠性。其次，通过逐一考虑不同相点在不同时刻的演化情景选取不同的预测函数，避免了预测时域内采取固定不变的主观模型，实现了自适应预测。再次，基于非线性混沌分析的相空间预测模式不存在高次多项式拟合参数求解的病态性问题，能够方便有效地进行非线性预测。必须指出的是，混沌系统的初始条件敏感依赖性决定了其不可长期预测性，但对于混沌系统“短期”行为做出准确的预测还是可行的。

关于相空间预测模式分类，按时域长度可分为全域和局域预测模式，按相空间中相点的演化情况可分为近似、近邻等距和李雅普诺夫指数预测模式(林振山，2003)。本章重点探讨相空间近邻等距预测模式。

2. 相空间近邻等距预测模式

相空间重构的预测模式较多，工程应用上常采用相空间近邻等距预测模式。假设参考相点为 $\boldsymbol{X}_{n-\omega(m-1)}$，则定义其最临近相点 $\boldsymbol{X}_i$ 为

$$\|\boldsymbol{X}_{n-\omega(m-1)}-\boldsymbol{X}_i\|=\min_{1\leqslant j<n-\omega(m-1)}\{\|\boldsymbol{X}_{n-\omega(m-1)}-\boldsymbol{X}_j\|\} \tag{5.26}$$

设 $\boldsymbol{X}_{n-\omega(m-1)}$ 与其最近邻相点 $\boldsymbol{X}_i$ 经时间 t 后分别演化为 $\boldsymbol{X}'_{n-\omega(m-1)}$ 与 $\boldsymbol{X}'_i$，由于 $\boldsymbol{X}_{n-\omega(m-1)}$ 和 $\boldsymbol{X}_i$ 相差甚微，因而可认为它们在相空间中演化速度相等，即得到近邻等距预测模式为

$$\|\boldsymbol{X}'_{n-\omega(m-1)}-\boldsymbol{X}_{n-\omega(m-1)}\|=\|\boldsymbol{X}'_i-\boldsymbol{X}_i\| \tag{5.27}$$

由式(5.27)可知，只要演化时间 $t\leqslant\tau$，演化相点 $\boldsymbol{X}'_{n-\omega(m-1)}$ 仅剩下其第 m 维分量 $\boldsymbol{X}'_{n-\omega(m-1)}(m)$ 未知，就可对其进行预测。上述非线性预测模式描述了相空间中各相点的演化行为，可选取不同的参考点以得到不同的预测函数，从而自适应地给

出各相点的预测值。

近邻等距预测模式是选取一个最邻近相点作为参考相点进行预测。若选择多个参考相点(最近邻、次近邻……),利用各参考相点分别用前述模式进行预测,然后对各预测值进行加权处理,便可得加权预测值,此即相空间近邻等距加权预测模式。需说明的是,权重并不表示基于不同参考相点预测的精度,而是反映了各参考相点与预测相点之间的相关程度。因而权值 p_j 的确定原则应该与不同参考相点和预测相点的距离邻近程度有关,参考相点越近,则其对预测相点的影响越大,权值应越大;反之,则相应权值越小。据此可定义权重形式为

$$p_j = \| \boldsymbol{X}_{n-\omega(m-1)} - \boldsymbol{X}_j \|^{-1} \tag{5.28}$$

若利用不同参考相点 X_j 求得的预测值分别为 $\hat{x}_j(t_i)$,则可得加权预测值为

$$\hat{x}(t_i) = \frac{\sum [p_j \hat{x}_j(t_i)]}{\sum p_j} \tag{5.29}$$

5.3.3 多相型综合预测方法

1. 嵌入维的非唯一性

由上节分析可知,已有众多文献研究了嵌入维和时间延迟的选取算法(马红光 等,2004;王海燕 等,2000)。这些算法的共同特点是可得到唯一的最佳嵌入维和时间延迟,且算法还处于不断发展阶段。需指出的是,研究人员从理论上证明了当 $m \geqslant 2D_2+1$(D_2 是吸引子的分形维数,如关联维)时,即可获得一个吸引子的嵌入(Takens,1981),而且嵌入维可在 $D_2 \leqslant m \leqslant 2D_2+1$ 范围内选择(Kantz et al,2004)。此外,由延迟坐标法重构的动力轨迹相空间,只需用 $[D_2+1]_{\text{int}}$ 个独立变量就可以对系统的长期行为进行描述,但若要充分描述,还需要 $[2D_2+1]_{\text{int}}$ 个独立变量(林振山,2003)。由此可知,重构的动力轨迹相空间与原动力系统保持微分同胚时的嵌入维并非唯一,故可合理地选取若干个嵌入维以更准确地恢复系统动力学行为。

2. 多相型综合预测思想

除上述分析的嵌入维本身具有非唯一性外,不同的重构参数选取算法和实际观测数据中带有的噪声也会使嵌入维 m 和时间延迟 τ 估计值产生较大的偏差(王红瑞 等,2004)。因此,若不顾及嵌入维非唯一特性和参数计算偏差或不确定性影响,将会严重影响基于相空间重构的预测方法所得结果的精度及可靠性。鉴于上述问题,本节提出了在一定范围内选取嵌入维,进而利用不同单相型进行综合预测的思想,即依次重构若干个不同嵌入维数的单相型(刘志平 等,2007d),其嵌入维数分别取

$$m = [D_2+1]_{\text{int}}, [D_2+2]_{\text{int}}, \cdots, [2D_2+1]_{\text{int}} \tag{5.30}$$

由式(5.30)可知,嵌入维数 m 的选取范围由关联维 D_2 的取值决定。基于表5.1的分析,利用复自相关法与GP算法分别确定时间延迟和嵌入维(刘志平 等,2007d),

并联合预测误差最小法获取最佳值。然后，进行相空间重构，并在各重构的相空间内分别利用邻近等距及其加权预测模式进行预测。最后，将不同单相型的相应预测值取平均，作为所有单相型综合预测的结果。以此试图削弱重构参数选取方法和数据噪声等因素对结果的不确定影响，提高预测值的精度和可靠性。

最大李雅普诺夫指数(MLE)的倒数可表示混沌时间序列的最大可预测时间(陈益峰 等，2001；刘志平 等，2007d)，其表征了系统状态误差增加1倍所需要的最长时间，可作为有效预测时间长度的定量指标之一。因此，若某混沌时间序列由式(5.30)可建立 K 个单相型，则多相型综合预测方法最大可预测时间 $T_{\max}$ 应根据各个单相型的最大可预测时间确定，即

$$T_{\max}=\min\{1/\mathrm{MLE}^{1},\cdots,1/\mathrm{MLE}^{k},\cdots,1/\mathrm{MLE}^{K}\} \tag{5.31}$$

式中，$1/\mathrm{MLE}^{k}$ 表示由MLE倒数计算的第 k 个单相型最大可预测时间。

预测精度一般采用均方误差评价。需说明的是，在最大可预测时间内，预测精度会随着预测时间的增长而逐渐降低，而多相型综合预测方法能够最大限度地减少精度损失。

5.4 结果与分析

5.4.1 小样本数据的灰色预测分析

为检验文中提出的混沌优化扩展灰色模型与无偏扩展灰色模型的有效性，采用分布在2号山梁高边坡上的1Ⅱ-16、1Ⅱ-21、1Ⅱ-32及1Ⅱ-41四个监测点2004年2月至9月共24期(每期10天)三维变形时间序列进行建模分析，其中前20期序列用于建立常规多变量灰色模型GM(1,M)、混沌优化的扩展灰色模型CE-GM(1,M)及无偏扩展灰色模型UE-GM(1,M)三种模型，后4期序列用于各模型预测比较分析。表5.2表示各监测点三维变形序列建立的不同模型预测指标，其中“—”为各变量平均预测误差。

从表5.2可以看出，监测点1Ⅱ-16的GM(1,M)和CE-GM(1,M)及UE-GM(1,M)模型预测精度分别为8.79 mm、3.28 mm及1.97 mm，监测点1Ⅱ-16的GM(1,M)、CE-GM(1,M)及UE-GM(1,M)模型扩展精度分别为3 767.71 mm、143.42 mm及74.18 mm，表明CE-GM(1,M)和UE-GM(1,M)均较GM(1,M)具有更高的预测精度和可靠性。其中，GM(1,M)的混沌生成因子取0.5，CE-GM(1,M)灰色生成因子的混沌优化结果为(0.99,0.02,0.33)，由此可知，引入混沌全局优化方法选取生成因子可合理有效地提高预测精度和可靠性。同时，不难发现，各监测点不同模型的最大可预测时间 $T_{\max}$ 为3～4期，说明灰色模型适用于短期预测分析。因此，当超过最大可预测时间后，应利用新近变形监测信息建立新息灰色预

测模型，以保证预测精度和可靠性。

表 5.2　监测点灰色模型预测精度与最大可预测时间

测点		预测精度/mm			扩展精度/mm			最大可预测时间/10 天		
编号	分量	GM	CE-GM	UE-GM	GM	CE-GM	UE-GM	GM	CE-GM	UE-GM
1Ⅱ-16	x	6.22	2.03	2.81	1 708.15	88.66	105.93	3	3	3
	y	13.31	5.73	1.50	6 164.88	250.43	56.40			
	z	6.94	2.08	1.60	3 431.11	90.87	60.22			
	—	8.82	3.28	1.97	3 768.05	143.42	74.18			
1Ⅱ-21	x	3.18	1.90	0.97	1 689.74	145.87	30.59	3	4	3
	y	8.24	2.24	0.87	5 005.79	172.11	27.20			
	z	7.01	1.16	0.73	4 040.01	89.49	22.97			
	—	6.14	1.77	0.86	3 578.51	135.82	26.92			
1Ⅱ-32	x	2.84	2.17	1.10	1 808.85	146.81	30.84	3	3	3
	y	4.44	6.14	0.54	6 504.89	416.28	15.19			
	z	7.10	5.74	0.80	4 132.41	389.25	22.35			
	—	4.79	4.68	0.81	4 148.72	317.44	22.79			
1Ⅱ-41	x	1.70	0.82	1.00	397.61	56.86	33.61	3	4	3
	y	7.69	1.70	0.75	6 461.30	118.14	25.27			
	z	5.02	1.92	0.82	3 925.39	132.80	27.40			
	—	4.80	1.48	0.86	3 594.77	102.60	28.76			

图 5.1 表示监测点 1Ⅱ-16 的 Z 方向实测变形与不同模型拟合及预测变形的比较。对该图分析可知，由于常规灰色建模方法存在固有偏差，导致 GM(1,M)和 CE-GM(1,M)模型所得序列出现不同程度的抖动现象，而 UE-GM(1,M)模型采用无偏建模方法所得结果更加符合实测序列。基于其余各监测点不同预测模型的比较结果可以得出相同的规律和结论。

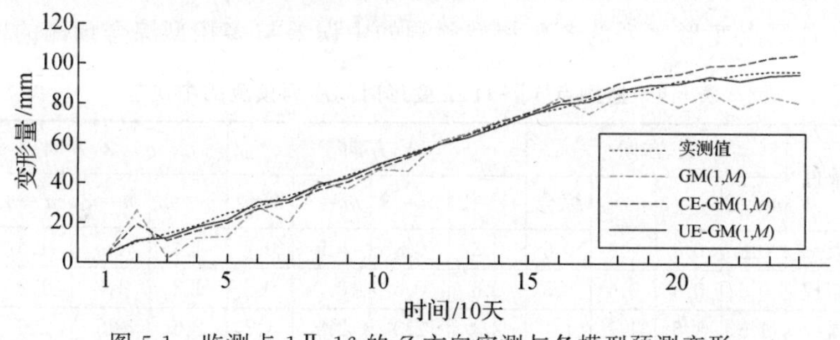

图 5.1　监测点 1Ⅱ-16 的 Z 方向实测与各模型预测变形

5.4.2　大样本数据的多相型综合法预测分析

基于小湾水电站 2 号山梁高边坡 GPS 监测点的变形监测数据处理结果，采用变形序列完整且变形较大的1Ⅱ-TP22、1Ⅱ-TP29、1Ⅱ-TP35及1Ⅱ-TP36号监测点2004年6月至2005年9月430期(每期1天)三维变形时间序列,对多相型综合预测方法进行了实例验证计算与分析。

采用前300期变形时间序列数据,分别由G.P算法提取上述四个监测点共12个变形序列的关联维,结合预测误差最小法确定各单相型嵌入维数和时间延迟,并计算多相型综合法的最大可预测时间,结果如表5.3所示。其中,$k\in\{1,2,3\}$为各单相型编号。

表5.3 相空间重构参数及相关指标

测点	X方向			Y方向			Z方向		
	D_2	(m_k,τ_k)	T_{max}	D_2	(m_k,τ_k)	T_{max}	D_2	(m_k,τ_k)	T_{max}
1Ⅱ-TP22	1.67	(2,67)(3,52)(4,39)	14	1.37	(2,59)(3,39)(4,29)	269	1.73	(2,41)(3,40)(4,30)	176
1Ⅱ-TP29	1.92	(2,27)(3,14)(4,35)	138	1.39	(2,50)(3,33)(4,25)	295	1.18	(2,58)(3,39)(4,29)	162
1Ⅱ-TP35	1.98	(2,61)(3,46)(4,34)	155	1.44	(2,55)(3,36)(4,27)	302	1.15	(2,65)(3,42)(4,31)	147
1Ⅱ-TP36	1.80	(2,12)(3,12)(4,25)	136	1.36	(2,55)(3,37)(4,28)	321	1.13	(2,64)(3,42)(4,32)	160

以监测点1Ⅱ-TP22的Z方向变形序列为例,预测效果比较方案为:①按表5.3所示三个不同单相型的重构参数,分别利用近邻等距及其加权预测模式(式(5.27)至式(5.29))进行向后一天及一周预测并计算相应预测中误差,即相空间中相点演化时间为一天和一周的预测情况;②将基于以上三个不同单相型的预测值取平均,作为各单相型综合预测结果,并计算相应预测中误差。其余各测点变形时间序列同上处理。表5.4至表5.7分别表示1Ⅱ-TP22、1Ⅱ-TP29、1Ⅱ-TP35及1Ⅱ-TP36各测点变形序列的各单相型预测的中误差与多相型综合预测的中误差。

表5.4 监测点1Ⅱ-TP22变形时间序列预测的中误差 单位:mm

预测条件	X方向				Y方向				Z方向			
	$m=2$	$m=3$	$m=4$	综合	$m=2$	$m=3$	$m=4$	综合	$m=2$	$m=3$	$m=4$	综合
一天	0.8	0.8	0.9	0.6	0.8	0.8	0.9	0.7	1.4	1.5	1.5	1.2
一天加权	0.6	0.6	0.6	0.5	0.6	0.6	0.7	0.6	1.2	1.2	1.2	1.1
一周	1.5	1.6	1.7	1.1	2.3	2.3	2.5	1.7	2.6	2.5	2.6	1.7
一周加权	1.0	1.1	1.0	0.8	2.0	1.8	1.7	1.4	1.8	1.6	1.6	1.3

表 5.5　监测点 1Ⅱ-TP29 变形时间序列预测的中误差　　单位：mm

预测条件	X 方向				Y 方向				Z 方向			
	$m=2$	$m=3$	$m=4$	综合	$m=2$	$m=3$	$m=4$	综合	$m=2$	$m=3$	$m=4$	综合
一天	0.6	0.6	0.6	0.5	0.7	0.8	0.9	0.6	1.1	1.2	1.2	0.9
一天加权	0.5	0.4	0.5	0.4	0.6	0.6	0.6	0.5	0.9	0.9	0.9	0.8
一周	1.3	1.3	1.5	0.8	2.2	2.3	2.4	1.8	2.7	2.8	3.1	2.0
一周加权	0.7	0.6	0.7	0.5	1.9	1.9	1.7	1.4	2.1	2.2	2.0	1.6

表 5.6　监测点 1Ⅱ-TP35 变形时间序列预测的中误差　　单位：mm

预测条件	X 方向				Y 方向				Z 方向			
	$m=2$	$m=3$	$m=4$	综合	$m=2$	$m=3$	$m=4$	综合	$m=2$	$m=3$	$m=4$	综合
一天	0.7	0.7	0.7	0.5	0.7	0.8	0.8	0.6	1.2	1.4	1.5	1.1
一天加权	0.5	0.5	0.5	0.5	0.6	0.6	0.6	0.5	1.0	1.0	1.0	0.9
一周	1.1	1.3	1.3	0.8	1.7	1.8	1.9	1.3	2.8	2.7	3.0	1.8
一周加权	0.8	0.7	0.7	0.5	1.5	1.5	1.4	1.0	2.0	1.7	1.7	1.4

表 5.7　监测点 1Ⅱ-TP36 变形时间序列预测的中误差　　单位：mm

预测条件	X 方向				Y 方向				Z 方向			
	$m=2$	$m=3$	$m=4$	综合	$m=2$	$m=3$	$m=4$	综合	$m=2$	$m=3$	$m=4$	综合
一天	0.7	0.7	0.7	0.5	0.8	0.8	0.9	0.7	1.4	1.3	1.5	1.1
一天加权	0.5	0.5	0.5	0.5	0.6	0.6	0.6	0.5	1.0	1.0	1.0	0.9
一周	1.4	1.4	1.3	1.0	1.8	1.9	2.0	1.3	2.8	3.0	3.2	2.1
一周加权	0.9	0.9	0.8	0.7	1.4	1.4	1.3	1.0	2.0	1.8	1.8	1.4

从表 5.4 可以看出，对于监测点 1Ⅱ-TP22 三维方向变形预测的中误差，无论是采用近邻等距预测模式还是近邻等距加权预测模式，基于各单相型预测的中误差均近似相等，而多相型综合预测的中误差明显小于各单相空间预测的中误差。此外，多相型综合预测方法对变形预测精度的提高随预测时间的增长愈加明显。以 Z 方向变形预测为例，其一天预测中误差由±1.5 mm 降为±1.2 mm，一天加权预测中误差由±1.2 mm 降为±1.1 mm，而其一周预测中误差由±2.6 mm 降为±1.7 mm，一周加权预测中误差也由±1.8 mm 降为±1.3 mm。显然，以基于近邻等距加权模式的多相型综合预测精度最高。分析表 5.5 至表 5.7 的其余三个监测点变形预测的中误差，可以发现多相型综合预测方法有效提高了边坡变形预测的精度。此外，监测点 1Ⅱ-TP22、1Ⅱ-TP29、1Ⅱ-TP35 和 1Ⅱ-TP36 三维方向变形序

列的各单相型及多相型综合预测的中误差也可分别由图5.2至图5.5表示，图中横坐标含义为：xd、yd、zd分别表示监测点X、Y、Z三维方向变形监测序列向后一天预测；$x$dp、$y$dp、$z$dp分别表示监测点三维方向变形监测序列向后一天加权预测；xw、yw、zw分别表示监测点三维方向变形监测序列向后一周预测；$x$wp、$y$wp、$z$wp分别表示监测点三维方向变形监测序列向后一周加权预测。

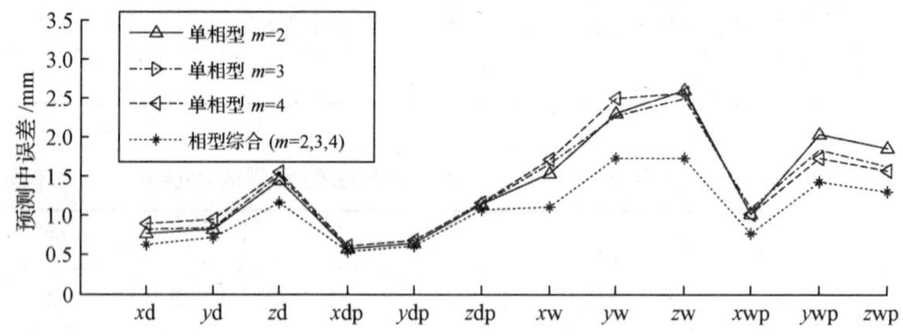

图5.2 监测点1Ⅱ-TP22变形时序的各单相型及其综合预测的中误差

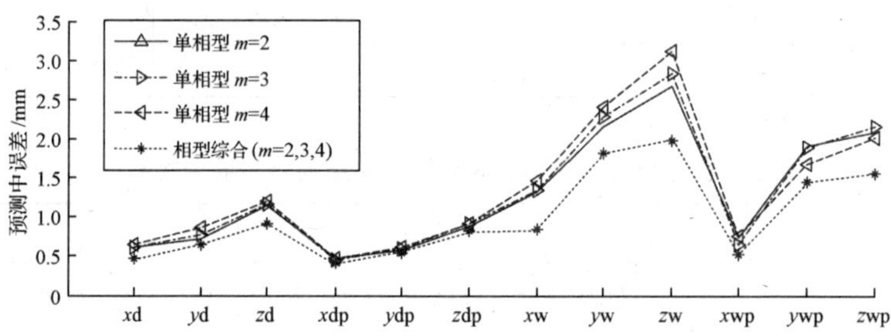

图5.3 监测点1Ⅱ-TP29变形时序的各单相型及其综合预测的中误差

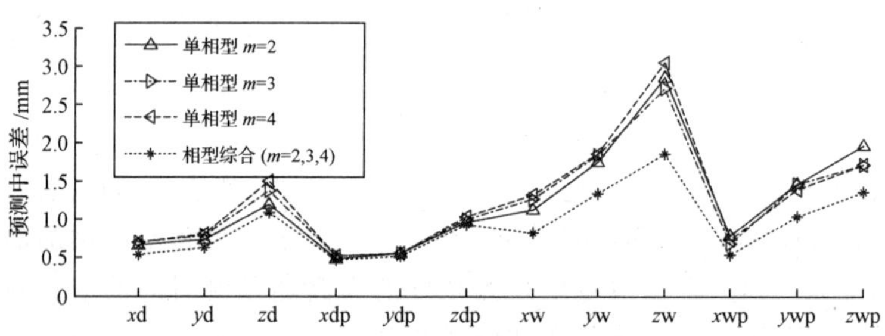

图5.4 监测点1Ⅱ-TP35变形时序的各单相型及其综合预测的中误差

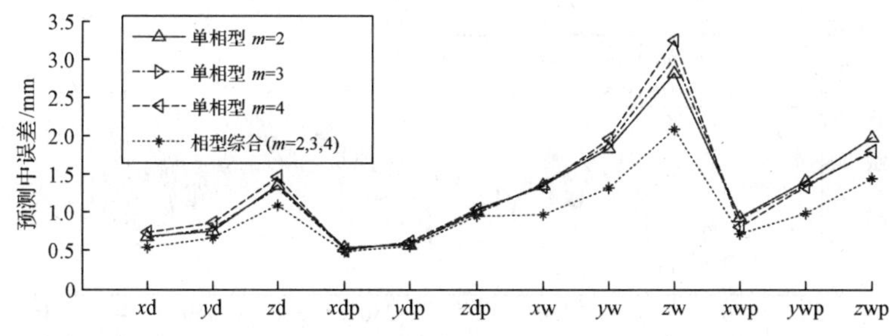

图 5.5　监测点 1Ⅱ-TP36 变形时序的各单相型及其综合预测的中误差

从图 5.2 可以直观地看出，监测点 1Ⅱ-TP22 的三维方向变形基于各单相型预测的精度相当，而采用多相型综合预测方法有效提高了三维方向变形预测的精度。此外，水平方向监测精度高于高程方向，但多相型综合预测方法显著提高了 Z 方向变形预测精度。其余监测点三维方向变形的各单相型及其综合预测的中误差与图 5.2 曲线变化相似，不再赘述。

图 5.6 表示监测点 1Ⅱ-TP22 的 Z 方向变形实测值，图 5.7 表示监测点 1Ⅱ-TP22的 Z 方向基于单相型($m=3$)与多相型综合的一周预测结果比较，图 5.8 表示监测点 1Ⅱ-TP22 的 Z 方向基于单相型与多相型综合的一周加权预测结果比较。比较图 5.6 和图 5.7 可看出，采用多相型综合预测方法得到的变形预测精度更高，预测序列更为稳健可靠；比较图 5.6 和图 5.8 可看出，基于加权预测模式的多相型综合预测精度和可靠性得到了进一步提高。此外，由表 5.5 至表 5.7 可知，多相型综合预测方法对其余各测点三维方向变形预测精度的提高情况与监测点 1Ⅱ-TP22类似，为节约篇幅不予显示。

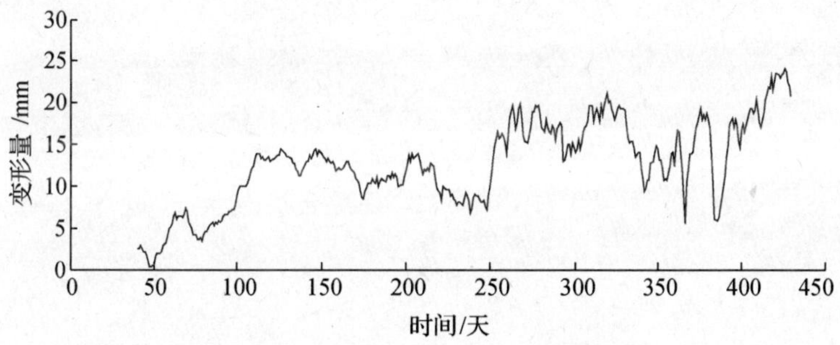

图 5.6　监测点 1Ⅱ-TP22 的 Z 方向实测变形

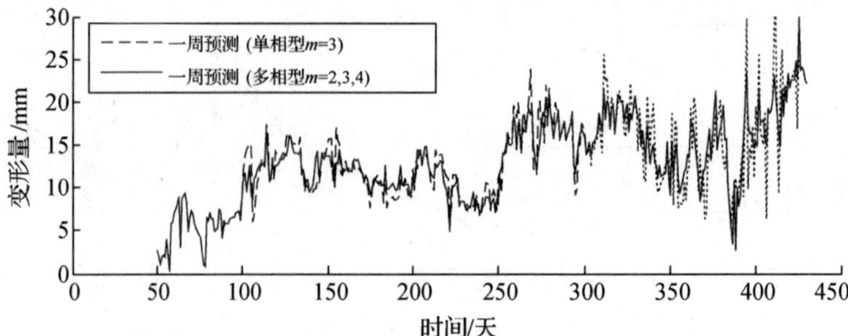

图 5.7　监测点 1Ⅱ-TP22 的 Z 方向基于单相型与多相型综合预测变形

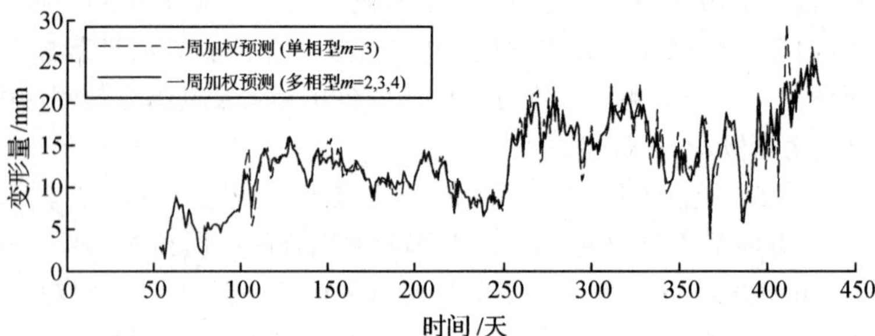

图 5.8　监测点 1Ⅱ-TP22 的 Z 方向基于单相型与多相型综合加权预测变形

第6章 高边坡变形稳定性分析

在大规模水利水电工程建设中，正确评价高边坡稳定性状态对保障人民生命财产及工程安全和优化工程建设的投资及运营效益具有重大意义，也是发挥安全监测作用的核心工作之一。近年来，随着人们对岩体变形破坏机理认识的不断深化和现代变形监测软硬件技术的迅速发展，基于现场监测的变形稳定性分析与评价研究正受到学术界和工程界普遍关注。本章针对高边坡变形稳定性分析展开研究，主要内容安排如下：

(1)监测实践和理论研究表明，变形稳定性分析方法不仅是强度稳定性至变形稳定性认识的升华，且由于其结合现场监测信息与变形时间序列数据处理理论进行高边坡变形稳定性评价，较基于地质模型和力学假定的强度稳定性分析方法更具实时性、真实性和可靠性。鉴于此，较为详细地研究了变形稳定性判别准则，主要包括基于变形信息临界值的最大变形、变形速率和变形速率变化率判别准则，以及基于变形时间序列特征的分形维、Hurst 指数和李雅普诺夫指数判别准则，并通过分析指出了变形速率和李雅普诺夫指数应用较为广泛。

(2)介绍了地统计学中平稳性假设、变异分析和空间估值三个重要的基本概念，结合理论分析与实际数据研究，阐明了地统计变异分析中不同距离测度对刻画区域化变量的空间结构性和随机性的差异。针对常规克里金法仅采用欧几里得单一距离测度建立变量随距离相关关系所存在的不足，基于不同距离测度具有检测数据子集结构的互补特性和最小方差准则，提出了综合曼哈顿、欧几里得及切比雪夫三种常用距离测度描述空间相关性的多测度加权克里金法，并给出了一种简便的替代最小方差准则的改进定权准则。

(3) 探讨了多变量相空间重构理论，分析得出用于重构相空间的时间序列变量维数和相空间中相点演化的时间轨道可逆及不可逆特性，是影响 MLE 计算准确性和可靠性的主要因素，鉴于此，提出了顾及多变量较单变量时间序列，蕴含了系统更多动力学信息和相空间中相点演化的时间轨道特性的三维变形时序 MLE 双向搜索修正方法，并指出了该方法具有稳健性、准确性及维数伸缩特性。在分析高边坡稳定性影响因素的基础上，阐明了变形稳定性分区的重要性，并基于边坡稳定状态的空间相关特征，结合空间失稳率和时间失稳度给出了变形稳定性 MLE 分区准则。

(4)小湾水电站 2 号山梁高边坡应用结果表明，基于多测度加权克里金法获取的春夏秋冬多时相变形速率场，显示了该边坡变形破坏式发展得到有效抑制、变形中心区或倾倒变形区平稳收敛的演化过程,MLE高边坡稳定性分区有效揭示了该边坡由下至上牵引式渐进变形特征。所得结论与边坡实际变形特征及地层蠕动分析基本吻合,验证了提出的多测度加权克里金法和多变量双向修正MLE方法是进行高边坡变形稳定性分析研究的有效可靠方法,为高边坡变形机理探索、整治效果评价及治理措施完善提供了科学依据。

6.1 边坡变形稳定性判别

6.1.1 变形稳定性分析

边坡稳定性演变是一个复杂、动态的非线性耗散过程,它是内外地质营力(动力)和人为因素共同作用的结果。改变或影响边坡岩体应力应变状态的因素很多,一般可分为内部影响因素与外部影响因素。其中,内部影响因素主要包括地形地貌、岩体性质及地下水等,外部影响因素主要包括变形现象、工程环境及气象条件等(郑颖人 等,2007;李克钢,2006)。

(1)地形地貌。地形地貌是岸坡长期地质演化的结果,它不仅可以提供关于边坡结构的信息,而且可以反映边坡过去曾发生的变形破坏模式。在中、高山峡谷地区,地形陡峻,自然地质作用强烈,常常出现高边坡;在开阔的盆地,地形则相对平缓,自然地质作用缓慢,对边坡稳定性的影响相对较小。此外,开挖的人工边坡是改变自然地形地貌而出现的新形态,它与边坡稳定性有着直接的关联。

(2)岩体性质。岩体性质包括岩石性质和岩体结构,边坡变形既是岩石材料的变形又是岩体结构的变形。岩石力学性质对边坡稳定的影响表现为岩石软化导致强度降低,岩体结构特性对边坡稳定的影响主要表现在结构面的组数和数量、结构面的倾角和倾向、结构面的连续性及结构面的表面性质等。不同岩石性质和岩体结构的边坡变形破坏是不同的。

(3)地下水。地下水对边坡稳定性的影响不仅是多方面的,而且是非常活跃的。江、河、湖、海或水库水位的涨落,会引起附近区域地下水位升降,使得滑动带强度性质改变和孔隙水压力改变。因此,地面水和地下水渗入边坡体,湿润并软化滑动带,产生静水压力、动水压力和上浮力,均能促进边坡失稳活动。

(4)变形现象。边坡的变形现象包括地表的变形、地面裂缝的出现和发展、地下滑动面的形成等,是边坡工程地质条件和人为活动的结果,将提供关于边坡稳定性的诸多信息。同时,它作为岩体结构受内外营力共同作用而演化反馈的显著参量,将对边坡稳定性及未来变化规律起到一定的控制性作用。

(5)工程环境。天然状态下处于稳定态的边坡受施工影响,如在天然坡顶堆放材料或建造建筑物使得坡顶受荷,或打桩、车辆行驶、开挖等引起的震动等,会改变原有的平衡状态。尤其是周期性振动，会使岩体原有结构张裂、松弛，出现新的结构面，导致边坡变形甚至破坏。边坡不同的部位将面临不同的工程环境，有必要对该因素加以适当的考虑。

(6)气象条件。气象条件影响边坡稳定状况的方式多种多样，有风化作用、降雨作用、风蚀作用及冻融作用等，但较为突出的是降雨作用，尤其是暴雨，大量的边坡失稳均发生在暴雨季节。此外，气候的冷、热和干、湿的交替变化，会促进山坡岩体风化、开裂，如遇暴雨充水，即可能发生滑坡。

一方面，在内部和外部影响因素的作用下，岩土体力学参数特征表现为强烈的非线性、可变性和不确定性，而这正是经典土力学及强度理论最早试图解决边坡稳定性分析但至今未能圆满解决的根本原因。另一方面，内因是边坡岩体变形破坏的主导因素，外因是边坡岩体变形破坏的诱发因素，认为外因通过内因起作用，然而这种认识曾一度使人们没有对"变形稳定性"的研究予以足够的重视。实践证明，坡体力学性质弱化发展是一个时空效应的累进性破坏过程，往往伴随一系列边坡地表、地下的宏微观变形现象，如边坡地表的变形、地面裂缝的出现和发展、地下滑动面的形成等。同时，变形亦是最为直接、最易获取的边坡稳定性演变的前兆信息，且高边坡稳定性的控制关键在于控制变形。这使人们认识到，高边坡稳定性分析与评价不仅是一个强度稳定性问题，也是一个变形稳定性问题，而在不同变形发展阶段，对应高边坡的不同稳定性状态。

从变形破坏演化历史的角度分析，高边坡是通过变形的发展逐渐累积内部"损伤"，并向潜在滑动面转移，随着"损伤"不断积累，潜在滑动面逐渐孕育、发展并最终形成边坡的控制性破坏面。因此，边坡变形在特定阶段得到控制就不具备进一步发展的条件，潜在滑动面的演化就会在"孕育"或"发展"阶段结束，而不会进入最终的累进性破坏阶段(郑颖人 等，2007)。此外，从边坡变形时间序列数据处理的角度分析，高边坡变形时间序列数据蕴含着参与变形系统动态演化的全部其他变量的痕迹，便于验证潜在系统的某些与任何模型化无关的重要特征。因此，基于现场变形监测信息进行分析研究，可及时掌握边坡岩土结构的变形历史和演化规律，进而预测边坡的未来演化规律和发展趋势，在工程上具有重要的意义。综上可得，变形破坏机制分析发展已成为高边坡稳定性工程地质评价的一个重要部分，以至于当人们发现仅靠强度理论计算难以对具有复杂地质结构和变形历史行为的边坡做出稳定性的确切判断时，转而发展了"变形稳定性分析"的概念(黄润秋 等，2002)。

变形稳定性分析研究认为，高边坡失稳是一个动态的地质历史过程，这种过程的力学行为就表现在它所经历的时效变形过程及伴随这一过程滑动面的形成及演化机理上。尽管在现实情况下，通过变形监测和地质勘探揭露的是边坡在整个地质历史长河中地质和力学行为的一个片段，但它却蕴含着整个边坡的变形破坏历史。通过对变形过程的分析，不仅能了解边坡过去的行为，更重要的是可以预测评价其将来可能的变形趋势。其中，最为重要的研究方法就是通过变形现象的监测和分析，研究高边坡所经历的变形过程及伴随这一过程岩体内部的破裂行为，阐明在失稳之前边坡潜在滑动面的孕育、累进性破坏及可能的贯穿过程，从而为高边坡整治效果评价、治理措施完善及失稳预测提供科学的依据。

6.1.2 变形稳定判别准则

1. 变形信息临界值准则

边坡稳定性的变形信息临界值判别准则可分为三方面(赵静波，2005)：一是最大变形判别准则，在于确定边坡失稳破坏的临界变形；二是变形速率判别准则，需根据变形速率曲线确定临界变形速率；三是变形速率变化率判别准则，根据时间与变形关系曲线的斜率判别边坡是否将发生失稳破坏。

1) 最大变形判别准则

对于临界变形，如果确定边坡失稳临界变形值为 d_{thr}，某一时刻 t 的实测边坡变形值为 d_t，则边坡在监测时刻 t 的变形稳定安全系数为

$$K_{d_t}=\left|\frac{d_{thr}}{d_t}\right| \tag{6.1}$$

当 $K_{d_t}<1$ 时，认为边坡将发生失稳破坏。

2) 变形速率判别准则

同理，假设边坡的临界变形速率为 $\dot{d}_{thr}$，某一时刻 t 的实测边坡变形速率为 $\dot{d}_t$，则边坡在监测时刻 t 的变形稳定安全系数为

$$K_{\dot{d}_t}=\left|\frac{\dot{d}_{thr}}{\dot{d}_t}\right| \tag{6.2}$$

当 $K_{\dot{d}_t}<1$ 时，就认为此时的边坡即将发生失稳破坏。

3) 变形速率变化率判别准则

对于位移速度变化率，如果变形与时间关系曲线上某点的切线与横坐标(时间轴)的夹角为 α_t(简称切线角)，而临界切线角确认为 α_{thr}，则边坡此时变形稳定安全系数为

$$K_{\alpha_t}=\left|\frac{\alpha_{thr}}{\alpha_t}\right| \tag{6.3}$$

当 $K_{\alpha_t}<1$ 时，就认为此刻边坡将发生失稳破坏。

在上述三种变形信息临界值准则中，变形速率准则在高边坡工程变形稳定性分析中较为常用。应注意的是，根据变形信息临界值判别准则进行边坡失稳预测，关键是确定临界变形、临界变形速率和临界切线角。然而，边坡破坏状态的变形、变形速率及其变化率与边坡的高度、坡角、岩体结构、物理力学性质及外界影响因

素密切相关，因此在确定边坡失稳破坏的临界值时应该根据具体情况进行具体的分析。

2. 变形时间序列的指数准则

除上述直接利用变形信息的临界值准则外，还可以利用变形时间序列提取具有物理或几何含义的指标值对边坡变形稳定性及其变化进行判定。

1）分形维

分形的精髓是自相似性（屈世显 等，1996），这种自相似性并不局限于几何形态，也适用于边坡系统的非线性混沌特性。作为边坡演化过程的历史记录，边坡实测变形存在统计上的自相似，具有分形特征。对分形特征定量描述的最基本工具是分形维数（分数维），其中常用的有容量维、信息维和关联维数。现有研究结果表明（何习平，2007）：当变形不断发育时，其轨迹分形结构的分维值增加，表现为增维过程；当变形收敛时，其轨迹分形结构的分维值逐渐减小，表现为降维过程，从而为边坡稳定性分析研究提供了新路径。

2）赫斯特指数

Hurst（1951）和 Mandelbrot 等（1969）证明，对应于不同的赫斯特（Hurst）指数值（$0<H<1$），当 $H=0.5$ 时，变形时间序列为相互独立、方差有限的随机序列；当 $0.5<H<1$ 时，表明该序列表现为持续性，即未来变化趋势将与过去的变化趋势一致，过去整体增加的趋势预示将来整体趋势还是增加，反之亦然，且 H 越接近 1，持续性越强；当 $0<H<0.5$ 时，表明该时间序列表现为反持续性，即将来变化趋势与过去的变化趋势相反，过去增加的趋势预示将来总体上减少，反之亦然，且 H 值越接近 0，反持续性越强。因此，利用边坡监测点的变形时间序列提取赫斯特指数，通过该指数值及其变化可以判别边坡的状态时空演化特性。

3）李雅普诺夫指数

最大李雅普诺夫指数表征相空间中邻近轨道发散或收敛的平均指数率，是定量描述非线性混沌动力学特性的重要参数之一（林振山，2003；Rosenstein et al，1993）。当 $\mathrm{MLE}<0$ 时，表示系统处于定常运动，且 $|\mathrm{MLE}|$ 值越大，系统越稳定；当 $\mathrm{MLE}=0$ 时，表示系统处于规则有序的周期或准周期运动；当 $0<\mathrm{MLE}<\infty$ 时，说明系统处于混沌状态，且 MLE 值越大，系统的混沌程度越大，不稳定程度越高；当 $\mathrm{MLE}\to\infty$ 时，表示系统处于完全随机状态。因此，与关联维、赫斯特指数等不变量特征相比，MLE 可以提供系统状态及其演化更为有用的动力学诊断。

目前，最大李雅普诺夫指数计算方法很多，算法原理一般是基于两个方面：一是利用系统的相轨迹、相面积、相体积等进行计算，如沃尔夫（Wolf）方法和小数据量方法；二是利用系统的相空间切向量进行计算，如神经网络分析方法、小波变换方法。其中，小数据量方法因较其他方法更具有稳健性而得到了广泛的应用和研究。

6.2 边坡变形稳定性地统计分析

6.2.1 地统计学基础

地统计学又称地质统计学(张仁铎,2006;Genton,1998),是法国著名统计学家马特龙(Matheron)在大量理论研究的基础上逐渐形成的一门统计学分支。它是以区域化变量为基础,以变差函数为基本工具,研究既具有随机性又具有结构性的自然现象的科学。与经典统计学的共同之处在于,都是在大量采样的基础上,通过对样本属性值频率分布或均值、方差关系及其相应规则的分析,确定其空间分布格局与相关关系。与经典统计学的最大区别是:地统计学既考虑到样本值的大小,又重视样本空间位置及样本间的距离,弥补了经典统计学忽略空间方位的缺陷。地统计分析理论基础主要包括平稳性假设、变异分析和空间估值。

1. 平稳性假设

统计学认为,从大量重复的观察中可以进行预测和估计,并可以了解估计的变化性和不确定性。对于大部分的空间数据而言,平稳性的假设是合理的。这其中包括两种平稳性:一类是均值平稳,即假设均值不变且与位置无关;另一类是与协方差函数有关的二阶平稳及与半变差函数有关的内蕴平稳。二阶平稳假设是指具有相同的距离和方向的任意两点的协方差相等。内蕴平稳假设认为具有相同距离和方向的任意两点的变差函数相等。

2. 变异分析

变差函数既能描述区域化变量的空间结构性,也能描述其随机性,它是地质统计学所特有的基本工具。若处于位置 $\boldsymbol{x}_i$ 处的随机变量为 Z_i,且满足平稳性假设条件,则样本变差函数 $\gamma(d)$ 定义为

$$\gamma(d)=\frac{1}{2N_d}\sum_{i=1}^{N_d}\left|Z_{i+d}-Z_i\right|^2 \tag{6.4}$$

式中,d 表示分离距离,N_d 表示对应分离距离为 d 时样本对的个数。

图 6.1 是典型的理论变差函数,含有四个重要参数,即块金值(nugget)、变程(range)、基台值(sill)和偏基台值(partial sill)。由于空间变异和测量误差的影响,使得两采样点非常接近甚至距离为零时,它们的变差函数值也不为零,即存在块金值。当采样点间的距离 d 增大时,变差函数从初始的块金值达到一个相对稳定的常数时,称该常数值为基台值,它与块金值的差值即为偏基台值。此时采样点间的距离称为变程,它表征了在某种观测尺度下空间相关性的作用范围。在变程范围内,样点间的距离与其空间相关性呈反相关。但当某点与已知点的间隔 d 超过变程距离时,区域化变量的空间相关性不存在,则该点数据不能用于空间内插或外

推。目前,已被证明有效的理论变差函数模型主要有球形模型、高斯模型、指数模型和线性模型。

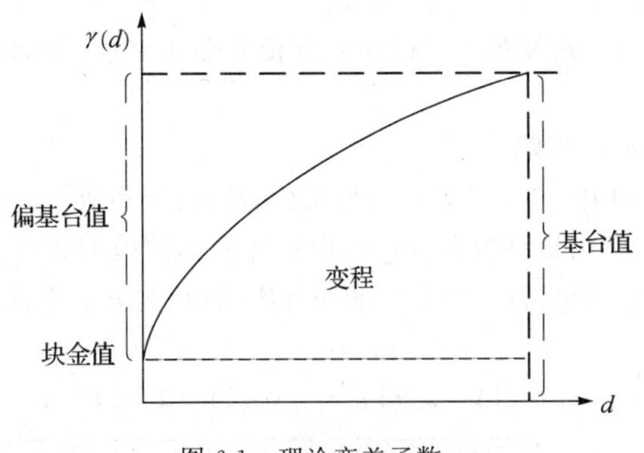

图 6.1　理论变差函数

3. 空间估值

一个完整的地统计分析过程或者空间估值过程为:首先,获取原始数据,检查、分析数据,寻找数据隐含的特点和规律,如是否为正态分布、有没有趋势效应、各向异性等;然后,选择合适的模型进行空间估值,这其中包括变差模型的选择和估计方法的选取;最后,检验变差模型是否合理或几种模型进行对比。需指出的是,普通克里金法是最为常用和有效的基于地统计学原理的空间估值方法。

6.2.2　变形速率场及其变差图

1. 多时相变形速率场

边坡滑坡的发生大多具有明显的前兆现象,而滑体的变形是最为直接、最易获取的信息,因此,在工程实践中可采用变形速率场刻画边坡稳定性状态。

设某监测点在时间尺度 T_s 后三维变形为 $\{\Delta_x(T_s),\Delta_y(T_s),\Delta_z(T_s)\}$,则三维合变形为

$$\Delta(T_s)=\sqrt{\Delta_x^2(T_s)+\Delta_y^2(T_s)+\Delta_z^2(T_s)} \tag{6.5}$$

边坡变形演化与季节有着密切的关系,鉴于此以春、夏、秋、冬四季为时间周期 T_c,以天为时间尺度 T_s,将 T_c 内各 T_s 的三维合变形取平均以表征各时间周期内的变形速率,即

$$\bar{\Delta}_c(T_s)=\frac{1}{T_c}\sum_{i\in T_c}\Delta_i(T_s) \tag{6.6}$$

由式(6.5)可知,变形后的测点坐标为 $\{x+\Delta_x(T_s),y+\Delta_y(T_s),z+\Delta_z(T_s)\}$。但考虑到实际工程中变形值与坐标值相比一般为微小量,将变形后的测点坐标近似为 $\{x,y,z\}$。因此,结合式(6.6)和测点水平坐标,将周期 T_c 内时间

尺度为 T_s 的测点变形速率状态描述为

$$\boldsymbol{X}_{c|s}=\{x,y,\bar{\Delta}_c(T_s)\} \tag{6.7}$$

若边坡工程区全部测点状态均由式(6.7)表达，则构成了变形稳定性的完整空间分布。综合春、夏、秋及冬季可得到多时相变形速率场，从而揭示高边坡大范围变形时空演化特征。

2. 变差图及测度影响

分析式(6.4)可知，样本变差函数值与位置间的距离有关。若对分离距离 d 采用不同的距离测度，则最终拟合得到的理论变差函数模型也应该不同。常用的曼哈顿(记为 d_{ij}^1)、欧几里得(记为 d_{ij}^2)和切比雪夫(记为 d_{ij}^3)平面距离测度计算式分别为

$$\left.\begin{aligned} d_{ij}^1&=|\boldsymbol{x}_i(1)-\boldsymbol{x}_j(1)|+|\boldsymbol{x}_i(2)-\boldsymbol{x}_j(2)| \\ d_{ij}^2&=\sqrt{|\boldsymbol{x}_i(1)-\boldsymbol{x}_j(1)|^2+|\boldsymbol{x}_i(2)-\boldsymbol{x}_j(2)|^2} \\ d_{ij}^3&=\max\{|\boldsymbol{x}_i(1)-\boldsymbol{x}_j(1)|,|\boldsymbol{x}_i(2)-\boldsymbol{x}_j(2)|\} \end{aligned}\right\} \tag{6.8}$$

式(6.8)中曼哈顿、欧几里得和切比雪夫三种距离测度检测的平面结构如图 6.2 所示。

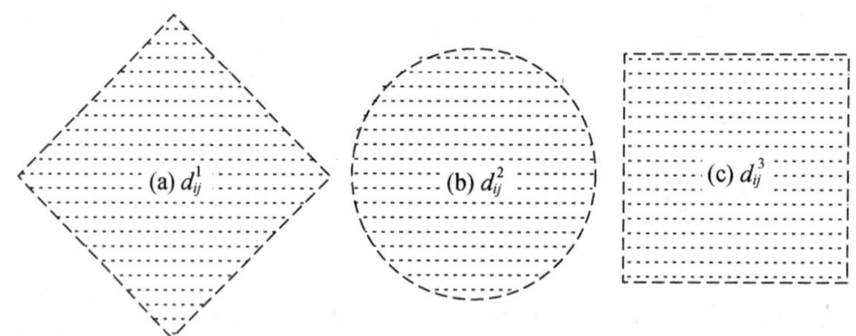

图 6.2　不同距离测度检测的平面结构

在常规克里金法中，分离距离 d 均是采用欧几里得单一距离测度进行计算。虽然欧几里得距离测度在检测圆形结构数据子集具有明显优势，但对图 6.2 中所示的菱形和正方形结构数据子集检测效果却较差。因此，在样本数据子集结构不清楚或变化较大的情况下，分离距离 d 均按欧几里得单一距离测度计算是不够准确和不切合实际的。图 6.3 表示在三种不同平面距离测度下的小湾水电站 2 号山梁高边坡 2004 年 5 月至 7 月日平均变形速率场的理论变差函数。

从图 6.3 可以看出，采用不同距离测度计算的变差函数散点图(raw)、球形(sphere)、高斯(gauss)、指数(exponent)和线性(linear)变差函数均存在不同程度的差异。由图 6.2 可知不同距离测度在刻画区域化变量的空间结构性和随机性均存在各自优势，因此探究多测度加权的地统计方法具有理论和实际意义。

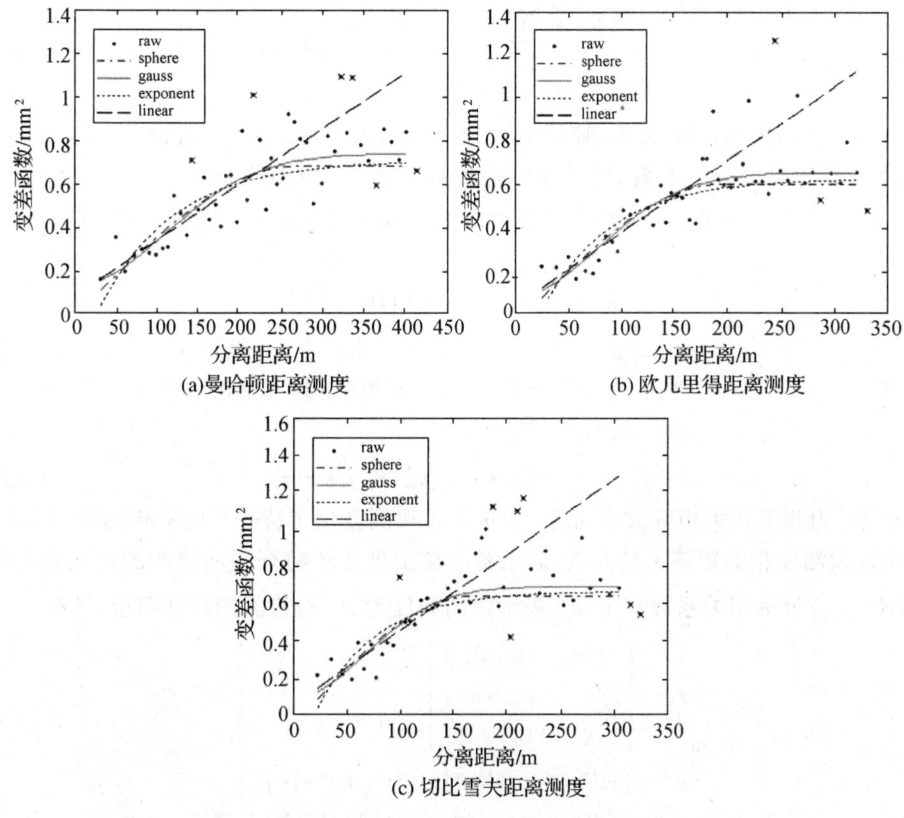

图 6.3　不同距离测度下的变差函数

6.2.3　多测度加权克里金插值方法

1. 基本原理

为充分利用不同距离测度在检测相应数据子集结构方面的优势，以便更加真实地刻画空间结构相关关系，本节研究并提出了多测度加权克里金方法。该方法利用最小方差准则综合曼哈顿、欧几里得和切比雪夫三种常用距离测度下的普通克里金法估值，试图得出更高精度和更为可靠的估计结果。为书写方便，将曼哈顿、欧几里得和切比雪夫距离测度及其相关量仍分别用上标 1，2，3 区别，则多测度加权克里金法估计式可表示为（刘志平 等，2009）

$$\hat{Z}_0=\sum_{k=1}^{3}p^k\cdot\hat{Z}_0^k \tag{6.9}$$

式中，$\hat{Z}_0$ 表示位于 $\boldsymbol{x}_0$ 处的多测度加权克里金法估计值，p^k 表示距离测度为 d^k 时的权重，$\hat{Z}_0^k$ 表示距离测度为 d^k 时的普通克里金法估计值。$\hat{Z}_0^k$ 及其方差 $(\hat{\sigma}^k)^2$ 的估计式为

$$\left.\begin{aligned}\hat{Z}_0^k &= \sum\nolimits_{i=1}^{n} \lambda_i^k \cdot Z_i^k \\ (\hat{\sigma}^k)^2 &= \sum\nolimits_{i=1}^{n} \lambda_i^k \cdot \gamma_{i0}^k + \mu^k\end{aligned}\right\} \tag{6.10}$$

式中，Z_i^k 表示距离测度为 d^k 时处于 $\boldsymbol{x}_i^k$ 的观测值，λ_i^k、γ_{i0}^k、μ^k 分别表示距离测度为 d^k 时的普通克里金法系数、样本变差函数及拉格朗日乘数。

基于式(6.9)和式(6.10)由误差传播定理可得多测度加权克里金法方差估计式为

$$\hat{\sigma}^2 = [p^1 \quad p^2 \quad p^3]\boldsymbol{D}\begin{bmatrix}p^1 \\ p^2 \\ p^3\end{bmatrix} \tag{6.11}$$

式中，$\boldsymbol{D} \in \mathbb{R}^{3\times 3}$ 表示单测度克里金法估计值方差矩阵，其元素由式(6.12)确定，即

$$\begin{aligned}D_{kl} &= R_{kl} \cdot \hat{\sigma}^k \hat{\sigma}^l \\ &= r_{kl} \cdot \mathrm{cor}(\boldsymbol{d}^k, \boldsymbol{d}^l) \cdot \hat{\sigma}^k \hat{\sigma}^l\end{aligned} \tag{6.12}$$

式中，R_{kl} 为测度相关矩阵 $\boldsymbol{R}$ 的元素，表示各距离测度用于特征平面检测的相关系数；r_{kl} 为最大测度相关矩阵 $\boldsymbol{r}$ 的元素，表示各距离测度用于特征平面检测的最大相关系数；$\mathrm{cor}(\cdot,\cdot)$ 表示相关系数算子；$\boldsymbol{d}^k$ 表示距离测度为 d^k 时检测的特征向量，且有

$$\left.\begin{aligned}\boldsymbol{r} &= \begin{bmatrix}1 & 2/\pi & 1/2 \\ 2/\pi & 1 & \pi/4 \\ 1/2 & \pi/4 & 1\end{bmatrix} \\ \boldsymbol{d}^k &= [(d_{10}^k)^2 \quad (d_{20}^k)^2 \quad \cdots \quad (d_{n0}^k)^2]^{\mathrm{T}}\end{aligned}\right\} \tag{6.13}$$

式中，d_{i0}^k 表示距离测度为 d^k 时位置 $\boldsymbol{x}_i^k$ 与 $\boldsymbol{x}_0$ 之间的距离，且满足 $d_{i0}^k \leqslant d_{(i+1)0}^k$。

2. 定权准则

由式(6.9)至式(6.13)可以看出，多测度加权克里金法利用了三种单测度克里金估值进行加权计算，并通过引入测度相关矩阵考虑了不同距离测度下所得估计的相关性，以合理评价计算结果。此外，权重 p^k 的估计体现了多测度加权克里金法的本质和意义。以下是利用最小方差准则推导 p^k 的估计方法。

在求多测度加权克里金方差的极小值时，考虑限制条件 $\sum_{k=1}^{3} p^k = 1$，则引入拉格朗日乘数 κ 按条件极值法构造目标函数，即

$$f = (\sigma)^2 + \kappa\left(\sum\nolimits_{k=1}^{3} p^k - 1\right) \tag{6.14}$$

由式(6.11)可知，$(\sigma)^2$ 是权重 p^k 的显函数，为使多测度加权克里金法估计方差最小，只需将函数 f 对权重 p^k 求偏导数并令其为零，则有线性约束方程为

$$\left.\begin{aligned}\frac{\partial f}{\partial p^k} &= 0 \\ \sum\nolimits_{k=1}^{3} p^k - 1 &= 0\end{aligned}\right\} \tag{6.15}$$

求解式(6.15)即得最小方差准则下的权重估计值，并称为理论值。然而，该方

法得到的权重可能会出现负值情况。虽可以借助现代全局优化搜索算法加以解决，但计算较为复杂耗时。因此，从表达不同距离测度下的变差函数在描述空间结构相关性的物理意义出发，探讨了相对简便的改进定权准则，即基于不同距离测度下估值方差的定权准则，其权重取值为

$$\hat{p}^k = \frac{(\sigma^k)^{-2}}{\sum_{k=1}^{3}(\sigma^k)^{-2}} \tag{6.16}$$

式中，将 $\hat{p}^k$ 取单测度克里金法方差 $(\sigma^k)^2$ 倒数的归一化值，简便有效地表达了不同测度变差函数在描述空间结构相关性中的作用。

分析式(6.14)至式(6.16)可得，多测度加权克里金法发挥了不同距离测度的结构检测能力，其估计方差依赖于测度相关矩阵 $\boldsymbol{R}$，且上限为最大单测度克里金方差，较传统的单测度克里金法应更为真实可靠。此外，基于最小方差准则的估计结果为理论最优，而计算相对简便的改进定权准则可获得近似理论最优值。

6.3　边坡变形稳定性最大李雅普诺夫指数分析

6.3.1　多变量时间序列相空间重构

设边坡三维变形时间序列为 $\{(x_i,y_i,z_i)\}_{i=1}^{n}$，其中 x_i、y_i、z_i 分别表示监测点在 t_i 时刻水平及高程方向三维变形量。在相空间重构前，对原始的三维变形时间序列进行极差初始化，即

$$\left.\begin{aligned}\tilde{x}_i &= \frac{x_i - x_1}{\max(x_i) - \min(x_i)}\\ \tilde{y}_i &= \frac{y_i - y_1}{\max(y_i) - \min(y_i)}\\ \tilde{z}_i &= \frac{z_i - z_1}{\max(z_i) - \min(z_i)}\end{aligned}\right\} \tag{6.17}$$

原始序列采用式(6.17)变换后，消除了各维变量量纲的影响，各维变形时间序列具有了可比性，即 $\{\tilde{x}_i\}_{i=1}^{n}$、$\{\tilde{y}_i\}_{i=1}^{n}$、$\{\tilde{z}_i\}_{i=1}^{n}$ 初始基点相同且变化范围一致。此时，利用坐标延迟法可将变换后的三维变形时间序列重构为整体相空间分布，即

$$\begin{aligned}&\boldsymbol{V}_i(m_1,\tau_1;m_2,\tau_2;m_3,\tau_3) = (\tilde{\boldsymbol{X}}_i^{\mathrm{T}};\tilde{\boldsymbol{Y}}_i^{\mathrm{T}};\tilde{\boldsymbol{Z}}_i^{\mathrm{T}})\\ &=([\tilde{x}(t_i)\quad \tilde{x}(t_i+\tau_1)\quad \tilde{x}(t_i+2\tau_1)\quad \cdots\quad \tilde{x}(t_i+(m_1-1)\tau_1)]^{\mathrm{T}};\\ &\quad [\tilde{y}(t_i)\quad \tilde{y}(t_i+\tau_2)\quad \tilde{y}(t_i+2\tau_2)\quad \cdots\quad \tilde{y}(t_i+(m_2-1)\tau_2)]^{\mathrm{T}};\\ &\quad [\tilde{z}(t_i)\quad \tilde{z}(t_i+\tau_3)\quad \tilde{z}(t_i+2\tau_3)\quad \cdots\quad \tilde{z}(t_i+(m_3-1)\tau_3)]^{\mathrm{T}})\end{aligned} \tag{6.18}$$

式中，$\boldsymbol{V}_i$ 表示三维多变量相空间相点，$\tau_k=\omega_k\Delta t\,(k=1,2,3)$ 表示子相空间时间延

迟，且 ω_k 取整数、Δt 为采样间隔，m_k 表示子相空间嵌入维数。

根据单变量相空间重构参数选取算法的影响因素分析，上述多变量相空间的子相空间重构参数仍采用预测误差最小法选取时间延迟 τ_k 和嵌入维 m_k。

6.3.2 多变量时间序列最大李雅普诺夫指数双向搜索修正方法

1. 最大李雅普诺夫指数准确性影响因素分析

与其他系统的不变量特征相比，最大李雅普诺夫指数能够为混沌系统提供更为有用的动力学诊断，因此获得准确和可靠的 MLE 得到了各领域学者的关注（卢山 等，2006；张勇 等，2004；Rosenstein et al，1993）。文献在讨论中指出，采用不同的距离测度对计算李雅普诺夫指数等特征不变量没有影响，故不能利用综合多种距离测度的思想提高李雅普诺夫指数的计算准确性和可靠性。

研究表明，沿相空间中时间轨道前进的方向，起始选定距离很小的两个相点经过有限步演化后，其距离呈指数关系分离；沿相空间中时间轨道后退方向，相点演化有限步后的距离仍为指数关系分离，且符合沿时间轨道前进的规律，并认为这种时间轨道不可逆特性是混沌系统本身的动力学特性，即奇异吸引子所固有。此外，考虑在实际应用中，会出现沿时间轨道前进和后退的规律相反的情况，此时可认为系统演化沿时间轨道可逆，即是平庸吸引子所固有，如图 6.4 所示。

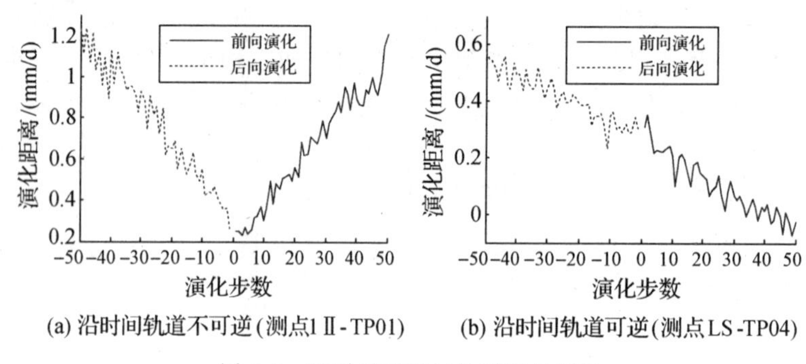

(a) 沿时间轨道不可逆(测点1Ⅱ-TP01)　(b) 沿时间轨道可逆(测点LS-TP04)

图 6.4 吸引子沿时间轨道演化特性

由图 6.4 可知，吸引子沿时间轨道具有不可逆和可逆演化特性，因而可利用奇异吸引子时间轨道不可逆特性和平庸吸引子时间轨道可逆特性提高最大李雅普诺夫指数的准确性和可靠性。此外，现代监测技术特别是精密卫星定位技术，可精确获取边坡三维变形时间序列，且理论上多变量较单变量时间序列蕴含了系统更多动力学信息。因此，顾及吸引子的时间轨道特性，基于多变量变形时间序列重构相空间，提取反映边坡稳定状态的最大李雅普诺夫指数应更加准确可靠。

2. 最大李雅普诺夫指数双向搜索修正方法

在由三维多变量变形时间序列重构的相空间中，对每个相点 $\mathbf{V}_i$ 寻找其最近邻

相点 $\mathbf{V}_{\eta(i)}$。相点 $\mathbf{V}_i$ 到其最近邻相点 $\mathbf{V}_{\eta(i)}$ 的距离 D_i^0 定义为

$$\begin{aligned} D_i^0 &= \|\mathbf{V}_i - \mathbf{V}_{\eta(i)}\| \\ &= \frac{m_1}{M}\|\widetilde{\mathbf{X}}_i - \widetilde{\mathbf{X}}_{\eta(i)}\| + \frac{m_2}{M}\|\widetilde{\mathbf{Y}}_i - \widetilde{\mathbf{Y}}_{\eta(i)}\| + \frac{m_3}{M}\|\widetilde{\mathbf{Z}}_i - \widetilde{\mathbf{Z}}_{\eta(i)}\| \end{aligned} \tag{6.19}$$

式中，$M = \sum_{k=1}^{3} m_k$。对相空间中各相点 V_i，计算出其与最近邻相点沿时间轨道前向演化 h_i^f 步后的前向距离，即

$$\begin{aligned} D_i^{h_i^f} &= \|\mathbf{V}_{i+h_i^f} - \mathbf{V}_{\eta(i)+h_i^f}\| \\ &= \frac{m_1}{M}\|\widetilde{\mathbf{X}}_{i+h_i^f} - \widetilde{\mathbf{X}}_{\eta(i)+h_i^f}\| + \frac{m_2}{M}\|\widetilde{\mathbf{Y}}_{i+h_i^f} - \widetilde{\mathbf{Y}}_{\eta(i)+h_i^f}\| + \frac{m_3}{M}\|\widetilde{\mathbf{Z}}_{i+h_i^f} - \widetilde{\mathbf{Z}}_{\eta(i)+h_i^f}\| \end{aligned} \tag{6.20}$$

式中，$1 \leqslant h_i^f \leqslant N_i^{\text{fore}}$，$N_i^{\text{fore}} = \min\{N-i, N-\eta(i)\}$。同理，计算各相点与其最近邻相点沿时间轨道后向演化 h_i^b 步后的后向距离为

$$\begin{aligned} D_i^{-h_i^b} &= \|\mathbf{V}_{i-h_i^b} - \mathbf{V}_{\eta(i)-h_i^b}\| \\ &= \frac{m_1}{M}\|\widetilde{\mathbf{X}}_{i-h_i^b} - \widetilde{\mathbf{X}}_{\eta(i)-h_i^b}\| + \frac{m_2}{M}\|\widetilde{\mathbf{Y}}_{i-h_i^b} - \widetilde{\mathbf{Y}}_{\eta(i)-h_i^b}\| + \frac{m_3}{M}\|\widetilde{\mathbf{Z}}_{i-h_i^b} - \widetilde{\mathbf{Z}}_{\eta(i)-h_i^b}\| \end{aligned} \tag{6.21}$$

式中，$1 \leqslant h_i^b \leqslant N_i^{\text{back}}$，$N_i^{\text{back}} = \min\{i-1, \eta(i)-1\}$。

一般地，前向距离 $D_i^{h_i^f}$ 与 MLE 存在近似关系，即

$$D_i^{h_i^f} \cong D_i^0 \times \exp(\text{MLE}^f \cdot h_i^f \Delta t) \tag{6.22}$$

对式(6.22)两边取自然对数，可得计算 MLE 的三维多变量变形时间序列前向搜索方法为

$$\langle \ln D_i^{h^f} \rangle \cong [\ln D_i^0] + \text{MLE}^f \cdot h^f \Delta t \tag{6.23}$$

式中，MLE^f 表示由前向搜索相点提取的 MLE，$1 \leqslant h^f \leqslant \max N_i^{\text{fore}}$，$\langle \cdot \rangle$ 表示关于所有相点 V_i 的平均值。

三维多变量变形时间序列前向搜索方法(式(6.23))是根据小数据量方法的基本思想导出的，可以期望其计算结果较单变量更为稳健可靠。与前向搜索方法类似，后向距离 D_i^{-hb} 也可用于计算 MLE，即

$$\langle \ln D_i^{-hb} \rangle \cong \langle \ln D_i^0 \rangle + \text{MLE}^b \cdot h^b \Delta t \tag{6.24}$$

式中，MLE^b 表示由后向搜索相点提取的 MLE，$1 \leqslant h^b \leqslant \max N_i^{\text{back}}$。

根据吸引子时间轨道特性，按如下两种情况对前向和后向距离计算的 MLE 进行修正(刘志平 等，2008b；Liu Zhiping et al，2009)：

(1)若 $\text{MLE}^f \times \text{MLE}^b > 0$，则表明时间轨道不可逆。由式(6.23)和式(6.24)，可得三维多变量变形时间序列双向搜索修正方法为

$$\{\langle \ln D_i^h \rangle + \langle \ln D_i^{-h} \rangle\} \cong 2[\ln D_i^0] + 2\text{MLE} \cdot h\Delta t \tag{6.25}$$

式中，$1 \leqslant h \leqslant \min\{\max N_i^{\text{fore}}, \max N_i^{\text{back}}\}$。

(2)若 $\text{MLE}^f \times \text{MLE}^b \leqslant 0$，则表明时间轨道可逆。由式(6.23)和式(6.24)，可

得三维多变量变形时间序列双向搜索修正方法为

$$\{\langle \ln D_i^h \rangle - \langle \ln D_i^{-h} \rangle\} \cong 2\text{MLE} \cdot h\Delta t \tag{6.26}$$

根据上述推导结果不难得出，三维多变量变形时间序列双向搜索修正方法有如下特点：

(1)由于 m_k 刻画了单变量时间序列的复杂度，式(6.19)至式(6.21)采用 m_k/M 作为各维变量的权，定义多变量相空间中相点之间的加权距离，较基于单变量相空间定义的距离更为稳健。

(2)若采用 MLE 前向搜索方法，则相空间中在时间轨道后面的 i 个相点不能作为参考相点；若采用 MLE 双向搜索修正方法，即式(6.25)和式(6.26)，则相空间中在时间轨道前后的所有相点都可作为参考相点，使时间序列数据利用率增加了1倍，从而提高了计算结果的准确性和可靠性。

(3)三维多变量变形时间序列双向搜索修正方法具有维数伸缩性，既可以扩展到更高维多变量变形时间序列，又可通过降低维数应用于单变量变形时间序列。

三维变形时间序列更加完整并真实地描述了边坡监测点位置变化，且理论上多变量较单变量时间序列蕴含了更多动力学信息。因此，利用三维多变量变形时间序列双向搜索相点提取的 MLE 能更为真实地反映边坡变形系统演化特征，更加准确地衡量边坡变形系统的稳定程度。

6.3.3 变形稳定性最大李雅普诺夫指数分区

地质灾害危险性分区能够为环境地质灾害评估、监测与整治提供科学的依据，对避免或减轻地质灾害的损失、保持社会可持续发展都具有重要的社会效益、经济效益和环境效益。例如，中国大陆地震烈度、地震动参数区划研究，对我国强震空间分布特征及区域地壳稳定性分析具有重要参考价值(陶玮 等,2003)；露天矿闭坑后环境地质灾害危险性分区研究，可对闭坑矿山灾害防治、环境保护与矿山利用提供有效的依据(纪玉石 等,2006)。因此，可引入地质灾害危险性分区的思想对高边坡变形稳定性进行分区研究，以便于分析复杂高边坡大范围变形时空演化特征，为探索边坡变形机理与开展边坡治理工作提供重要的依据。

高边坡变形破坏的发生是一个长期的变化过程，其发育过程分为蠕动变形阶段、破坏变形阶段和渐趋稳定阶段(黄润秋 等,2002；郑颖人 等,2007)，基于该三阶段理论可将高边坡变形稳定性状态划分为稳定、基本稳定、较不稳定和极不稳定四个等级。因此，在实际工程应用中，根据具体情况可将高边坡变形稳定性划分为上述四个等级或其中几个等级。一般地，高边坡变形稳定性分区包括两个过程：首先，应在分析地形地貌、岩体性质及地下水等内部稳定性影响因素和变形现象、工程环境及气象条件等影响因素的基础上，对高边坡稳定性进行初步分区；其次，基于初步分区结果，利用变形监测方法获得的变形信息，对高边坡变形稳定性进行定量评价与分区。

变形信息临界值(变形速率及其变化等)在一定程度上反映了边坡变形破坏发生需要的演化时间,可以表征边坡随时间演化的失稳程度,简称时间失稳度。但由于边坡变形速率受岩体物质组成、变形破坏方式及外界诱发因素等影响,其进入不同稳定状态的变形速率及演化时间存在很大差别,这对采用变形速率作为准则进行变形稳定性分区造成极大困难。例如,何习平(2007)在借鉴五强溪水电站船闸边坡稳定性分析结果的基础上,给出了小湾水电站 2 号山梁高边坡稳定性 5 级分区的变形速率界限值。然而,小湾边坡属于堆积体边坡,五强溪边坡属于岩质边坡,两者工程类比性较差,使得结果可靠性较低。

现有研究表明,基于变形时间序列提取的最大李雅普诺夫指数显示,边坡系统随时间演化的动力学特征物理意义明确,不易受具体边坡物质组成等影响,可较好用于衡量边坡稳定度(吴中如 等,1997)。最大李雅普诺夫指数正值与失稳度正相关,即三维变形最大李雅普诺夫指数正值越大,时间失稳度越高。此外,边坡失稳的发生还具有空间属性,当存在失稳迹象的测点基本覆盖了边坡分区时,表明该边坡分区极易发生或诱发失稳现象。鉴于此,在三维变形时间序列最大李雅普诺夫指数基础上,进一步统计分区内最大李雅普诺夫指数正值(存在失稳迹象)的测点数占所有测点数目的比例,以表征该边坡空间失稳的概率,简称空间失稳率。综上所述,分区内的时间失稳度和空间失稳率为(Liu Zhiping et al,2009)

$$\left.\begin{aligned}\overline{\mathrm{MLE}}^{+} &= \frac{\sum(\mathrm{MLE}\,|\,\mathrm{MLE}>0)}{N_{\mathrm{MLE}>0}} \\ P^{+} &= \frac{N_{\mathrm{MLE}>0}}{N}\end{aligned}\right\} \tag{6.27}$$

式中,N 表示分区内测点数目。

因此,基于变形蠕动、破坏和渐趋稳定三阶段理论,由式(6.27)给出稳定、基本稳定、较不稳定和极不稳定四个级别的高边坡变形稳定性最大李雅普诺夫指数分区准则,如表 6.1所示。

表 6.1　变形稳定性最大李雅普诺夫指数分区准则

分区级别	判别准则	
	时间失稳度	空间失稳率
稳定	$\overline{\mathrm{MLE}}^{+}=0$	$P^{+}=0$
基本稳定	$\mathrm{Ythr}\geqslant\overline{\mathrm{MLE}}^{+}>0$	$P^{+}>0$
	$\mathrm{Nthr}\geqslant\overline{\mathrm{MLE}}^{+}>\mathrm{Ythr}$	$P^{+}\leqslant0.5$
较不稳定	$\mathrm{Nthr}\geqslant\overline{\mathrm{MLE}}^{+}>\mathrm{Ythr}$	$P^{+}>0.5$
	$\overline{\mathrm{MLE}}^{+}>\mathrm{Nthr}$	$P^{+}\leqslant0.5$
极不稳定	$\overline{\mathrm{MLE}}^{+}>\mathrm{Nthr}$	$P^{+}>0.5$

如表 6.1 所示，Ythr 表示变形蠕动阶段的最大李雅普诺夫指数阈值，Nthr 表示变形破坏阶段的最大李雅普诺夫指数阈值。当分区内测点 MLE≤0，表明该分区所有测点变形演化无混沌特征而处于稳定状态，划分为稳定区；当分区内存在混沌特征测点且 Ythr≥$\overline{\mathrm{MLE}}^+$>0，或者混沌特征测点 P^+≤0.5 且 Nthr≥$\overline{\mathrm{MLE}}^+$>Ythr，表明该分区具有蠕动变形特征或局部变形发育特征，划分为基本稳定区；当分区内混沌特征测点 P^+>0.5 且 Nthr≥$\overline{\mathrm{MLE}}^+$>Ythr，或者混沌特征测点 P^+≤0.5 且$\overline{\mathrm{MLE}}^+$>Nthr，表明该分区具有整体变形发育特征或局部变形加剧特征，划分为较不稳定区；当分区内混沌特征测点 P^+>0.5 且$\overline{\mathrm{MLE}}^+$>Nthr，表明该分区具有整体失稳的变形加剧特征，划分为极不稳定区。其中，Ythr、Nthr 根据边坡工程实践和三维变形时间序列 MLE 计算值确定，且 Nthr>Ythr>0。综上所述，表 6.1通过顾及边坡稳定状态的空间相关性，试图得出较仅采用单个测点进行稳定判别更加稳健的分区结果。

6.4　结果与分析

6.4.1　小湾水电站 2 号山梁高边坡变形特征初步分析

为便于大量监测成果的反馈与分析，监测人员根据工程部位和地质条件将 2 号山梁饮水沟堆积体高边坡依高程从上至下初步划为六个分区：①变形Ⅰ区：高程 1 480 m 以上变坡跌槽上游侧（上北区）；②变形Ⅱ区：高程 1 480 m 以上变坡跌槽下游侧（上南区，其中 1 560 m 以上为ⅡA 区，1 480 m～1 560 m 之间为ⅡB 区）；③变形Ⅲ区：高程 1 380 m～1 480 m 之间变坡跌槽上游侧（中北区）；④变形Ⅳ区：高程 1 380 m～1 480 m 之间变坡跌槽下游侧（中南区）；⑤变形Ⅴ区：高程 1 245 m～1 380 m之间上游侧（下北区）；⑥变形Ⅵ区：高程 1 245 m～1 380 m 之间下游侧（下南区）。具体如图 6.5 所示。

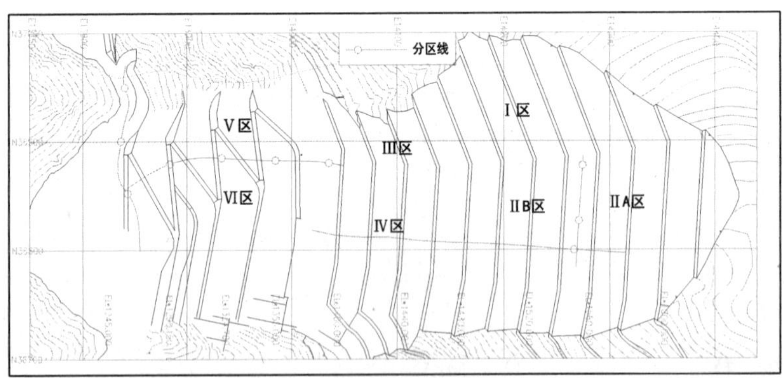

图 6.5　小湾水电站 2 号山梁堆积体高边坡初步分区

在高程上，2 号山梁堆积体高边坡表现为自下而上渐进牵引式变形特征。由于该边坡开挖时支护措施没有适时跟进，中下部荷载不断增大并最早在Ⅲ、Ⅳ、Ⅴ、Ⅵ区发现裂缝，受整个堆积体的影响，边坡中下部变形自然会波及上部Ⅰ、Ⅱ区。此外，随着整体抢险加固方案的逐步实施(2004 年 2 月至 10 月)，中下部变形先受到限制后才作用于上部，使得 4 月开始边坡上部较中下部变形特征更为明显，并保持至 10 月底支护锚索基本完成。整个高边坡稳定收敛遵循类似的自下而上滞后规律。

在平面上，2 号山梁堆积体高边坡表现为自南而北牵引式变形特征。对Ⅴ、Ⅵ区变形速率进行比较，4 月下旬之前南区高于北区，4 月下旬以后南区低于北区，但基本上处于同一个数量级，变形速率的衰减南区快于北区；Ⅲ、Ⅳ区相比，变形速率南区始终低于北区，衰减程度亦为南区快于北区；Ⅰ、Ⅱ区相比，北区的变形速率基本是南区的 2 倍，衰减程度仍以南区为快。因此，随着支护措施的抑制作用逐渐发挥，整个高边坡稳定收敛遵循自南而北滞后的规律。

6.4.2　小湾水电站 2 号山梁高边坡变形速率克里金插值结果与分析

整个 2 号山梁高边坡先后布置了 113 个全站仪测点和 16 个 GPS 测点。但受边坡开挖施工等诸多因素影响，许多监测点遭破坏而被毁弃。因此，为较全面地反映边坡变形稳定性空间分布情况，同时为验证文中所提出的多测度加权克里金法的有效性，采用常用的高斯模型作为理论变差模型，以 2004 年春(选取未被破坏且监测数据较完整的 69 个测点)、夏(63 个测点)、秋(48 个测点)、冬(52 个测点)各季节的变形速率进行克里金插值计算，利用交叉验证所得的单测度与多测度加权克里金估值方差如表 6.2 所示。

表 6.2 中交叉验证方法表示，通过交叉验证得到的克里金方差，具体是分别选取各季节约 80%的已知测点作为样本点进行地统计建模，利用已建模型将余下 20%的已知测点作为未知点进行插值估计，则已知值与估计值之差的平方可作为合理评价地统计模型精度的交叉验证方差。从表 6.2 可以看出，在春季统计结果中，单测度克里金方差平均值不小于 0.21 mm^2，明显高于多测度加权克里金方差平均值，其中改进型多测度加权克里金方差平均值与理论最优值 0.14 mm^2 非常接近。综合克里金方差最小值、最大值及标准差比较可知，多测度加权克里金法要优于单测度克里金法，而且改进定权准则能较好地作为最小方差准则的近似。此外，从夏季、秋季及冬季的克里金方差统计结果可以得出类似的结论，进一步验证了多测度加权克里金法能较为有效地提高插值精度及可靠性。据此，下文采用相对简便的改进型多测度加权克里金法得到的变形速率场，表征边坡变形稳定状态并进行分析。图 6.6 表示多时相变形速率场，其中横轴表示原点为 13 750 m 的东向坐标(E)，纵轴表示原点为 36 700 m 的北向坐标(N)，竖直条图表示以 mm/d 为单位的各季节变形速率。

表 6.2　交叉验证估值方差统计结果　　单位：mm^2

交叉验证方差		单测度			多测度	
		曼哈顿	欧几里得	切比雪夫	改进型	理论型
春	平均值	0.24	0.20	0.23	0.17	0.14
	最小值	0.08	0.06	0.04	0.05	0.03
	最大值	1.08	1.12	1.16	0.64	0.62
	标准差	0.15	0.18	0.17	0.10	0.10
夏	平均值	0.22	0.25	0.19	0.16	0.14
	最小值	0.11	0.14	0.06	0.09	0.05
	最大值	0.73	0.95	0.86	0.55	0.48
	标准差	0.10	0.16	0.12	0.07	0.06
秋	平均值	0.31	0.31	0.34	0.23	0.20
	最小值	0.22	0.12	0.24	0.13	0.12
	最大值	0.65	0.73	0.81	0.50	0.41
	标准差	0.06	0.10	0.09	0.06	0.05
冬	平均值	0.01	0.02	0.02	0.01	0.01
	最小值	0.01	0.01	0.01	0.00	0.00
	最大值	0.03	0.05	0.04	0.02	0.02
	标准差	0.00	0.01	0.00	0.00	0.00

图 6.6(a)的 2004 年春季改进型多测度加权克里金插值计算结果表明，2 号山梁饮水沟堆积体高边坡带状平面位置(E12 m-650 m 且 N150 m-314 m)的变形速率超过 2.2 mm/d，且堆积体边坡上部位置(E350 m-600 m 且 N160 m-314 m)为变形中心区。对比变形特征初步分析结果，该变形中心区大致包括变形Ⅰ区和Ⅱ区。随着 2004 年 1 月以后抢险和综合治理方案的逐步实施，堆积体高边坡整体自下而上的牵引式变形逐渐得到制约，但中心区变形速率最大值仍达 3.66 mm/d。此外，通过综合研究地表开挖、排水硐及其支硐施工地质表现及堆积体与基岩节理发育所阐明的大规模倾倒变形区平面位置(杨根兰 等，2006)，与上述变形中心区基本吻合。

比较分析图 6.6(a)～图 6.6(d)各季节变形特征可知，边坡治理措施逐步发挥了作用，春夏两季变形中心区平面位置保持基本一致，但夏季较春季边坡整体变形速率得到减小，最大变形速率减至 3.11 mm/d。秋季边坡变形进一步收敛，最大变形速率为 2.84 mm/d，特别是贯通堆积体边坡东西向的带状区域不再明显，而且在春夏两季表现出来的变形中心区已减弱并分化，表明边坡牵引式变形已彻底得到控制，边坡安全度过 2004 年汛期。然而，边坡东南局部区域(E650 m-709 m 且 N43 m-150 m)变形速率由夏季约 1 mm/d 加速至秋季 2 mm/d，初步分析认为治理措施对此局部区域变形约束较小。随着边坡综合治理措施不断优化和调整，冬季最大变形速率降至 1.26 mm/d，而且变形速率均值与监测精度相当，表明边坡整体趋向平稳。此外，采用曼哈顿测度计算的春、夏、秋、冬各季变形速率场的地统计变程分别为 278 m、250 m、220 m 和 195 m；欧几里得测度相应的变形变程分别为 230 m、204 m、183 m 和 170 m；切比雪夫测度相应的变形变程分别为 209 m、171 m、150 m 和 140 m。各测度结果均显示变形特征的空间相关性在边坡治理过程中持续减弱，从而说明边坡趋于稳定。应注意的是，由于时间滞后效应等原因，边坡变形特征从空间相关演变为完全随机或完全独立还需一定的约束过程。

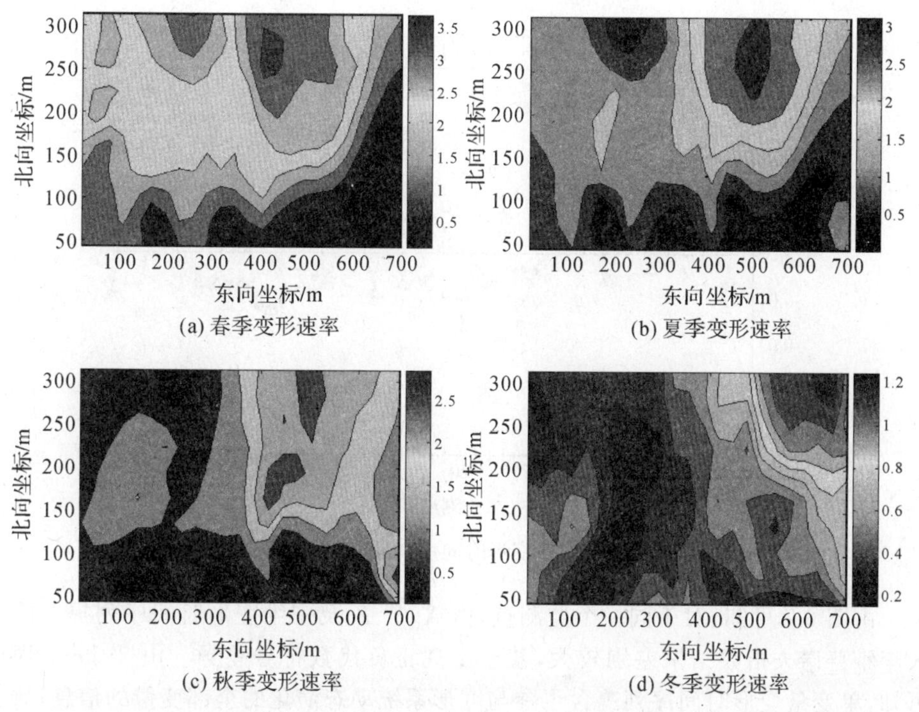

(a) 春季变形速率　(b) 夏季变形速率

(c) 秋季变形速率　(d) 冬季变形速率

图 6.6　小湾水电站 2 号山梁高边坡变形速率场

小湾水电站 2 号山梁堆积体高边坡抢险加固与治理工作自 2003 年 12 月发现裂缝开始，并于 2004 年 2 月全面启动，到 4 月底边坡治理完成约 25％的工作量，7 月底支护外力完成约 60％，10 月底支护锚索基本完成。由上述研究结果可知，以季节为时间周期，以天为时间尺度，利用多测度加权克里金空间插值方法获取的春、夏、秋、冬多时相变形速率场，能较准确地刻画 2 号山梁高边坡在加固治理逐步实施过程中自下而上和自南而北的稳定收敛规律，所得结论与实际变形特征相吻合。

6.4.3　小湾水电站 2 号山梁高边坡变形稳定性 MLE 分区研究

以上通过多测度加权克里金法空间插值，得到了春、夏、秋、冬多时相变形速率场，较为准确有效地刻画了 2 号山梁高边坡在施工与加固过程中变形稳定性时空演化状态。下文提供一种区别于多时相变形速率场的最大李雅普诺夫指数分析法，以更加充分地反映该边坡变形稳定性空间分布格局，同时为验证文中所提出的三维变形时间序列最大李雅普诺夫指数双向搜索修正方法的有效性，采用2号山梁高边坡2004年2月至9月的数据中较完整且内蕴吸引子特征无显著变化(由图6.6可知)的44个表面监测点，分别进行单变量与三维多变量变形时间序列最大李雅普诺夫指数提取，结果如图6.7所示。

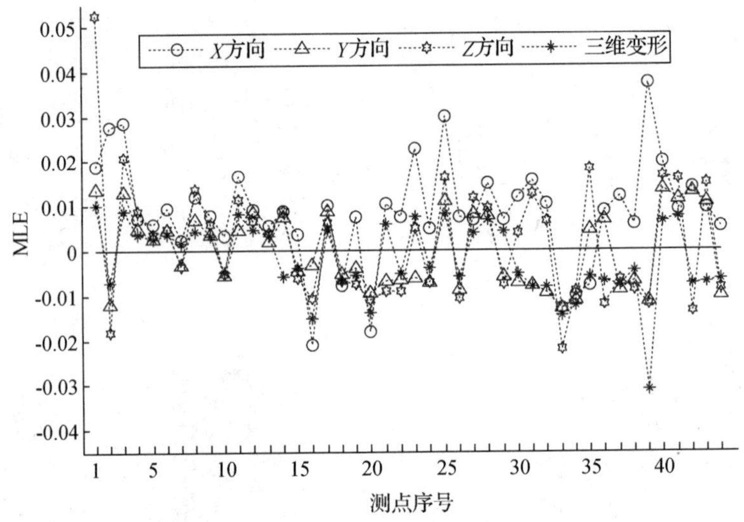

图6.7 单变量与三维多变量变形时间序列最大李雅普诺夫指数结果比较

由图6.7可知，对于同一个监测点，由 X、Y、Z 及三维变形时间序列提取的最大李雅普诺夫指数结果差别较大，甚至出现正负代数符号差异。由 Takens 理论可知，单变量变形时间序列蕴含了参与变形系统动态演化的全部变量的信息，故上述最大李雅普诺夫指数(表征变形系统动力学特征)差异存在矛盾。实际上，该矛盾性是由实践中不可能满足变形时间序列无限长、无噪声假设造成的。因此，顾及工程应用中变形时间序列有限长、含噪声特点，理论上多变量较单变量时间序列蕴含了系统更多动力学信息，以及监测点变形动力学特征定量评价唯一性的需要。利用三维多变量变形时间序列提取的最大李雅普诺夫指数结果进行边坡稳定性分区探讨，可望得出更加符合实际的结论。表6.3表示三维变形时间序列双向搜索修正方法提取的44个监测点最大李雅普诺夫指数。

表 6.3　监测点最大李雅普诺夫指数计算结果

测点	MLE/10^{-3}	测点	MLE/10^{-3}	测点	MLE/10^{-3}	测点	MLE/10^{-3}
1Ⅱ-TP06	+10.089 0	1Ⅱ-TP25	+4.420 2	1Ⅱ-TP40	+7.311 8	2Ⅰ-TP23	−12.217 4
1Ⅱ-TP08	−7.324 5	1Ⅱ-TP26	+3.338 9	1Ⅱ-TP41	−4.002 7	2Ⅰ-TP24	−5.865 3
1Ⅱ-TP09	+8.739 0	1Ⅱ-TP27	−5.975 7	2Ⅰ-TP01	+8.074 7	2Ⅰ-TP28	−6.924 7
1Ⅱ-TP11	+3.487 0	1Ⅱ-TP28	−4.028 6	2Ⅰ-TP04	−6.029 3	2Ⅰ-TP29	−7.751 0
1Ⅱ-TP12	+2.526 5	1Ⅱ-TP29	−15.384 5	2Ⅰ-TP05	+4.024 9	2Ⅰ-TP30	−4.548 3
1Ⅱ-TP15	+3.563 5	1Ⅱ-TP30	+4.425 9	2Ⅰ-TP09	+6.747 8	2Ⅰ-TP33	−31.316 1
1Ⅱ-TP16	+1.678 2	1Ⅱ-TP32	−6.992 3	2Ⅰ-TP13	+4.051 3	2Ⅰ-TP34	+6.314 7
1Ⅱ-TP17	+4.136 0	1Ⅱ-TP33	−5.473 5	2Ⅰ-TP14	−5.193 9	2Ⅰ-TP35	+7.303 7
1Ⅱ-TP18	+3.058 2	1Ⅱ-TP35	−14.065 3	2Ⅰ-TP15	−8.141 4	LS-TP01	−7.501 6
1Ⅱ-TP21	−4.741 9	1Ⅱ-TP36	+5.877 7	2Ⅰ-TP18	−8.238 3	LS-TP02	−7.311 8
1Ⅱ-TP22	+8.183 8	1Ⅱ-TP37	−5.133 4	2Ⅰ-TP22	−14.742 6	LS-TP04	−6.573 0

从表 6.3 可以看出，44 个监测点中 1Ⅱ-TP06 等 20 个监测点的最大李雅普诺夫指数大于零，其值从+1.678 2‰至+10.089 0‰不等，其余 24 个监测点的最大李雅普诺夫指数均小于零。由最大李雅普诺夫指数的物理意义可知，最大李雅普诺夫指数为正值的监测点变形演化具有混沌特征，且 20 个监测点的最大李雅普诺夫指数平均值$\overline{MLE^{+}}$为 5.367 6‰。同时，具有混沌特征的 20 个监测点在整个边坡高程上分布较为分散，且占所用边坡监测点总数的 45.45%。从而在一定程度上验证了 2004 年 1 月左岸 2 号山梁饮水沟堆积体从高程 1 245 m 至 1 600 m 共 355 m 高差的垂直边坡出现整体失稳迹象。此外，在上述具有混沌特征的 20 个监测点中，1Ⅱ-TP11 等 11 个监测点较为集中地分布在堆积体高边坡平面区域(E14 050 m-14 350 m 且 N36 820 m-36 980 m)，该分布位置与(杨根兰 等，2006)分析的 2 号山梁饮水沟堆积体大规模倾倒变形区基本符合，也与多时相变形速率场揭示的变形中心区吻合。因此，基于 2 号山梁高边坡变形分布特征分析和表 6.3 中的最大李雅普诺夫指数结果，可将该高边坡划分为稳定状态差异较大的两个不同区域，即包括变形Ⅰ、Ⅱ区构成的较不稳定区和由变形Ⅲ、Ⅳ、Ⅴ、Ⅵ区组成的基本稳定区。综上结果与分析，取 Ythr=10^{-3}，Nthr=10^{-2}，从而得出完整的高边坡变形稳定性最大李雅普诺夫指数分区准则。分区结果如图 6.8 所示，其中，(+)表示测点最大李雅普诺夫指数大于零，呈混沌运动特征；(−)表示测点最大李雅普诺夫指数小于零，呈定常运动特征。

图 6.8 较不稳定区位于饮水沟堆积体高边坡上部，其北侧为龙台路缓坡平台，南侧为 2 号山梁顶部，北偏东为军马鹿塘沟，水平发育深度沿南北向约 160 m，沿东西向约 200 m。区内 16 个监测点中 12 个监测点(达区内测点总数 75%，大于 50%)变形演化具有混沌特征，且其平均值$\overline{MLE^{+}}$为 4.803 9‰。通过地表开挖、排水硐及其支硐施工地质表现，以及堆积体与基岩节理发育对比研究，都揭示该区域

存在大规模倾倒变形,并研究得出了垂直发育深度约 160 m(杨根兰 等,2006)。此外,处于较不稳定区东南位置的监测点 1Ⅱ-TP09、1Ⅱ-TP06 的三维变形时间序列最大李雅普诺夫指数值分别为 10.089 0‰、8.739 0‰,表明不稳定程度较高,与多测度加权克里金法得到的结果互相验证,即变形速率场揭示的该位置夏至秋加速变形。结合勘查资料分析发现,该位置不稳定迹象较为显著,与高程 1 480 m 以上区域基本无抢险加固措施和 2004 年 4 至 9 月间降雨量突破 1 000 mm 的强降雨条件密切相关。

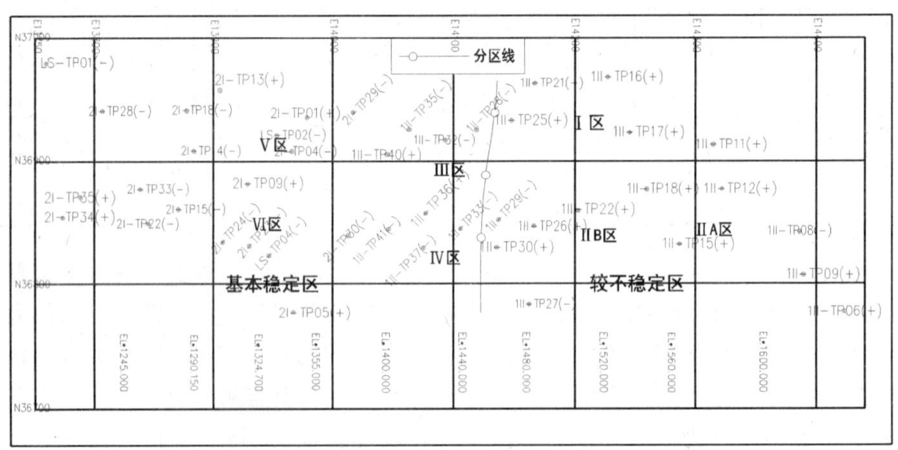

图 6.8 小湾水电站 2 号山梁高边坡监测点平面布置及稳定性分区

在饮水沟堆积体高边坡中下部,28 个监测点中仅有 8 个监测点(占 28.57%,小于 50%)最大李雅普诺夫指数为正值,且其平均值$\overline{\mathrm{MLE}^{+}}$为 6.213 3‰,因而认为该区基本稳定。可见,较不稳定区的空间失稳率远高于基本稳定区,而基本稳定区的时间失稳度稍高于不稳定区,边坡稳定收敛呈明显的由下至上滞后规律。因此,由于堆积体高边坡稳定性涉及堆积体上部的稳定性及其下部前缘基岩引起的牵引滑动问题,故应进一步完善治理措施,以防止外围基本稳定区的局部失稳牵引上部诱发不稳定区失稳。开挖施工及加固措施也表明,边坡下部荷载不断增大,在边坡开挖的中下部位首先出现变形,受整个堆积体的影响,中下部变形自然会反过来波及上部,使该堆积体边坡变形特征主要表现为由下至上牵引式渐进变形机理,而由南至北的牵引变形规律不及此明显。

由上述分析可知,从"外因"是"内因"表现的角度出发,利用所提出的多变量双向修正方法从各监测点三维变形时间序列中提取最大李雅普诺夫指数,并据此研究该边坡变形稳定性特征。结果表明,利用变形稳定性最大李雅普诺夫指数分区准则得到的上部较不稳定区和中下部基本稳定区,较客观地刻画了高边坡在抢险加固与综合治理过程中实际变形演化特征及规律,并与基于多测度加权克里金法得到的多时相变形速率场及地层蠕动分析所得结论相符。

参考文献

边少锋，柴洪洲，金际航. 2005. 大地坐标系与大地基准[M]. 北京：国防工业出版社.

陈俊勇，胡建国，晁定波，等. 1998. 国际大地测量技术的新进展——1997 国际大地测量学术会议简介[J]. 测绘通报 (1)：2-4.

陈廷武，侯庆明，陈倬. 2008. 应用时间序列分析和非线性回归对沉降过程进行综合建模与预报[J]. 工程勘察 (10)：63-66.

陈秀万，方裕，尹军，等. 2005. 伽利略导航卫星系统[M]. 北京：北京大学出版社.

陈益峰，吕金虎，周创兵. 2001. 基于 Lyapunov 指数改进算法的边坡位移预测[J]. 岩石力学与工程学报，20(5)：671-675.

陈永奇，James L. 1998. 单历元 GPS 变形监测数据处理方法的研究[J]. 武汉测绘科技大学学报，23(4)：324-328.

程鹏飞，文汉江，成英燕，等. 2009. 2000 国家大地坐标系椭球参数与 GRS80 和 WGS-84 的比较[J]. 测绘学报. 38(3)：189-194.

崔立鲁，何秀凤，罗志才，等. 2007. Galileo 系统定位性能仿真模拟分析[J]. 测绘信息与工程，32(4)：10-11.

戴吾蛟. 2007. GPS 精密动态变形监测的数据处理理论与方法研究[D]. 长沙：中南大学.

戴吾蛟，陈招华，匡翠林，等. 2011. 区域精密对流层延迟建模[J]. 武汉大学学报:信息科学版，36(4)：392-396.

戴吾蛟，丁晓利，朱建军. 2008. 基于观测值质量指标的 GPS 观测量随机模型分析[J]. 武汉大学学报:信息科学版，33(7)：718-722.

戴吾蛟，伍锡锈. 2009. 变形监测中 Kalman 滤波状态模型的比较分析[J]. 大地测量与地球动力学，29(6)：88-92.

党亚民，秘金钟，成英燕. 2007. 全球导航卫星系统原理与应用[M]. 北京：测绘出版社.

邓聚龙. 2002. 灰理论基础[M]. 武汉：华中科技大学出版社.

董辉. 2007. 基于支持向量机的岩土非线性变形行为预测研究[D]. 长沙：中南大学.

董辉，傅鹤林，冷伍明，等. 2007. 基于 Takens 理论和 SVM 的滑坡位移预测[J]. 中国公路学报，20(5)：13-18.

付义祥，刘志强. 2003. 边坡位移的混沌时间序列分析方法及应用研究[J]. 武汉理工大学学报：交通科学与工程版，27(4)：473-476.

关秦川，张志勇，冯浩. 2004. 大型干坞边坡变形及其神经网络预测模型[J]. 西南交通大学学报，39(2)：157-161.

何海波，杨元喜. 1999. GPS 动态测量连续周跳检验[J]. 测绘学报，28(3)：199-204.

何文章，宋国乡，吴爱弟. 2005. 估计 GM(1,1)模型中参数的一族算法[J]. 系统工程理论与实践(1)：69-75.

何习平. 2007. 复杂边坡监测技术与信息处理的应用研究[D]. 南京：河海大学.

何习平，华锡生，何秀凤. 2007. 加权多点灰色模型在高边坡变形预测中的应用[J]. 岩土力学，

28(6)：1187-1191.
何秀凤. 2007. 变形监测新方法及其应用[M]. 北京：科学出版社.
黄丁发，卓健成. 1997. GPS相位观测值周跳检验的小波分析法[J]. 测绘学报，26(4)：352-357.
黄润秋，许强，陶连金，等. 2002. 地质灾害过程模拟和过程控制研究[M]. 北京：科学出版社.
黄声享，尹辉，蒋征. 2003. 变形监测数据处理[M]. 武汉：武汉大学出版社.
胡丛玮，刘大杰. 2001. 单历元确定GPS整周模糊度的分析[J]. 南京航空航天大学学报，33(3)：267-271.
胡自全，何秀凤，刘志平，等. 2012. GPS/GLONASS/Galileo组合导航DOP值及可用性分析[J]. 全球定位系统，37(5)：32-37.
纪龙蛰，单庆晓. 2012. GNSS全球卫星导航系统发展概况及最新进展[J]. 全球定位系统，37(5)：56-62.
吉培荣，黄巍松，胡翔勇. 2000. 无偏灰色预测模型[J]. 系统工程与电子技术，22(6)：6-7.
纪玉石，孙豁然，刘晶辉. 2006. 露天矿闭坑环境地质灾害危险性分区研究[J]. 煤炭学报，31(3)：305-309.
蒋斌松，韩立军，贺永年. 2005. 深部岩体变形的混沌预测方法[J]. 岩石力学与工程学报，24(16)：2934-2940.
李建文，郝金明，张建军，等. 2002. PZ90与WGS84的坐标转换参数[J]. 全球定位系统 (6)：8-15.
李克钢. 2006. 岩质边坡稳定性分析及变形预测研究[D]. 重庆：重庆大学.
李征航，黄劲松. 2010. GPS测量与数据处理[M].第2版.武汉：武汉大学出版社.
李征航，吴云孙，李振洪，等. 2000. 隔河岩大坝外观变形数据的处理和分析[J]. 武汉测绘科技大学学报，25(6)：482-484.
李征航，张小红. 2009. 卫星导航定位新技术及高精度数据处理方法[M]. 武汉：武汉大学出版社.
李征航，张小红，朱智勤. 2002. 利用GPS进行高精度变形监测的新模型[J]. 测绘学报，31(3)：206-210.
林振山. 2003. 非线性科学及其在地学中的应用[M]. 北京：气象出版社.
刘基余. 2010. GLONASS现代化的启迪[J]. 遥测遥控，31(5)：1-6.
刘基余. 2012. Galileo全球导航卫星系统发展评述[J]. 数字通信世界(2)：66-72.
刘健，蔡建军，程森. 2006. 基于遗传神经网络的大坝变形预测模型研究[J]. 山东大学学报：工学版，36(2)：62-66.
刘旭春，伍岳，张正禄，等. 2006. GPS三频数据在周跳和粗差探测与修复中的应用[J]. 煤炭学报，31(5)：585-588.
刘志平，何秀凤. 2006. GPS & Galileo相位组合观测值模型研究[J]. 全球定位系统，31(5)：21-25.
刘志平，何秀凤. 2007a. 稳健时序分析方法及其在边坡监测中的应用[J]. 测绘科学，32(2)：73-74.
刘志平，何秀凤. 2007b. 改进的GPS模糊度降相关LLL算法[J]. 测绘学报，36(3)：286-289.

刘志平，何秀凤. 2007c. 扩展 GM(1,M)模型混沌优化及其在边坡监测中的应用[J]. 水利学报，38(增刊)：174-177.

刘志平，何秀凤. 2007d. 多相型综合法及其在高边坡变形预测中的应用[J]. 水利学报，38(8)：1010-1015.

刘志平，何秀凤. 2008a. 无偏扩展灰色模型及其在高边坡形变预测中的应用[J]. 大地测量与地球动力学，28(1)：41-44.

刘志平，何秀凤，郭广礼. 2011a. GNSS 模糊度降相关算法及其评价指标研究[J]. 武汉大学学报:信息科学版，36(3)：257-261.

刘志平，何秀凤，郭广礼. 2011b. 实时序贯算法和组合观测值改进的单历元监测方法[J]. 测绘科学技术学报，28(2)：88-93.

刘志平，何秀凤，何习平. 2008b. 基于多变量最大 Lyapunov 指数高边坡稳定分区研究[J]. 岩石力学与工程学报，27(增刊 2)：3719-3724.

刘志平，何秀凤，张书毕，等. 2011c. 结构变形监测的单频 GPS 动态三差法[J]. 同济大学学报：自然科学版，39(7)，1074-1078.

刘志平，何秀凤，张淑辉. 2009. 多测度加权克里金法在高边坡变形稳定性分析中的应用[J]. 水利学报，40(6)：709-715.

刘志平，余前勇，查剑锋. 2014. 空间直角坐标至两类常用坐标的快速变换[J]. 测绘科学，待刊.

柳治国，陈善雄，徐海滨. 2004. 沉降预测的非等步长灰色时变参数模型[J]. 岩土力学，25(12)：1919-1922.

陆付民，王尚庆. 2008. 基于指数趋势模型的卡尔曼滤波法在危岩体变形分析中的应用[J]. 岩土力学，29(6)：1716-1718.

卢山，王海燕. 2006. 多变量时间序列最大李雅普诺夫指数的计算[J]. 物理学报，50(2)：572-576.

吕金虎，陆君安，陈士华. 2005. 混沌时间序列分析及其应用[M]. 武汉：武汉大学出版社.

马红光，李夕海，王国华，等. 2004. 相空间重构中嵌入维和时间延迟的选择[J]. 西安交通大学学报，38(4)：335-338.

潘国荣，谷川. 2007. 变形监测数据的小波神经网络预测方法[J]. 大地测量与地球动力学，27(4)：83-86.

秦士琨，刘辉，高寒彧，等. 2010. GLONASS 现代化进程及其带来的机遇和挑战[J]. 全球定位系统，(5)：76-79.

屈世显，张建华. 1996. 复杂系统的分形理论与应用[M]. 西安：陕西人民出版社.

尚岳全，孙红月，赵福生. 2000. 滑坡变形动态的自回归模型分析[J]. 岩土工程学报，22(5)：628-629.

盛松涛，苏忖安，毛建平，等. 2006. 加权一阶局域法在边坡位移预测中的应用研究[J]. 人民长江，37(11)：105-106.

宋俭，王红. 2004. 大劫难：300 年来世界重大自然灾害纪实[M]. 武汉：武汉大学出版社.

唐天国，万星，刘浩吾. 2005. 高边坡安全监测的改进 GM 模型预测研究[J]. 岩石力学与工程学报，24(2)：307-312.

唐云，李喜来，许昭霞. 2012. 美国 GPS 现代化建设现状综述[J].卫星与网络(Z1)：72-74.

陶玮，洪汉净，刘培洵，等.2003. 中国大陆与邻区强震分区活动性及其随时间演化[J]. 地震，23(2)：48-57.

王爱生，欧吉坤. 2008. 周跳在高阶差分中的时序特征及精确估计[J]. 大地测量与地球动力学，28(5)：59-64.

王创业，张飞，张忠成. 2008. 边坡位移预测中的相空间重构技术综述[J]. 有色金属，60(2)：34-37.

王登刚，刘迎曦，李守巨. 2001. 非线性最优化问题的一种混合解法[J]. 工程力学，18(3)：61-66.

王海燕，盛昭瀚. 2000. 混沌时间序列相空间重构参数的选取方法[J]. 东南大学学报：自然科学版(5)：113-117.

王红瑞，宋宇，刘昌明，等. 2004. 混沌理论及在水科学中的应用与存在的问题[J]. 水科学进展，15(3)：400-407.

王利，李亚红，刘万林. 2006. 卡尔曼滤波在大坝动态变形监测数据处理中的应用[J]. 西安科技大学学报，26(3)：353-357.

王泽民，柳景斌. 2003. Galileo 卫星定位系统相位组合观测值的模型研究[J]. 武汉大学学报：信息科学版，28(6)：723-727.

吴继忠，施闯，方荣新. 2011. TurboEdit 单站 GPS 数据周跳探测方法的改进[J]. 武汉大学学报：信息科学版，36(1)：29-34.

吴云，孙建中，乔学军，等. 2003. GPS 在现今地壳运动与地震监测中的初步应用[J]. 武汉大学学报：信息科学版，28(特刊)：79-82.

吴中如，潘卫平. 1997. 应用 Lyapunov 指数研究岩土边坡的稳定判据[J]. 岩石力学与工程学报，16(3)：217-223.

伍岳. 2005. 第二代导航卫星系统多频数据处理理论及应用[D]. 武汉：武汉大学.

熊永良. 2000. GPS 基线解算的理论与算法及其在变形监测中的应用研究[D]. 成都：西南交通大学.

熊永良，黄丁发，张献洲. 2001. 一种可靠的含约束条件的 GPS 变形监测单历元求解算法[J]. 武汉大学学报：信息科学版，26(1)：51-57.

徐晖，吕世德. 1997. 滤波技术在高层建筑物变形观测中的应用[J]. 武汉水利电力大学学报，30(6)：80-83.

徐培亮. 1988. 应用时间序列方法作大坝变形预报[J]. 武汉测绘科技大学学报，13(3)：23-31.

徐绍铨，程温鸣，黄学斌，等. 2003. GPS 用于三峡库区滑坡监测的研究[J]. 水利学报(1)：114-118.

许国辉，张新长. 2004. 用 AR 模型建立变形预测模型的研究[J]. 中山大学学报：自然科学版，43(1)：107-109.

杨根兰，黄润秋，严明，等. 2006. 小湾水电站饮水沟大规模倾倒破坏现象的工程地质研究[J]. 工程地质学报，14(2)：165-171.

杨静，张洪钺. 2003. 基于最优奇偶向量检测的周跳检测[J]. 中国惯性技术学报，11(2)：35-39.

杨元喜. 2006. 自适应动态导航定位[M]. 北京：测绘出版社.

余学祥，徐绍铨，吕伟才. 2004. GPS变形监测数据处理自动化——似单差法的理论与方法[M]. 徐州：中国矿业大学出版社.

苑希民，李鸿雁，刘树坤，等. 2002. 神经网络和遗传算法在水里科学领域的应用[M]. 北京：中国水利水电出版社.

岳东杰，雷伟刚，华锡生. 2000. 灰关联模型 GM(1,N)及其在安全监测中的应用[J]. 河海大学学报：自然科学版，28(3)：34-38.

张恒春，郭基联，朱家元，等. 2002. 小样本多元数据分析方法及应用[M]. 西安：西北工业大学出版社.

张仁铎. 2006. 空间变异理论及应用[M]. 北京：科学出版社.

张小红，李征航，王泽民，等. 2000. 提高山区 GPS 定位精度的有效途径[J]. 铁路航测 (3)：35-37.

张勇，陈天麒，陈滨. 2004. 计算最大 Lyapunov 指数的推广小数据量法[J]. 电子科技大学学报，33(3)：254-257.

赵洪波，冯夏庭. 2003. 非线性位移时间序列预测的进化——支持向量机方法及应用[J]. 岩土工程学报，25(4)：468-471.

赵静波. 2005. 高陡岩质边坡失稳预测预报理论研究与应用[D]. 北京：北京科技大学.

赵爽. 2012. 俄罗斯 GLONASS 系统 2012-2020 年投资计划草案[J]. 国际太空(7)：32-34.

赵志峰. 2007. 基于位移监测信息的岩石高边坡安全评价理论和方法研究[D]. 南京：河海大学.

郑颖人，陈祖煜，王恭先，等. 2007. 边坡与滑坡工程治理[M]. 北京：人民交通出版社.

中国卫星导航系统管理办公室. 2013. 北斗卫星导航系统空间信号接口控制文件[R]. 2.0 版. 北京：中国卫星导航系统管理办公室.

中华人民共和国国家统计局. 2009. 中国统计年鉴：2009[M]. 北京：中国统计出版社.

周乐韬. 2007 连续运行参考站网络实时动态定位理论、算法和系统实现[D]. 成都：西南交通大学.

周扬眉. 2003. GPS 精密定位的数学模型、数值算法及可靠性理论[D]. 武汉：武汉大学.

周忠谟，易杰军，周琪. 1997. GPS 卫星测量原理与应用[M]. 北京：测绘出版社.

BLEWITT G. 1990. An automatic editing algorithm for GPS data [J]. Geophysical Research Letters，17(3)：199-202.

CORBETT S J，CROSS P A. 1995. GPS single epoch ambiguity resolution [J]. Survey Review，33(257)：149-160.

FARMER J D，SIDOROWICH J J. 1987. Predicting chaotic time series [J]. Physical Review Letters，59(8)：845-848.

FREI E，RYF A，SCHERRER R.1994.全球定位系统在大坝变形观测中的应用[J].水利水电科技进展(2)：103-106.

GARDAN G P. 1995. A comparison of four methods of weighting double-difference pseudo-range measurements [J]. Trans Tasman Surveyor，Canberra，Australia，1：60-66.

GENTON M G. 1998. Highly robust variogram estimation [J]. Mathematical Geology, 30(2): 213-221.

GOAD C C. 1987. Precise positioning with the GPS [J].Lecture Notes in Earth Sciences,12:17-30.

HASSIBI B,VIKALO H. 2005. On the sphere-decoding algorithm I. expected complexity [J]. IEEE Transactions on Signal Processing, 53(8): 2806-2818.

HUDNUT K W, BEHR J A. 1998. Continuous GPS monitoring of structural deformation at Pacoima Dam [J]. California, Seismological Research Letters, 69(4): 299-308.

HURST H E. 1951. The long-term storage capacity of reservoirs [J]. Transactions of the American Society of Civil Engineer, 116: 770-808.

IGS Central Bureau, eds. 1999. 1998 IGS annual report [R]. Pasadena: Jet Propulsion Laboratory.

IS-GPS-200.2012. Global positioning systems directorate systems engineering and integration interface specification[R].USA:Global Positioning Systems Directorate.

KANTZ H, SCHREIBER T. 2004. Nonlinear time series analysis[M]. 2nd edition. Cambridge: Cambridge University Press.

KIM D, LANGLEY R B. 2000. GPS ambiguity resolution and validation: methodologies, trends and issues [C]//International Symposium on GPS/GNSS, Seoul, Korea.

LIU Genyou, ZHU Yaozhong, ZHU Cailian. 2002. Damped LAMBDA algorithm for single epoch GPS positioning [C]// International Symposium on GPS/ GNSS. Wuhan, China.

LIU Zhiping, HE Xiufeng, HE Min. 2009. MLE nephograms for stability analysis of steep slopes by multivariate phase space reconstruction [C]//RaSiM7: Controlling Seismic Hazard and Sustainable Development of Deep Mines. Dalian, 2009:149-156.

LIU Zhiping, HE Xiufeng, ZHANG Shibi, et al. 2010. Dynamic triple-difference method for single frequency GNSS structural monitoring [C] // the 2nd International Conference on Industrial Mechatronics and Automation(ICIMA), Wuhan, 2010:143-149.

MADER G L. 1992. Rapid static and kinematic global positioning system solutions using the ambiguity function technique [J]. Journal of Geodesy Research, 97(B3): 3271-3283.

MANDELBROT B. B, WALLIS J R. 1969. Some long-run properties of geophysical records [J]. Water Resource Research, 5(2): 321-340.

MASTELIC-IVIC S, KAHMEN H. 2001. Deformation analysis with modified Kalman-filters [C] // the 10th FIG International Symposium on Deformation Measurements, Califomia, USA, 2001:302-310.

MCCARTHY D D, PETIT G. 2010. IERS conventions (2010) [R]. Frankfurt: IERS Conventions Centre.

MELBOURNE W G. 1985. The case for ranging in GPS-base geodetic systems[C] // the 1st International Symposium on Precise Positioning with the Global Positioning Systems, Rockville, Maryland.

MERRIGAN M J, SWIFT E R, WONG R F, et al. 2002. A refinement to the world geodetic system 1984 reference frame [C]//ION GPS 2002. Oregen.

PACKARD N H, CRUTCHFIELD J P, FARMER J D, et al. 1980. Geometry from a time series [J]. Physical Review Letters, 45(9): 712-716.

ROSENSTEIN M T, COLLINS J J, DE LUCA C J. 1993. A practical method for calculating largest Lyapunov exponents from small data sets [J]. Physica D, 65: 117-134.

Russian Institute of Space Device Engineering. 2008. GLONASS interface control document, edition 5.1[R].Moscow:Russian Institute of space device engineering.

SALZMANN M A. 1995. Real-time adaptation for model errors in dynamic system [C]//IEEE PLANS'90: 81-91.

SCHWARZ K P, CANNON M E, WONG R V C. 1989. A comparison of GPS kinematic models for the determination of position and velocity along a trajectory [J]. Manuscripta Geodaetica, 14: 345-353.

TAKENS F. 1981. Detecting strange attractors in turbulence[C]// Dynamical Systems and Turbulence, Berlin: Springer-Verlag, 1981:366-381.

TEUNISSEN P J G. 1995. The least-squares ambiguity decorrelation adjustment: a method for fast GPS integer ambiguity estimation [J]. Journal of Geodesy, 70(1-2): 65-82.

TEUNISSEN P J G. 1997a. A canonical theory for short GPS baselines. Part Ⅰ: the baseline precision [J]. Journal of Geodesy, 71(6): 320-336.

TEUNISSEN P J G. 1997b. A canonical theory for short GPS baselines. Part Ⅱ: the ambiguity precision and correlation [J]. Journal of Geodesy, 71(7): 389-401.

TEUNISSEN P J G. 1997c. A canonical theory for short GPS baselines. Part Ⅲ: the geometry of the ambiguity search space [J]. Journal of Geodesy, 71(8): 486-501.

TEUNISSEN P J G. 1997d. A canonical theory for short GPS baselines. Part Ⅳ: precision versus reliability [J]. Journal of Geodesy, 71(9): 513-525.

TEUNISSEN P J G. 1998a. Success probability of integer GPS ambiguity rounding and bootstrapping [J]. Journal of Geodesy, 72(10): 606-612.

TEUNISSEN P J G. 1998b. On the integer normal distribution of GPS ambiguities [J]. Artificial Satellites, 33(2): 49-64.

TEUNISSEN P J G. 2000. The success rate and precision of GPS ambiguities [J]. Journal of Geodesy, 74(3-4): 321-326.

TEUNISSEN P J G. 2002. A new class of GNSS ambiguity estimators [J]. Artificial Satellites, 37(4): 111-120.

TEUNISSEN P J G. 2003. Theory of integer equivariant estimation with application to GNSS [J]. Journal of Geodesy, 77(7-8): 402-410.

TEUNISSEN P J G, KLEUSBERG A. 1998. GPS for geodesy [M]. 2nd ed. Berlin: Springer Verlag.

TIBERINS C, PANY T, EISSFELLER B, et al. 2002. 0. 99999999 confidence ambiguity resolution with GPS and Galileo [J]. GPS Solution, 6(1-2): 96-99.

VASILY E, IVAN P, VALERY B. 2008. GLONASS business prospects [J]. GPS World, 19(3): 12-15.

VERHAGEN S. 2004. Integer ambiguity validation: an open problem [J]. GPS Solutions, 8: 36-43.

VERHAGEN S. 2005. The GNSS integer ambiguities: estimation and validation [D]. Delft: Delft University of Technology.

WANG J, STEWART M P, TSAKIRI M. 2000. A comparative study of the integer ambiguity validation procedures [J]. Earth Planets Space, 52: 813-817.

WANG Z J, RIZOS C, LIM S. 2006. Single epoch algorithm based on Tikhonov regularization for deformation monitoring using single frequency GPS receivers [J]. Survey Review, 38(302): 682-688.

XU Peiliang. 2001. Random simulation and GPS decorrelation [J]. Journal of Geodesy, 75(7-8): 408-423.

YU Guorong, SHENG Renjun. 2005. Cycle slip detection approach based on time relative positioning theory [J]. Journal of Southeast University :English Edition, 21(3): 363-368.